山西省高等学校本科教育教学改革创新项目
2023 年天津市高等学校本科教育质量与教育改革研究计划项目

电路与信号实验教程

主　编：乔晓艳　林　凌　李　刚
副主编：赵　静　陈瑞娟　张林娜
编　者：周　梅　罗永顺　李晓霞

南開大學出版社
天　津

图书在版编目(CIP)数据

电路与信号实验教程 / 乔晓艳，林凌，李刚主编 ；赵静，陈瑞娟，张林娜副主编. —天津 ：南开大学出版社，2024.6 —ISBN 978-7-310-06604-9

Ⅰ. TM13－33；TN911.6－33

中国国家版本馆 CIP 数据核字第 2024G45X78 号

电路与信号实验教程
DIANLU YU XINHAO SHIYAN JIAOCHENG

南开大学出版社出版发行
出版人:刘文华
地址:天津市南开区卫津路 94 号　　邮政编码:300071
营销部电话:(022)23508339　营销部传真:(022)23508542
https://nkup.nankai.edu.cn

河北文曲印刷有限公司印刷　全国各地新华书店经销
2024 年 6 月第 1 版　　2024 年 6 月第 1 次印刷
230×170 毫米　16 开本　21.75 印张　377 千字
定价:78.00 元

如遇图书印装质量问题,请与本社营销部联系调换,电话:(022)23508339

前　言

“电路分析基础”和“信号与系统”等课程是所有涉电类专业必修的专业基础课，这些课程既有极为成熟和完备的理论，又有极强的实践性和极广的应用领域，其重要性是不言而喻的。长期的教学实践证明了通过实验帮助学生深刻掌握和灵活运用课程知识的必要性和有效性。

然而，当前大学工科教学存在一些问题和挑战：

——把课堂教学几乎作为“唯一”的教学方式，学生缺乏学习和实践能力。

——极度忽视学生学习的主动性和自主性。

——理论教学与实践严重脱节、分离。

……

毛泽东同志曾经指出：“实践、认识、再实践、再认识，这种形式，循环往复以至无穷，而实践和认识之每一循环的内容，都螺旋式上升到了高一级的程度。”

以“学以致用、讲究实效、实事求是”为教学宗旨，大学工程专业实践教学的思路是：

——大课制：既避免课程间“泾渭分明”的分割，又消除过于无意义的重叠。

——实验先行：并不需要“掌握完备的理论知识”才能做实验，学生可以在实验中发现自己的知识欠缺，借助丰富的网上资源补充所需的知识，更重要的是培养学生主动学习和自主学习的能力。

——三环节协同：边实践边思考边学习理论，体现“理实融合”的教学模式，实现教学的实效和高效。

——引导式教学：既要对实验有深刻的领悟，又要对认知规律有相当的把握，统筹安排课堂教学和实践教学及学生自学。

基于以上认识，作者在多年电路类和信号类课程教学实践总结出如下经验：

实践诱发学习兴趣——学习的最高境界和最好状态；

实践提供感性认识——有助于理解知识和避免指鹿为马；

实践促进理论学习——书到用时方恨少；

实践检验学习成效——学以致用，体现学习的目的。

本实验教程的编写思路主要体现在：

——必要的“实际”电路为不可或缺的基础，坚持足够的硬件实验。

——充分发挥现代信息技术所提供的便利，同时避免其弊端，多种实验手段并行不悖，为教学和学生提供足够的选择和便利。

——通过实践不仅加深理解，更重要的是学会思考，透过现象体会内在规律，升华到理性认识，达到融会贯通，避免支离破碎、蜻蜓点水的表浅认识。

——避免简单的验证性，体现引导启发和鼓励尝试。不仅在于懂得，更在于运用、探索和自行实践。

——既说清楚又不平铺直叙，既要系统全面又要留有思考空间，引导学生收集知识，重构成自己的认知。

——借助现代计算机技术和信息技术手段，提供的实验数目多、内容覆盖面宽，又很容易扩展，使实验者可拓展思路、扩展知识面。

——每个实验中既有必要的相关知识简介，又有较多的思考题，可引导实验者拓展思路、融会贯通和增长能力。

建议根据不同专业和学生实际情况，选择、引导和安排实验，以便取得应有的效果。

2020 年 5 月，教育部印发了《高等学校课程思政建设指导纲要》，该纲要对高等学校课程和教材都提出了更高的要求。以该纲要为指导，本教材编写者在重点单元的后面加上了“关于课程思政的思考”，引导本教材的使用者进行思考，提高课程思政建设的能力和水平。

本实验教程乔晓艳编写了第 1～6 单元，林凌编写了 7～9 单元，赵静编写了第 10～12 单元，陈瑞娟编写了第 13～15 单元，张林娜编写了第 16～18 单元，周梅编写了第 19～21 单元，罗永顺编写了第 22～24 单元，李晓霞编写了第 25～27 单元。李刚教授和乔晓艳教授对整个实验教程进行了统筹和审阅。

由于编者水平有限，书中难免会有不足和疏漏之处，恳请读者和同行批评指正。

编　者

2023 年 11 月

目　录

第1单元　电阻器

1.1　实验目的

熟悉和掌握电阻器的性能与参数，设计电路时能够熟练选择电阻器，调试时能够判断电阻器是否损坏或阻值是否准确。

1.2　实验手段（仪器和设备，或者平台）

函数信号发生器、示波器、可调直流稳压电源和万用表各一台，不同阻值、材料和功率的电阻器若干。

1.3　实验原理、实验内容与步骤

实验前先浏览本单元的附录和查阅有关电阻器的资料。

（1）电阻器的认识

在实验室找到所能找到的电阻器（图 1-1），观察它们的外形、色彩和标示，尽可能多地了解每一只电阻的信息，如阻值标称值、精度、制作材料与工艺、最大耗散功率等。

（2）阻值测量

用模拟万用表和数字万用表测量阻值，进行各种对比，如不同万用表之间的测量结果、万用表测量结果与器件上的标示值、用手同时捏住两个引脚和一个引脚或不捏任何一个引脚（特别是对高阻值的电阻），等等。记录下你的问题或感想。

（3）最大耗散功率与实际承受（消耗）的功率

选 1 只 100Ω、1/8W 的电阻，接在可调输出的稳压电源上，接好后打开电源并从最低的输出电压（如 3V）开始缓慢提高电压。注意：不可用手接触电阻！一边注意电源的输出电压一边观察电阻，记录并分析所观察到的情况。

（4）利用伏安法测量阻值

用稳压电源、万用表的电压档与电流档测量不同阻值的电阻，将结果与用万用表电阻档的测量结果及电阻的标称值相对比。

用函数信号发生器、万用表的交流电压档（或示波器）与交流电流档测量不同阻值的电阻，将结果与用万用表电阻档的测量结果及电阻的标称值相对比。

（5）测量电阻的热噪声

取一只 10MΩ的电阻，用示波器测量其两端的交流电压（均方值）并记录。用其他较小阻值的电阻器重复进行该测量并记录，对比分析测量结果。

1.4　思考题

①电阻阻值的标注方法有哪些？

②如何测量电阻的温度系数？什么时候需要考虑电阻的温度系数？

③常见的电阻有哪些种类？选用时有哪些考虑？

④什么时候要选用精密电阻？

⑤如何考虑电阻的最大耗散功率？如何选用大功率电阻？

⑥为什么在设计精密电路时不仅要选择精密电阻，还要适当选择功率大一些（即较大的最大耗散功率）的电阻？

⑦还有哪些电阻的参数在这个实验中没有涉及？这些参数有何意义？

⑧本章 1.3 节中第（5）项实验说明什么问题？在电路设计时有何影响？

1.5　实验报告

记录实验过程与结果及可能存在的问题，暂时没有理解的问题也记录下来。回答本实验中的所有思考题。

1.6　附录

电阻器（简称电阻）是最常用电子元件。通用电阻器种类很多，其中包括通用型碳膜电阻器、金属膜电阻器、金属氧化膜电阻器、金属玻璃釉电阻器、线绕电阻器、有机实芯电阻器及无机实芯电阻器等。其中，前两种电阻器最常用。

电阻器的阻值应根据设计计算值，优先选用标准阻值系列的电阻器。这样既方便组织生产管理，又可降低成本。对于一般的电子设备，选用 I、II 级精度的允许偏差就可以了。若需要高精度的电阻器时，则可根据实际需要从规定的高精度系列中选取。在某些场合，可以采取电阻器的串、并联方式来满足阻值及允许误差的要求。

电阻的额定功率（最大耗散功率）选择也很重要。电路中所要选用的电阻器的功率大小，都要经过计算得出具体的数据，然后选用额定功率比计算功率大一些的电阻器即可。在实际应用中，选用功率型电阻器的额定功率应比实际要求功率高 1～2 倍，否则无法保证电路正常安全工作。在大功率电路中，应选用线绕电阻器。在某些场合，为满足功率的要求，可将电阻器串、并联使用。对于在脉冲状态下工作的电阻器，额定功率应大于脉冲平均功率。

电阻器的主要参数如下：

② 标称阻值：电阻器上面所标示的阻值。

②允许误差：标称阻值与实际阻值的差值跟标称阻值之比的百分数称阻值偏差，它表示电阻器的精度。允许误差与精度等级对应关系如下：±0.5%—0.05、±1%—0.1(或 00)、±2%—0.2(或 0)、±5%—I级、±10%—II级、±20%—III级。

③额定功率（最大耗散功率）：在正常的大气压力 90～106.6KPa 及环境温度为–55℃～+70℃的条件下，电阻器长期工作所允许耗散的最大功率。

线绕电阻器额定功率系列为（W）：1/20、1/8、1/4、1/2、1、2、4、8、10、16、25、40、50、75、100、150、250、500。非线绕电阻器额定功率系列为（W）：1/20、1/8、1/4、1/2、1、2、5、10、25、50、100。[①]

④额定电压：由阻值和额定功率换算出的电压。

⑤最高工作电压：允许的最大连续工作电压。在低气压工作时，最高工作电压较低。

⑥温度系数：温度每变化 1℃ 所引起的电阻值的相对变化。温度系数越小，电阻的稳定性越好。阻值随温度升高而增大的为正温度系数，反之为负温度系数。

⑦老化系数：电阻器在额定功率长期负荷下，阻值相对变化的百分数，它是表示电阻器寿命长短的参数。

---

① 注：按照行业惯例，电阻的单位Ω经常被省略，对于大于 1 mΩ阻值仅标注“m”，小于 1 kΩ通常不标注任何单位，对大于 1 kΩ、小于 1 MΩ的阻值仅标注“k”，大于 1 MΩ的阻值仅标注“M”，除特殊情况外，本书采用上述方式标注。

⑧电压系数：在规定的电压范围内，电压每变化 1 V，电阻器的相对变化量。

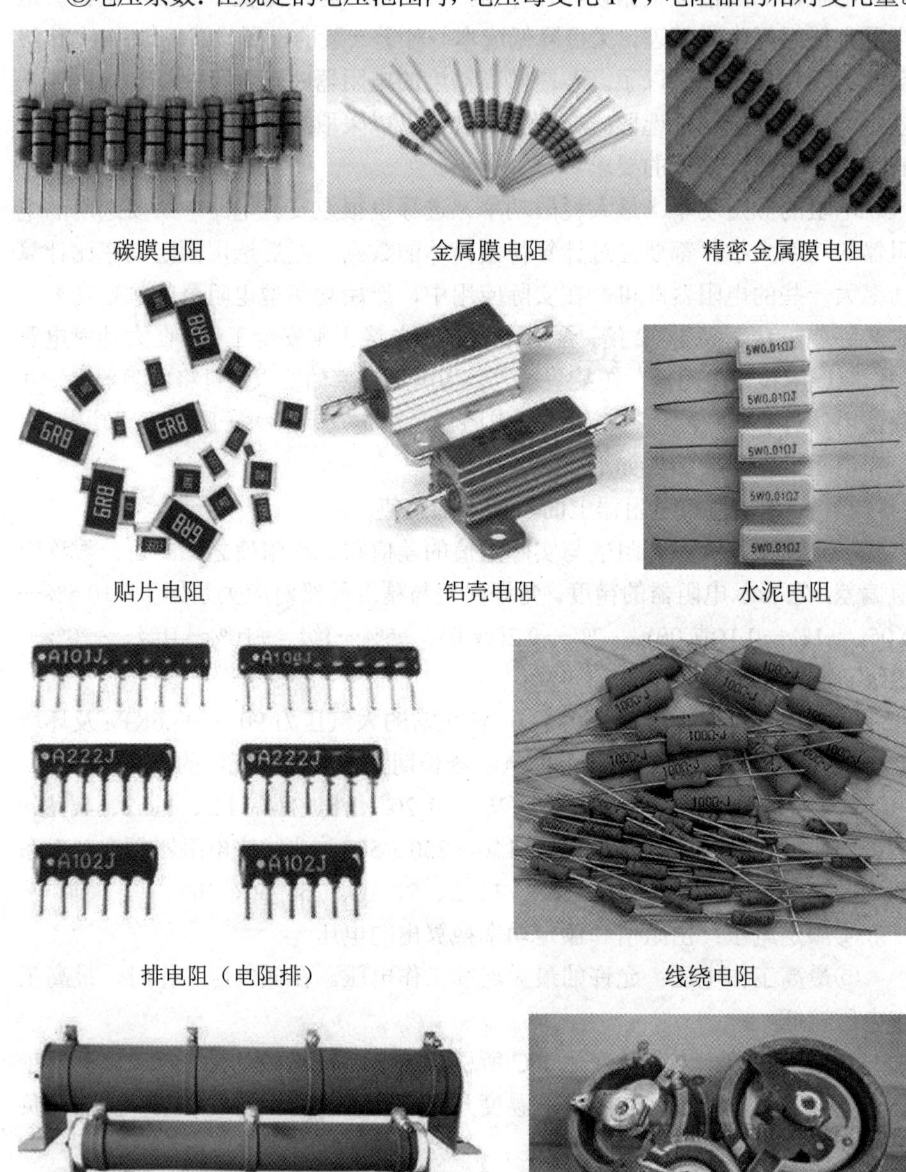

图 1-1 各种常见电阻

⑨噪声：产生于电阻器中的一种不规则的电压起伏，包括热噪声和电流噪声两部分，热噪声是由于导体内部不规则的电子自由运动，使导体任意两点的电压不规则变化。

在精度要求高的场合，需要选择精密金属膜电阻，甚至是线绕电阻，这些电阻器具有极低的噪声。在高压应用场合，还要注意电阻器的耐压值。在高频电路中，还需要注意电阻的分布电感（EST）。

关于课程思政的思考：

电阻测量作为电路中的一个基本概念和技能，通过实验不仅探究欧姆定律的科学原理，也是对科学方法的实践，体现知行合一的工程理念。

第 2 单元　电容器

2.1　实验目的

熟悉和掌握电容器的性能与参数，设计电路时能够熟练选择电容器，调试时能够判断电容器是否损坏、容值是否准确。

2.2　实验手段（仪器和设备，或者平台）

信号发生器、示波器、RLC 表和万用表各一台，不同容值、材料和耐压的电容器若干。

2.3　实验原理、实验内容与步骤

实验前先浏览本单元的附录和查阅有关电容器的资料。

（1）电容器的认识

在实验室找到所能找到的电容器（图 2-1），观察它们的外形、色彩和标示，尽可能多地了解每一只电容的信息，如电容标称值、精度、制作材料与工艺、耐压等。

（2）容值测量

①用具有电容测量功能的数字万用表测量容值，对比万用表测量结果与被测电容上的标称值。记录下你的问题或感想。

②将被测电容与一只电阻相串联，接到函数信号发生器的输出端，选择函数信号发生器的输出频率和幅值，然后分别测量电容和电阻上的电压，计算被测电容的容值并与器件上的标称值对比。

③用 RLC 表测量电感值，对比测量结果与被测电感上的标称值。记录下你的问题或感想。

2.4　思考题

①常用电容器的种类有哪些？各自的容值范围是多少？各自有何特点？

②电容器容值的标注方法有哪些？

③电容的耐压有何意义？如何选择电容的耐压值？

④常见的电容有哪些种类？选用时有哪些考虑？

⑤什么时候要选用精密电容？需要精确容量的电容时怎样办？

⑥如何考虑电容的工作频率？所选的电容工作频率达不到电路的要求时会出现什么问题？

⑦使用电解电容时应该注意什么问题？

⑧电解电容有哪几种？有何异同？如何选用？

⑨如果一只电解电容在电容中发热，可能的原因是什么？电解电容使用不当会出现什么后果？

⑩还有哪些电容的参数在这个实验中没有讨论或涉及？这些参数有何意义？

⑪还有哪些办法可以测量电容？可能的话请自己试一试。

2.5　实验报告

记录实验过程与结果及可能存在的问题，暂时没有理解的问题也请记录下来。回答本实验中的所有思考题。

2.6　附录

电容（器）也是最常用电子元件。常用电容种类很多，图 2-1 所示为部分种类的电容器，其中包括瓷片电容、独石电容和电解电容，等等。

电容的主要参数如下：

①容量与误差：实际电容量和标称电容量允许的最大偏差范围。一般分为 3 级：I 级为±5%，II级为±10%，III级为±20%。一些情况下还有 0 级，误差为±20%。

精密电容器的允许误差较小，而电解电容器的误差较大，它们采用不同的误差等级。

常用的电容器其精度等级和电阻器的表示方法相同。用字母表示：D—005 级—±0.5%; F—01 级—±1%; G—02 级—±2%; J—I 级—±5%; K—II 级—±10%; M—III 级—±20%。

②额定工作电压：电容器在电路中能够长期稳定、可靠工作，所承受的最大直流电压，又称耐压。对于结构、介质、容量相同的器件，耐压越高，体积越大。

③温度系数：在一定温度范围内，温度每变化 1℃，电容量的相对变化值。温度系数越小越好。

④绝缘电阻：用来表明漏电大小的。一般小容量的电容，绝缘电阻很大，在几百兆欧姆或几千兆欧姆。电解电容的绝缘电阻一般较小。相对而言，绝缘电阻越大越好，漏电也小。

⑤损耗：在电场的作用下，电容器在单位时间内发热而消耗的能量。这些损耗主要来自介质损耗和金属损耗。通常用损耗角正切值来表示。

⑥频率特性：电容器的电参数随电场频率而变化的性质。在高频条件下工作的电容器，由于介电常数在高频时比低频时小，电容量也相应减小。损耗也随频率的升高而增加。另外，在高频工作时，电容器的分布参数，如极片电阻、引线和极片间的电阻、极片的自身电感、引线电感等，都会影响电容器的性能。所有这些使得电容器的使用频率受到限制。

不同品种的电容器，最高使用频率不同。小型云母电容器在 250MHz 以内；圆片型瓷介电容器为 300MHz；圆管型瓷介电容器为 200MHz；圆盘型瓷介可达 3000MHz；小型纸介电容器为 80MHz；中型纸介电容器只有 8MHz。

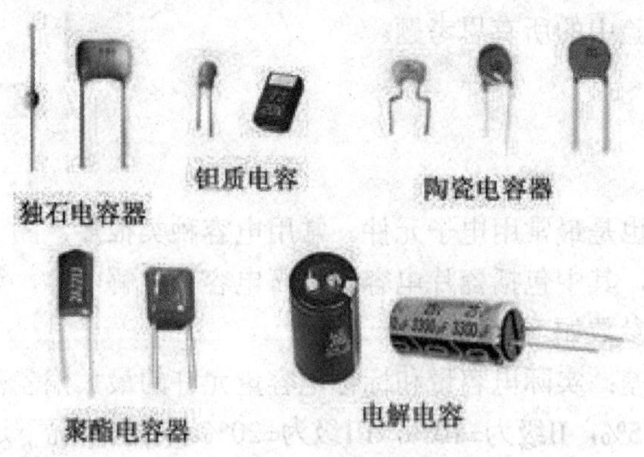

图 2-1 几种常见的电容器

下面是常见的电容种类及其特点。

（1）铝电解电容器

用浸有糊状电解质的吸水纸夹在两条铝箔中间卷绕而成，薄的氧化膜作介质的电容器。因为氧化膜有单向导电性质，所以电解电容器具有极性。容量大，能耐受大的脉动电流，容量误差大，泄漏电流大；普通的不适于在高频和低温下应用，不宜使用频率在 25kHz 以上的低频旁路、信号耦合、电源滤波。

电容量：0.47～10000u。

额定电压：6.3～450V。

主要特点：体积小，容量大，损耗大，漏电大。

应用：电源滤波，低频耦合，去耦，旁路等。

（2）钽电解电容器（CA）铌电解电容（CN）

用烧结的钽块作正极，电解质使用固体二氧化锰。温度特性、频率特性和可靠性均优于普通电解电容器，特别是漏电流极小，贮存性良好，寿命长，容量误差小，而且体积小，单位体积下能得到最大的电容电压乘积。对脉动电流的耐受能力差，若损坏易呈短路状态，可用于超小型高可靠机件中。

电容量：0.1～1000u[①]。

额定电压：6.3～125V。

主要特点：损耗、漏电小于铝电解电容。

应用：在要求高的电路中代替铝电解电容。

（3）薄膜电容器

结构与纸质电容器相似，但用聚酯、聚苯乙烯等低损耗塑材作介质。频率特性好，介电损耗小不能做成大的容量，耐热能力差。可用于滤波器、积分、振荡、定时电路。

①聚酯（涤纶）电容（CL）

电容量：40p～4u。

额定电压：63～630V。

主要特点：小体积，大容量，耐热耐湿，稳定性差。

应用：对稳定性和损耗要求不高的低频电路。

---

① 注：按照行业惯例，电容的单位 F 被省略，同时用英文小写字母“u”替代希腊小写字母“μ”。对于小于等于几千 pF 通常不标注任何单位或只标注“p”，对 0.001~1 μF 也不标注任何单位，对于大于等于 1 μF 则只标注“u”，而对于 F 量级则标注“F”。另外，工程上还采用 n（F）和 m（F）两个辅助量纲单位，分别表示 10^{-9}F 和 10^{-3}F。除特殊情况外，本书采用上述方式标注。

②聚苯乙烯电容（CB）

电容量：10p～1u。

额定电压：100V～30KV。

主要特点：稳定，低损耗，体积较大。

应用：对稳定性和损耗要求较高的电路。

③聚丙烯电容（CBB）

电容量：1000p～10u。

额定电压：63～2000V。

主要特点：性能与聚苯相似但体积小，稳定性略差。

应用：代替大部分聚苯或云母电容，用于要求较高的电路。

（4）瓷介电容器

穿心式或支柱式结构瓷介电容器，它的一个电极就是安装的螺丝。引线电感极小，频率特性好，介电损耗小，有温度补偿作用不能做成大的容量，受振动会引起容量变化，特别适于高频旁路。

①高频瓷介电容（CC）

电容量：1～6800p。

额定电压：63～500V。

主要特点：高频损耗小，稳定性好。

应用：高频电路。

②低频瓷介电容（CT）

电容量：10p～4.7u。

额定电压：50V～100V。

主要特点：体积小，价廉，损耗大，稳定性差。

应用：要求不高的低频电路。

（5）独石电容器

独石电容器实际上是多层陶瓷电容器：在若干片陶瓷薄膜坯上覆以电极桨材料，叠合后一次绕结成一块不可分割的整体，外面再用树脂包封而成的小体积、大容量、高可靠和耐高温的新型电容器。高介电常数的低频独石电容器也具有稳定的性能，体积极小，Q 值高容量误差较大，可用于噪声旁路、滤波器、积分、振荡电路。独石电容的特点是电容量大、体积小、可靠性高、电容量稳定，耐高温耐湿性好等。

容量范围：0.5pF～1u。

耐压：二倍额定电压。

应用范围：广泛应用于电子精密仪器。在各种小型电子设备上作谐振、耦合、滤波、旁路。

（6）纸质电容器

一般是用两条铝箔作为电极，中间以厚度为 0.008～0.012mm 的电容器纸隔开重叠卷绕而成。制造工艺简单，价格便宜，能得到较大的电容量。

一般用在低频电路内，通常不能在超过 4 MHz 的频率上运用。油浸电容器的耐压比普通纸质电容器高，稳定性也好，适用于高压电路。

（7）微调电容器

电容量可在某一小范围内调整，并可在调整后固定于某个电容值。瓷介微调电容器的 Q 值高，体积也小，通常可分为圆管式及圆片式两种。云母和聚苯乙烯介质的通常都采用弹簧式，结构简单，但稳定性较差。线绕瓷介微调电容器是拆铜丝（外电极）来变动电容量的，故容量只能变小，不适合在需反复调试的场合使用。

①空气介质可变电容器

可变电容量：100～1500p。

主要特点：损耗小，效率高。可根据要求制成直线式、直线波长式、直线频率式及对数式等。

应用：电子仪器，广播电视设备等。

②薄膜介质可变电容器

可变电容量：15～550p。

主要特点：体积小，重量轻。损耗比空气介质的大。

应用：通信，广播接收机等。

③薄膜介质微调电容器

可变电容量：1～29p。

主要特点：损耗较大，体积小。

应用：收录机，电子仪器等电路作电路补偿。

④陶瓷介质微调电容器

可变电容量：0.3～22p。

主要特点：损耗较小，体积较小。

应用：精密调谐的高频振荡回路。

（8）陶瓷电容器

用高介电常数的电容器陶瓷（钛酸钡一氧化钛）挤压成圆管、圆片或圆盘作为介质，并用烧渗法将银镀在陶瓷上作为电极制成。它又分为高频瓷介和低频瓷介两种。具有小的正电容温度系数的电容器，用于高稳定振荡回路中，作为回路电容器及垫整电容器。低频瓷介电容器限于在工作频率较低的回路中作旁路或隔直流用，或对稳定性和损耗要求不高的场合（包括高频在内）。这种电容器不宜使用在脉冲电路中，因为它们易于被脉冲电压击穿。高频瓷介电容器适用于高频电路。

（9）玻璃釉电容器（CI）

由一种浓度适于喷涂的特殊混合物喷涂成薄膜而成，介质再以银层电极经烧结而成“独石”。结构性能可与云母电容器相媲美，能耐受各种气候环境，一般可在 200℃或更高温度下工作，额定工作电压可达 500V，损耗 tgδ0.0005～0.008。

电容量：10p～0.1u。

额定电压：63～400V。

主要特点：稳定性较好，损耗小，耐高温（200℃）。

应用：脉冲、耦合、旁路等电路。

第3单元　电感器

3.1　实验目的

熟悉和掌握电感器的性能与参数，设计电路时能够熟练选择电感器，调试时能够判断电感器是否损坏或电感值是否准确。

3.2　实验手段（仪器和设备，或者平台）

函数信号发生器、示波器、RLC表和万用表各一台，不同电感值、磁芯材料和线径的电感器若干。

3.3　实验原理、实验内容与步骤

实验前先浏览本单元的附录和查阅有关电感器的资料。

（1）电感的认识

在实验室找到所能找到的电感（图3-1），观察它们的外形、色彩和标示，尽可能多地了解每一只电感的信息，如电感标称值、精度、允许电流值、制作材料与工艺、耐压等。

（2）电感量的测量

①用具有RLC表测量电感值，对比测量结果与被测电感上的标称值。记录下你的问题或感想。

②将被测电感与一只电阻相串联，接到函数信号发生器的输出端，选择函数信号发生器的输出频率和幅值，然后分别测量电感和电阻上的电压，以此计算被测电感的电感值，并与器件上的标称值对比。

3.4　思考题

①常用电感的种类有哪些？各自的电感值范围是多少？各自有何特点？

②电感的标注方法有哪些？

③电感的允许电流有何意义？如何选择电感的允许电流值？

④常见的电感有哪些种类？选用时有哪些考虑？

⑤电感的磁芯材料对电感量有何影响？对电感的工作频率有何影响？

⑥如何考虑电感的工作频率？所选的电感工作频率达不到电路的要求时会出现什么问题？

⑦带有磁芯的电感在有直流电流通过时容易出现磁饱和而大幅度降低其电感量，进而导致电路不能正常工作。请了解一下实际应用时可以如何避免这种现象的发生。

⑧采用不同的频率测量电感（特别是带有磁芯的电感）时可能会得到不同的结果，你是如何理解这些不同的结果？什么样的结果更可取？

⑨电感的品质因素是什么？在应用上有何意义？如何测量？如何提高电感的品质因素？

⑩还有哪些电感的参数在这个实验中没有讨论或涉及？这些参数有何意义？

⑪还有哪些办法可以测量电感？可能的话请自己试一试。

3.5 实验报告

记录实验过程与结果及可能存在的问题，暂时没有理解的问题也请记录下来。回答本实验中所有的思考题。

3.6 附录

电感（器）也是最常用电子元件。

电感的主要参数有电感量、允许偏差、品质因数、分布电容及额定电流等。下面进行较详细的介绍：

①电感量

电感量也称自感系数，是表示电感器产生自感应能力的一个物理量。

电感量的大小，主要取决于线圈的圈数（匝数）、绕制方式、有无磁心及磁心的材料等。通常，线圈圈数越多、绕制的线圈越密集，电感量就越大。有磁心的线圈比无磁心的线圈电感量大；磁心导磁率越大的线圈，电感量也越大。

电感量的基本单位是亨利（简称亨），用字母“H”表示。常用的单位还有毫亨（mH）和微亨（μH），它们之间的关系是：1H=1000mH；1mH=1000μH。

②允许偏差

允许偏差是指电感上标称的电感量与实际电感的允许误差值。

一般用于振荡或滤波等电路中的电感要求精度较高，允许偏差为 0.2%～0.5%；而用于耦合、高频阻流等线圈的精度要求不高，允许偏差为 10%～15%。

③品质因素 *Q*

表示线圈质量的一个物理量，Q 为感抗 XL 与其等效的电阻的比值，$Q=XL/R$。线圈的 Q 值越高，回路的损耗越小。线圈的 Q 值与导线的直流电阻，骨架的介质损耗，屏蔽罩或铁芯引起的损耗，高频趋肤效应的影响等因素有关。线圈的 Q 值通常为几十到一百。

电感的品质因素的高低与线圈导线的直流电阻、线圈骨架的介质损耗及铁心、屏蔽罩等引起的损耗等有关。

④分布电容

分布电容是指线圈的匝与匝之间、线圈与磁心之间存在的电容。电感的分布电容越小，其稳定性越好。

⑤额定电流

额定电流是指电感正常工作时允许通过的最大电流值。若工作电流超过额定电流，则电感器就会因发热而使性能参数发生改变，甚至还会因过流而烧毁。

常用电感种类也很多，通常有以下分类方式。

按电感形式分类：固定电感、可变电感。

按导磁体性质分类：空芯线圈、铁氧体线圈、铁芯线圈、铜芯线圈。

按工作性质分类：天线线圈、振荡线圈、扼流线圈、陷波线圈、偏转线圈。

按绕线结构分类：单层线圈、多层线圈、蜂房式线圈。

常用线圈有以下种类（类型）：

（1）单层线圈

单层线圈是用绝缘导线一圈挨一圈地绕在纸筒或胶木骨架上，如晶体管收音机中波天线线圈。

（2）蜂房式线圈

如果所绕制的线圈，其平面不与旋转面平行，而是相交成一定的角度，这种线圈被称为蜂房式线圈。而其旋转一周，导线来回弯折的次数被称为折点数。蜂房式绕法的优点是体积小，分布电容小，而且电感量大。蜂房式线圈都是利用蜂房绕线机来绕制，折点越多，分布电容越小。

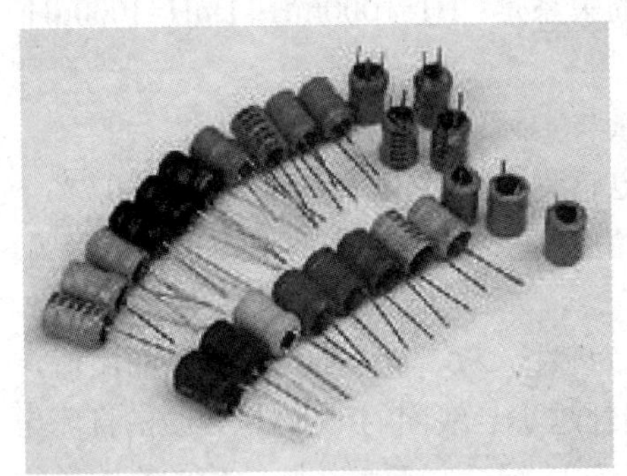

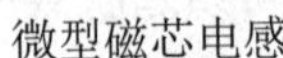
微型磁芯电感

功率电感

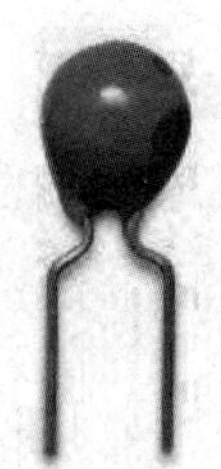
直插色码电感

贴片电感

图 3-1　几种常见的电感器

（3）铁氧体磁芯和铁粉芯线圈

线圈的电感量大小与有无磁芯有关。在空芯线圈中插入铁氧体磁芯，可增加电感量和提高线圈的品质因素。

（4）铜芯线圈

铜芯线圈在超短波范围应用较多，利用旋动铜芯在线圈中的位置来改变电感量，这种调整比较方便、耐用。

（5）色码电感器

色码电感器是具有固定电感量的电感器，其电感量标志方法同电阻一样，以色环来标记。

（6）阻流圈（扼流圈）

限制交流电通过的线圈称阻流圈，分高频阻流圈和低频阻流圈。

（7）偏转线圈

偏转线圈是电视机扫描电路输出级的负载，偏转线圈要求：偏转灵敏度高、磁场均匀、Q 值高、体积小、价格低。

关于课程思政的思考：

在电感的应用和制造过程中，应思考如何在减少电子废物，提高资源的利用效率，培养学生可持续发展的观念。

第 4 单元　二极管

4.1　实验目的

熟悉和掌握二极管的种类、性能与参数，设计电路时能够熟练选择二极管，调试时能够判断二极管是否损坏或选型是否准确。

4.2　实验手段（仪器和设备，或者平台）

函数信号发生器、示波器、直流稳压电源和万用表各一台，不同型号的二极管若干，100kΩ变阻器和其他阻值电阻若干。

4.3　实验原理、实验内容与步骤

实验前先浏览本单元的附录和查阅有关二极管的资料。

（1）二极管的认识

在实验室找到所能找到的二极管，观察它们的外形、色彩和标示，尽可能多地了解每一只二极管的信息，如二极管的极性标识、常用二极管的型号、封装及其主要参数。

（2）用模拟万用表初步判断二极管的引脚与质量

选择 R×100 档（注意不要使用 R×1 档，以免电流过大烧坏二极管），再将红、黑两根表笔短路，进行欧姆调零。

①正向电阻测试

把万用表的黑表笔（表内正极）搭触二极管的正极，红表笔（表内负极）搭触二极管的负极。

若表针不摆到 0 值而是停在标度盘的中间某个位置，这时的阻值就是二极管的正向电阻，一般正向电阻越小越好。若正向电阻为 0 值，说明管芯短路损坏；若正向电阻接近无穷大值，说明管芯断路。短路和断路的管子都不能使用。需要注意的是，在测量发光二极管时由于发光二极管的正向电压比较高（需用 1.6~1.8V 以上的电压才可以检测），而模拟万用表在 R×100 档时的内部电池是 1.5V，所以难以判断。可以改用 R×1k 档（此时万用表的内部电源是 9V 或 12V）试一试。特别是一些高亮度的白光、蓝光二极管电压更是高达 3V 以上，这时最好串上一个限流电阻后接上直流电源试一下。注意：如果二极管的极性判断错误或万用表的表笔插反了也可能产生误判，可以对调二极管的引脚或纠正万用表的表笔位置重新测量。

②反向电阻测试

把万用表的红表笔搭触二极管的正极，黑表笔搭触二极管的负极，若表针指在无穷大值或接近无穷大值，则管子就是合格的。

（3）用数字万用表初步判断二极管的引脚与质量

选择万用表的二极管档或通断判断档。把万用表的红表笔（内部接到正电源）搭触二极管的正极，黑表笔（内部接到负电源）搭触二极管的负极，万用表显示 500~700 左右的数字，实际显示的是二极管的正向压降。如果显示值显著与此不同，可能有如下几种情况：

①该数字接近于 0，说明二极管已经击穿。

②该数字为 100~200 而反向测量一次显示为“1.”（即反向电阻很大或反向压降超过 2V），可能这是一只肖特基二极管或高速二极管。

③该数字为 200~300 而反向测量一次显示为“1.”（即反向电阻很大或反向压降超过 2V），可能这是一只锗材料二极管。

④该数字为 1100~1200 而反向测量一次显示为“1.”（即反向电阻很大或反向压降超过 2V），可能这是一只红外发光二极管。

⑤该数字为 1600~1800（如果是发光管的话有可能看到微微地发光），而反向测量一次显示为“1.”（即反向电阻很大或反向压降超过 2V），可能这是一只普通的发光二极管。

⑥如果显示为“1.”（即电阻很大或压降超过 2V）且反向测量一次显示为“1.”（即反向电阻很大或反向压降超过 2V），如果是普通二极管则说明这是一只坏管子，但如果是一只发光管，则有可能是一只高亮发光二极管或其他特殊发光二极管。最好串上一个限流电阻后接上直流电源试一下再作出判断。

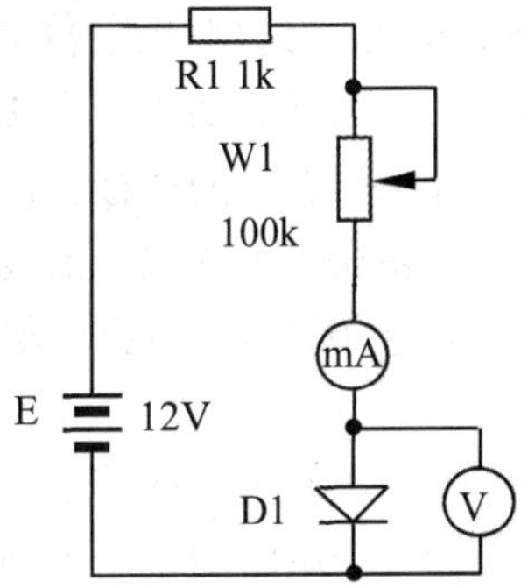

图 4-1　二极管的正向与反向特性的测试

（4）二极管的正向和反向特性的电路测试

将被测试二极管按照图 4-1 所示的电路接

好，改变电源的电压值或串联的变阻器的阻值，记录被测二极管中的电流及其两端的电压，描绘出二极管的正向和反向特性并对其作出判断。测试几只不同型号的二极管并记录下测试结果。

该方法几乎可以用于所有常见的二极管的测试。

注意：该实验不要使用过大的电压和电流，以免损坏被测二极管。

（5）二极管的频率测试

将被测试二极管按照图 4-2 所示的电路接好，使函数信号发生器的输出幅值为 5~10V，改变函数信号发生器的频率并同时观察示波器的输出，记录不同频率下示波器上的显示情况。

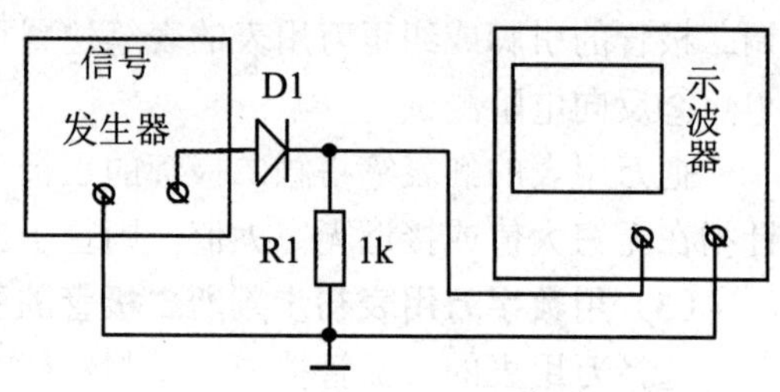

图 4-2　二极管的频率特性的测试

4.4　思考题

①二极管的种类有哪些？各自有何特点？

②用万用表的不同量程的电阻档测量二极管的正向电阻，将得到一些什么样的数字？有什么规律？为什么？

③在本实验中的几种测试二极管的方法中，哪种方法最可靠？为什么？

④有些类型的二极管用本实验中的方法测试不了，有的则是根本不能用本实验中的方法去测试。你知道是一些什么样的二极管吗？

⑤能否设计一种方法测量变容二极管呢？

⑥有同学要制作一个精密整流电路（交流/直流变换电路），工作频率为 20kHz，应该选用什么样的二极管。

⑦有同学要制作一个 220V 交流输入、5V/500mA 直流输出的稳压电源，应该选用什么样的二极管。

⑧要在一个继电器的线圈并联一只二极管，以使得线圈在断电瞬间不会产生高压（这时又依据二极管起到的作用称其为续流二极管或保护二极管），应该依据哪些电路工作条件（参数）选取二极管？

⑨稳压二极管在其反向击穿区的动态电阻很小，因而可以用于“稳压”，请设计一个电路测量一下稳压二极管的动态电阻，请说明该电阻与由稳压二极管构成的稳压电源的输出电阻的关系。

⑩有同学想用一只发光二极管充当稳压管，既作为电压基准又充当电源

指示。应该如何选用发光二极管以得到较好的效果？

⑪为了保护电路的输入端不受瞬时高电压的冲击，经常在电路的输入端与电源之间接上二极管以钳制电压不至于超过电源电压太多。此时应该如何选择二极管？（提示：从正向压降、可能的电流大小、最高的电压及工作频率等方面去考虑。）

4.5　实验报告

记录实验过程与结果及可能存在的问题，暂时没有理解的问题也请记录下来。回答本实验中的所有思考题。

4.6　附录

二极管（图 4-3）是最常用半导体器件之一。二极管的种类有很多，按照所用的半导体材料，可分为锗二极管（Ge 管）和硅二极管（Si 管）。根据其不同用途，可分为检波二极管、整流二极管、稳压二极管、开关二极管、隔离二极管、肖特基二极管、发光二极管等。按照管芯结构，又可分为点接触型二极管、面接触型二极管及平面型二极管。点接触型二极管是用一根很细的金属丝压在光洁的半导体晶片表面，通以脉冲电流，使触丝一端与晶片牢固地烧结在一起，形成一个 PN 结。由于是点接触，只允许通过较小的电流（不超过几十毫安），适用于高频小电流电路，如收音机的检波等。面接触型二极管的 PN 结面积较大，允许通过较大的电流（几安到几十安），主要用于把交流电变换成直流电的“整流”电路中。平面型二极管是一种特制的硅二极管，它不仅能通过较大的电流，而且性能稳定可靠，多用于开关、脉冲及高频电路中。

半导体二极管主要是依靠 PN 结而工作的。与 PN 结不可分割的点接触型和肖特基型，也被列入一般的二极管的范围内。

（1）根据晶体二极管 PN 结构造面的分类

①点接触型二极管

点接触型二极管是在锗或硅材料的单晶片上压触一根金属针后，再通过电流法而形成的。因此，其 PN 结的静电容量小，适用于高频电路。但是，与面结型相比较，点接触型二极管正向特性和反向特性都差，因此，不能使用于大电流和整流。因为构造简单，所以价格便宜。对于小信号的检波、整流、调制、混频和限幅等一般用途而言，它是应用范围较广的类型。

微型高频二极管

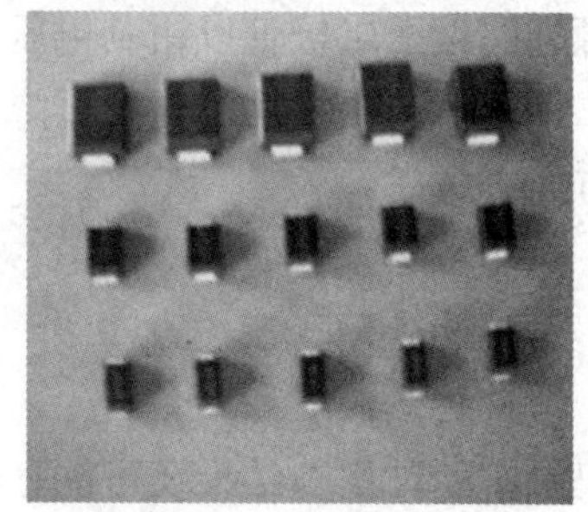

贴片二极管

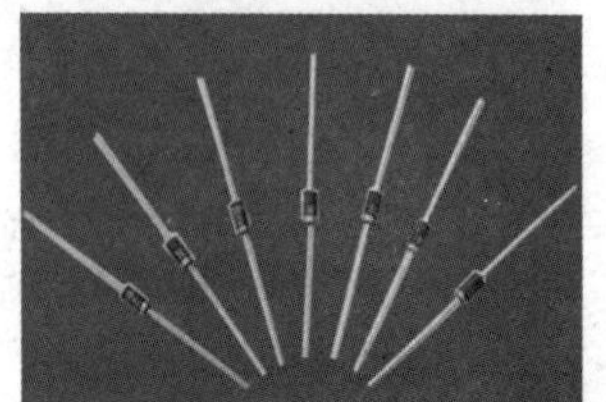

小功率整流二极管

高速整流半桥

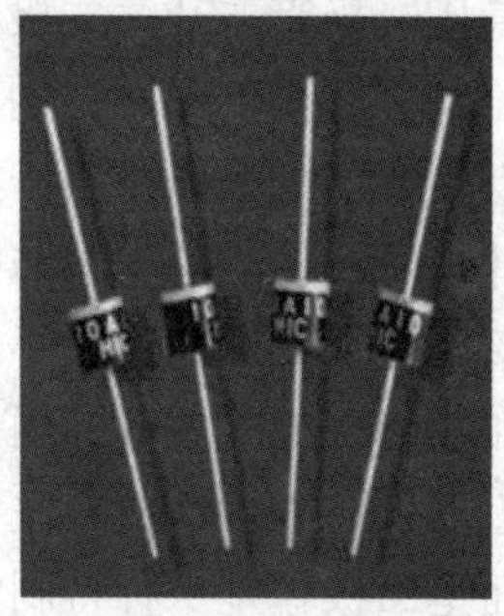

中功率整流二极管

大功率整流模块

整流桥

图 4-3　几种常见的二极管

②键型二极管

键型二极管是在锗或硅的单晶片上熔接或银的细丝而形成的。其特性介于点接触型二极管和合金型二极管之间。与点接触型相比较，虽然键型二极管的 PN 结电容量稍有增加，但正向特性特别优良。多作开关用，有时也被应用于检波和电源整流（不大于 50mA）。在键型二极管中，熔接金丝的二极管有时被称金键型，熔接银丝的二极管有时被称为银键型。

③合金型二极管

在 N 型锗或硅的单晶片上，通过合金铟、铝等金属的方法制作 PN 结而形成的。正向电压降小，适于大电流整流。因其 PN 结反向时静电容量大，所以不适于高频检波和高频整流。

④扩散型二极管

在高温的 P 型杂质气体中，加热 N 型锗或硅的单晶片，使单晶片表面部变成 P 型，以此法制作 PN 结。因 PN 结正向电压降小，适用于大电流整流。最近，使用大电流整流器的主流已由硅合金型转移到硅扩散型。

⑤台面型二极管

PN 结的制作方法虽然与扩散型相同，但是，只保留 PN 结及其必要的部分，把不必要的部分用药品腐蚀掉。其剩余的部分便呈现出台面形，因而得名。初期生产的台面型，是对半导体材料使用扩散法而制成的。因此，又把这种台面型称为扩散台面型。对于这一类型来说，似乎大电流整流用的产品型号很少，而小电流开关用的产品型号却很多。

⑥平面型二极管

这是指在半导体单晶片（主要是 N 型硅单晶片）上，扩散 P 型杂质，利用硅片表面氧化膜的屏蔽作用，在 N 型硅单晶片上仅选择性地扩散一部分而形成的 PN 结。因此，不需要为调整 PN 结面积的药品腐蚀作用。由于半导体表面被制作得平整，故而得名。并且，PN 结合的表面，因被氧化膜覆盖，所以公认为是稳定性好和寿命长的类型。最初，对于被使用的半导体材料是采用外延法形成的，故又把平面型称为外延平面型。对平面型二极管而言，似乎使用于大电流整流用的型号很少，而作小电流开关用的型号则很多。

⑦合金扩散型二极管

它是合金型的一种。合金材料是容易被扩散的材料。把难以制作的材料通过巧妙地掺配杂质，就能与合金一起过扩散，以便在已经形成的 PN 结中获得杂质的恰当的浓度分布。此法适用于制造高灵敏度的变容二极管。

⑧外延型二极管

用外延面长的过程制作 PN 结而形成的二极管。制作时需要非常高超的技术。因能随意地控制杂质的不同浓度的分布，故适宜于制作高灵敏度的变容二极管。

⑨肖特基二极管

基本原理是：在金属（例如铅）和半导体（N 型硅片）的接触面上，用已形成的肖特基来阻挡反向电压。肖特基与 PN 结的整流作用原理有根本性的差异。其耐压程度只有 40V 左右。其特长是：开关速度非常快；反向恢复时间 *trr* 特别地短。因此，能制作开关二极和低压大电流整流二极管。

（2）根据用途分类

①检波用二极管

就原理而言，从输入信号中取出调制信号是检波，以整流电流的大小（100mA）作为界线，通常把输出电流小于 100mA 的叫检波。锗材料点接触型工作频率可达 400MHz，正向压降小，结电容小，检波效率高，频率特性好，为 2AP 型。类似点触型那样检波用的二极管，除用于检波外，还能够用于限幅、削波、调制、混频、开关等电路，也有为调频检波专用的特性一致性好的两只二极管组合件。

②整流用二极管

就原理而言，从输入交流中得到输出的直流是整流。以整流电流的大小（100mA）作为界线通常把输出电流大于 100mA 的叫整流。面结型工作频率小于 1kHz，最高反向电压从 25 V 至 3000 V 一共分 22 档。分类如下：硅半导体整流二极管 2CZ 型；硅桥式整流器 QL 型；用于电视机高压硅堆工作频率近 100KHz 的 2CLG 型。

③限幅用二极管

大多数二极管能作为限幅使用，也有像保护仪表用和高频齐纳管那样的专用限幅二极管。为了使这些二极管具有特别强的限制尖锐振幅的作用，通常使用硅材料制造的二极管。也有这样的组件出售：依据限制电压需要，把若干个必要的整流二极管串联起来形成一个整体。

④调制用二极管

通常指的是环形调制专用的二极管，就是正向特性一致性好的四个二极管的组合件。即使其他变容二极管也有调制用途，但它们通常是直接作为调频用的。

⑤混频用二极管

使用二极管混频方式时，在 500～10000Hz 的频率范围内，多采用肖特基型和点接触型二极管。

⑥放大用二极管

用二极管放大，大致有依靠隧道二极管和体效应二极管那样的负阻性器件的放大，以及用变容二极管的参量放大。因此，放大用二极管通常是指隧道二极管、体效应二极管和变容二极管。

⑦开关用二极管

有在小电流下（10mA 程度）使用的逻辑运算和在数百毫安下使用的磁芯激励用开关二极管。小电流的开关二极管通常有点接触型和键型等二极管，也有在高温下还可能工作的硅扩散型、台面型和平面型二极管。开关二极管的特长是开关速度快。而肖特基型二极管的开关时间特短，因而是理想的开关二极管。2AK 型点接触为中速开关电路用；2CK 型平面接触为高速开关电路用；用于开关、限幅、钳位或检波等电路；肖特基（SBD）硅大电流开关正向压降小，速度快、效率高。

⑧变容二极管

用于自动频率控制（AFC）和调谐用的小功率二极管称变容二极管。通过施加反向电压，使其 PN 结的静电容量发生变化。因此，被使用于自动频率控制、扫描振荡、调频和调谐等用途。通常，虽然是采用硅的扩散型二极管，但是也可采用合金扩散型、外延结合型、双重扩散型等特殊制作的二极管，因为这些二极管对于电压而言，其静电容量的变化率特别大。结电容随反向电压 VR 变化，取代可变电容，用作调谐回路、振荡电路、锁相环路，常用于电视机高频头的频道转换和调谐电路，多以硅材料制作。

⑨频率倍增用二极管

对二极管的频率倍增作用而言，有依靠变容二极管的频率倍增和依靠阶跃（即急变）二极管的频率倍增。频率倍增用的变容二极管称为可变电抗器，可变电抗器虽然和自动频率控制用的变容二极管的工作原理相同，但电抗器的构造却能承受大功率。阶跃二极管又被称为阶跃恢复二极管，从导通切换到关闭时的反向恢复时间 t_{rr} 短，因此，其特长是急速地变成关闭的转移时间显著地短。如果对阶跃二极管施加正弦波，那么，因 t_t（转移时间）短，所以输出波形急骤地被夹断，故能产生很多高频谐波。

⑩稳压二极管

是代替稳压电子二极管的产品。被制作成为硅的扩散型或合金型。是反向击穿特性曲线急骤变化的二极管。为控制电压和标准电压使用而制作的。二极管工作时的端电压（又称齐纳电压）从 3V 左右到 150V，按每隔 10%，能划分成许多等级。在功率方面，也有从 200mW 至 100W 以上的产品。工作在反向击穿状态，用硅材料制作，动态电阻 R_Z 很小，一般为 2CW 型；将两个互补二极管反向串接以减少温度系数则为 2DW 型。

⑪PIN 型二极管（PIN Diode）

这是在 P 区和 N 区之间夹一层本征半导体（或低浓度杂质的半导体）构造的晶体二极管。PIN 中的 I 是“本征”意义的英文略语。当其工作频率超过 100MHz 时，由于少数载流子的存贮效应和“本征”层中的渡越时间效应，其二极管失去整流作用而变成阻抗元件，并且，其阻抗值随偏置电压而改变。在零偏置或直流反向偏置时，“本征”区的阻抗很高；在直流正向偏置时，由于载流子注入“本征”区，而使“本征”区呈现出低阻抗状态。因此，可以把 PIN 二极管作为可变阻抗元件使用。它常被应用于高频开关(即微波开关)、移相、调制、限幅等电路中。

⑫雪崩二极管（Avalanche Diode）

它是在外加电压作用下可以产生高频振荡的晶体管。产生高频振荡的工作原理是这样的：利用雪崩击穿对晶体注入载流子，因载流子渡越晶片需要一定的时间，所以其电流滞后于电压，出现延迟时间。若适当地控制渡越时间，那么，在电流和电压关系上就会出现负阻效应，从而产生高频振荡。它常被应用于微波领域的振荡电路中。

⑬江崎二极管（Tunnel Diode）

它是以隧道效应电流为主要电流分量的晶体二极管。其基底材料是砷化镓和锗。其 P 型区的 N 型区是高掺杂的（即高浓度杂质的）。隧道电流由这些简并态半导体的量子力学效应所产生。发生隧道效应具备如下三个条件：费米能级位于导带和满带内；空间电荷层宽度必须很窄（0.01 微米以下）；简并半导体 P 型区和 N 型区中的空穴和电子在同一能级上有交叠的可能性。江崎二极管为双端子有源器件，其主要参数有峰谷电流比（I_P / P_V）。其中，下标“P”代表“峰”；而下标“V”代表“谷”。江崎二极管可以被应用于低噪声高频放大器及高频振荡器中（其工作频率可达毫米波段），也可以被应用于高速开关电路中。

⑭快速关断（阶跃恢复）二极管（Step Recovery Diode）

它也是一种具有 PN 结的二极管。其结构上的特点是：在 PN 结边界处具有陡峭的杂质分布区，从而形成“自助电场”。由于 PN 结在正向偏压下，以少数载流子导电，并在 PN 结附近具有电荷存贮效应，使其反向电流需要经历一个“存贮时间”后才能降至最小值（反向饱和电流值）。阶跃恢复二极管的“自助电场”缩短了存贮时间，使反向电流快速截止，并产生丰富的谐波分量。利用这些谐波分量可设计出梳状频谱发生电路。快速关断（阶跃恢复）二极管用于脉冲和高次谐波电路中。

⑮肖特基二极管（Schottky Barrier Diode）

它是具有肖特基特性的“金属半导体结”的二极管。其正向起始电压较低。其金属层除材料外，还可以采用金、钼、镍、钛等材料。其半导体材料采用硅或砷化镓，多为 N 型半导体。这种器件是由多数载流子导电的，所以，其反向饱和电流较以少数载流子导电的 PN 结大得多。由于肖特基二极管中少数载流子的存贮效应甚微，所以其频率响应受 RC 时间常数限制，因而，它是高频和快速开关的理想器件，其工作频率可达 100GHz。并且 MIS（金属－绝缘体－半导体）肖特基二极管可以用来制作太阳能电池或发光二极管。

⑯阻尼二极管

具有较高的反向工作电压和峰值电流，正向压降小，高频高压整流二极管，用在电视机行扫描电路作阻尼和升压整流用。

⑰瞬变电压抑制二极管

TVP 管，对电路进行快速过压保护，分双极型和单极型两种，按峰值功率（500W～5000W）和电压（8.2V～200V）分类。

⑱双基极二极管（单结晶体管）

两个基极，一个发射极的三端负阻器件，用于张弛振荡电路，定时电压读出电路中，它具有频率易调、温度稳定性好等优点。

⑲发光二极管

用磷化镓、磷砷化镓材料制成，体积小，正向驱动发光。工作电压低，工作电流小，发光均匀，寿命长，可发红、黄、绿单色光。

（3）根据特性分类

点接触型二极管，按正向和反向特性分类如下。

①一般用点接触型二极管

这种二极管正如标题所说的那样，通常被使用于检波和整流电路中，是正向和反向特性既不特别好也不特别坏的中间产品，如 SD34、SD46、1N34A 等属于这一类。

②高反向耐压点接触型二极管

这是最大峰值反向电压和最大直流反向电压很高的产品，使用于高压电路的检波和整流。这种型号的二极管一般正向特性不太好或一般。在点接触型锗二极管中，有 SD38、1N38A、OA81 等。这种锗材料二极管的耐压受到限制，要求更高时有硅合金和扩散型。

③高反向电阻点接触型二极管

正向电压特性和一般用二极管相同。虽然其反方向耐压也是特别高，但反向电流小，因此其特长是反向电阻高。使用于高输入电阻的电路和高阻负荷电阻的电路中，就锗材料高反向电阻型二极管而言，SD54、1N54A 等属于这类二极管。

④高传导点接触型二极管

它与高反向电阻型相反。其反向特性尽管很差，但使正向电阻变得足够小。对高传导点接触型二极管而言，有 SD56、1N56A 等。对高传导键型二极管而言，能够得到更优良的特性。这类二极管，在负荷电阻特别低的情况下，整流效率较高。

二极管的主要参数如下：

①最大平均整流电流 I_F（A_V）

I_F（A_V）是指二极管长期工作时，允许通过的最大正向平均电流。它与 PN 结的面积、材料及散热条件有关。实际应用时，工作电流应小于 I_F（A_V），否则，可能导致结温过高而烧毁 PN 结。

②最高反向工作电压 V_{RM}

V_{RM} 是指二极管反向运用时，所允许加的最大反向电压。实际应用时，当反向电压增加到击穿电压 V_{BR} 时，二极管可能被击穿损坏，因而，V_{RM} 通常取为（1/2～2/3）V_{BR}。

③反向电流 I_R

I_R 是指二极管未被反向击穿时的反向电流。理论上 I_R=I_R（sat），但考虑表面漏电等因素，实际上 I_R 稍大一些。I_R 越小，表明二极管的单向导电性能越好。另外，I_R 与温度密切相关，使用时应注意。

④最高工作频率 f_M

f_M 是指二极管正常工作时，允许通过交流信号的最高频率。实际应用时，不要超过此值，否则二极管的单向导电性将显著退化。f_M 的大小主要由二极管的电容效应来决定。

⑤二极管的电阻

就二极管在电路中电流与电压的关系而言，可以把它看作一个等效电阻，且有直流电阻 R_D 与交流电阻 r_d 之别。

⑥直流等效电阻 R_D（图 4-4）

直流等效电阻为加在二极管两端的直流电压 U_D 与流过二极管的直流电流 I_D 之比，即

$$R_D = \frac{U_D}{I_D} \tag{4-1}$$

R_D 的大小与二极管的工作点有关。通常用万用表测出来的二极管电阻即直流电阻。不过应注意的是，使用不同的欧姆档测出来的直流等效电阻不同。其原因是二极管工作点的位置不同。一般二极管的正向直流电阻在几十欧姆到几千欧姆之间，反向直流电阻在几十千欧姆到几百千欧姆之间。正反向直流电阻差距越大，二极管的单向导电性能越好。

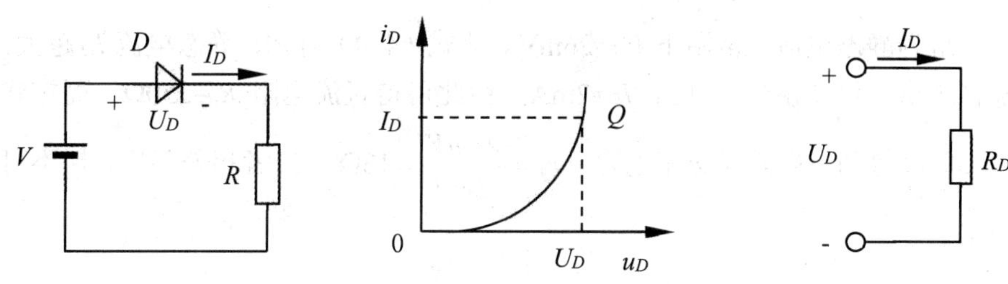

（a）电路　（b）二极管伏安特性和工作点 Q　（c）二极管的直流电阻

图 4-4　二极管的直流等效电阻

⑦交流等效电阻 r_d

图 4-4 所示电路中，在直流电源 V 的作用下，对应于二极管电流 I_D 和二极管两端电压 U_D 的点称为静态工作点，如图 4-4（b）中所注，该点对应的直流等效电阻为 R_D，如图 4-4（c）中所示。

动态电阻是在一个固定的直流电压和电流（即静态工作点 Q）的基础上、由交流信号 u_i 引起特性曲线在 Q 点附近的一小段电压和电流的变化产生的。若该交流信号 u_i 是低频，而且幅度很小（通常称低频小信号），则由此引起的电流变化量也很小，则这一小段特性曲线可以用通过 Q 点的切线来等效。

如图 4-2 所示的电路中，若在 Q 点的基础上外加微小的低频信号，二极管两端产生的电压变化量和电流变化量如图 4-4（b）所示，则此时的二极管可等效成一个动态电阻 R_D。根据二极管的电流方程可得 Q 点附近

$$r_d = \frac{\Delta u_D}{\Delta i_D} \tag{4-2}$$

r_d是用以 Q 点为切点的切线斜率的倒数。显然，Q 点在伏安特性上的位置不同，r_d的数值也将不同。根据二极管的电流方程

$$i_D = I_S(e^{\frac{u_D}{U_T}} - 1) \tag{4-3}$$

可得：

$$\frac{1}{r_d} = \frac{\Delta i_D}{\Delta u_D} \approx \frac{di_D}{du_D} = \frac{d[I_S(e^{\frac{u_D}{U_T}} - 1)]}{du_D} \approx \frac{I_S}{U_T} e^{\frac{u_D}{U_T}} \approx \frac{I_D}{U_T} \tag{4-4}$$

因此

$$r_d \approx \frac{U_T}{I_D} \tag{4-5}$$

I_D为静态电流，常温下 U_T=26mV。从式（4-4）可知，静态电流 I_D越大，r_d将越小。设 U_D=0.7V 时，I_D=2mA。由此可得直流电阻 R_d=350Ω，而按式（4-5）可得动态电阻（交流电阻）$r_d = \frac{26mV}{2mA} = 13\Omega$。二者相差甚远，切不可混淆。

第 5 单元　三极管

5.1　实验目的

熟悉和掌握三极管的种类、性能与参数，设计电路时能够熟练选择三极管，调试时能够判断三极管是否损坏或选型是否准确。

5.2　实验手段（仪器和设备，或者平台）

晶体管特性图示仪、函数信号发生器、示波器、直流稳压电源和万用表各一台，不同型号的三极管若干，100kΩ变阻器和其他阻值电阻若干。

5.3　实验原理、实验内容与步骤

实验前先浏览本单元的附录和查阅有关三极管的资料。

（1）三极管外观与标示的认识

在实验室找到所能找到的三极管，观察它们的外形、色彩和标示，尽可能多地了解每一只三极管的信息，如三极管的极性标识、常用三极管的型号、封装及其主要参数。

（2）用模拟万用表简单测试三极管

①判别基极、材料和管子的类型

选用欧姆档的 R×100（或 R×1K）档，先用红表笔接一个管脚，黑表笔接另一个管脚，可测出两个电阻值，然后再用红表笔接另一个管脚，重复上述步骤，又测得一组电阻值，这样测 3 次，其中有一组两个阻值都很小的，对应测得这组值的红表笔接的为基极，且管子是 PNP 型的；反之，若用黑表笔接一个管脚，重复上述做法，若测得两个阻值都小，对应黑表笔为基极，且管子是 NPN 型的。

在上述测量过程中，如果较小的阻值在几百欧时，说明晶体管是锗材料制成（但目前已罕见）；如果电阻、阻值在几千欧姆时，说明该晶体管是硅材料制成。

如果不能找到一个管脚对其余两个管脚在分别接红表笔和黑表笔同时为小电阻和大电阻的情况，说明晶体管已经损坏。

②判别集电极

因为三极管发射极和集电极正确连接时 β 大（表针摆动幅度大），反接时 β 就小得多。因此，先假设一个集电极，用欧姆档连接（对 NPN 型管，发射极接黑表笔，集电极接红表笔）。测量时，用手同时捏住基极和假设的集电极（最好手上带点水或弄湿），两极不能接触，若指针摆动幅度大，而把两极（假设的发射极和集电极）对调后指针摆动小，则说明假设是正确的，从而确定集电极和发射极。

如果不能出现指针摆动或两次测试摆动的幅值基本一样的情况，该晶体管很可能已经损坏或 β 值太小。

③电流放大系数 β 值的估算

选用欧姆档的 R×100（或 R×1K）档，对 NPN 型管，红表笔接发射极，黑表笔接集电极，测量时，只要比较用手捏住基极和集电极（两极不能接触）和把手放开两种情况小指针摆动的大小，摆动越大，则 β 值越高。同样可以判断 PNP 型晶体管的 β 值。

（3）用数字万用表测试三极管

①判别基极、材料和管子的类型

选择万用表的二极管档或通断判断档。先用红表笔接一个管脚，黑表笔接另一个管脚，可测出两个压降值，然后再用红表笔接另一个管脚，重复上述步骤，又测得一组压降值，这样测 3 次，其中只有一组出现数字（没有超出量程），对应测得这组值的红表笔接的为基极，且管子是 NPN 型的；反之，若用黑表笔接一个管脚，重复上述做法，若测得两次出现数字，对应黑表笔为基极，且管子是 PNP 型的。

在上述测量过程中，如果数字为 500～700，说明晶体管是硅材料制成，如果电阻、阻值为 100～300，说明该晶体管是锗材料制成（但目前已罕见）。

如果不能找到一个管脚对其余两个管脚在分别接红表笔和黑表笔同时为出现数字和超量程的情况，说明晶体管已经损坏。

②电流放大系数 $\bar{\beta}$ （h_{FE}）值的测量

选用 h_{FE} 档，在上一步已经判断出 NPN 型或 PNP 型及基极的情况下，假定其余两个引脚分别为发射极和集电极，把晶体管的三个引脚插入相应的测试孔中得到读数。对调假定的两个引脚再测试一次。两次测试中读数值较大的一次为该晶体管的 h_{FE} 值，且这次假定为正确。

更简单的做法：如果知道 NPN 型或 PNP 型，可直接对应万用表的管子类型和基极位置插入测试孔，得到 h_{FE} 的读数。

（4）用晶体管特性图示仪测试三极管

晶体管特性图示仪（图 5-1）是一种能够直接在示波管上显示各种晶体管特性曲线的专用测试仪器，通过屏幕上的标度尺刻度可直接读出晶体管的各项参数。

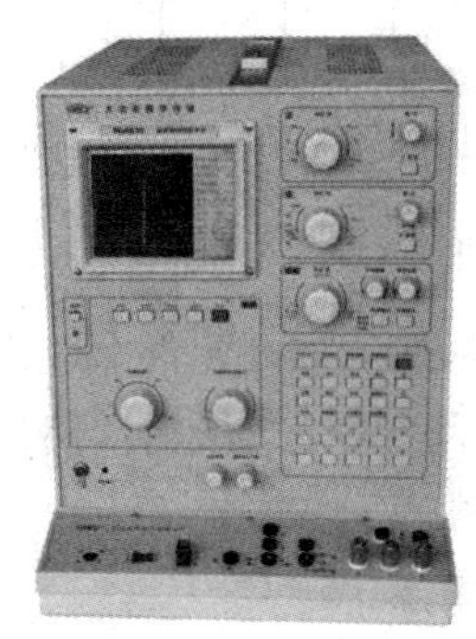
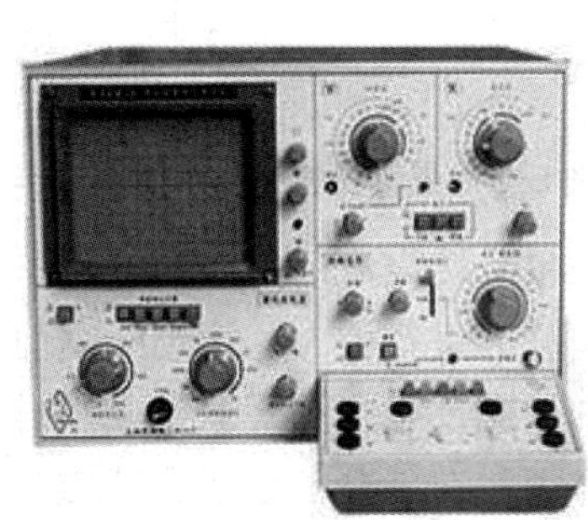

图 5-1　3 种常见的用晶体管特性图示仪

晶体管特性图示仪主要用来测量：二极管的伏安特性曲线；三极管的输入特性、输出特性和电流放大特性；各种反向饱和电流、各种击穿电压；场效应管的漏极特性、转移特性、夹断电压和跨导等参数。同时，该仪器上备有两个插座，可接入两只晶体管，通过开关的转换，能迅速比较两只晶体管的同类特性，便于筛选元器件。

如图 5-2 所示，晶体管特性图示仪主要由集电极扫描发生器、基极阶梯发生器、同步脉冲发生器、X 轴电压放大器、Y 轴电流放大器、示波管、电源及各种控制电路（图中未出现）等组成。

晶体管特性图示仪中各组成的主要作用如下：

①集电极扫描发生器的主要作用是产生集电极扫描电压，其波形是正弦半波波形，幅值可以调节，用于形成水平扫描线，如图 5-3 所示。

②基极阶梯发生器的主要作用是产生基极阶梯电流信号，其阶梯的高度可以调节，用于形成多条曲线簇。

③同步脉冲发生器的主要作用是产生同步脉冲，使扫描发生器和阶梯发生器的信号严格保持同步。

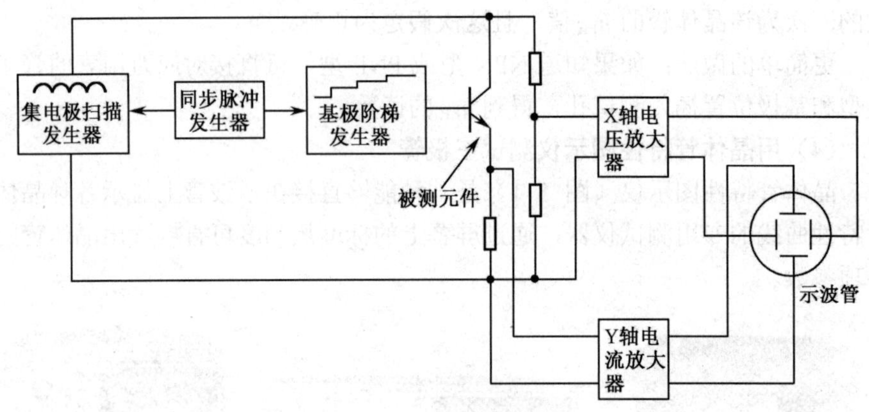

图 5-2　晶体管特性图示仪的工作原理

④X 轴电压放大器和 Y 轴电流放大器的主要作用是把从被测元件上取出的电压信号（或电流信号）进行放大，达到能驱动显示屏发光之所需，然后送至示波管的相应偏转板上，以在屏幕上形成扫描曲线。

⑤示波器的主要作用是在屏幕上显示测试的曲线图像。

⑥电源和各种控制电路。电源是提供整机的能源供给，各种控制电路是便于测试转换和调节。

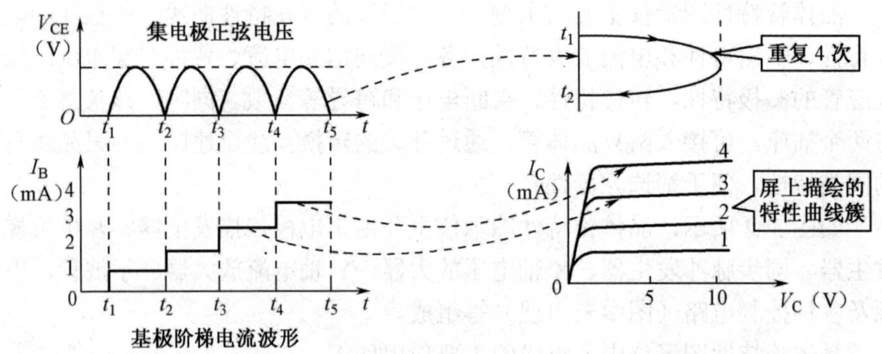

图 5-3　集电极扫描发生器的工作原理

测试特性前各开关、旋钮位置选取如下：

A. 由管型确定的旋钮位置（表 5-1）

表 5-1　由管型确定的晶体管特性图示仪旋钮位置

<table>
<tr><th colspan="2">管　型</th><th>组态</th><th>扫描电压</th><th>阶梯波</th></tr>
<tr><td colspan="2" rowspan="2">NPN</td><td>共发</td><td>+</td><td>+</td></tr>
<tr><td>共基</td><td>+</td><td>−</td></tr>
<tr><td colspan="2" rowspan="2">PNP</td><td>共发</td><td>−</td><td>−</td></tr>
<tr><td>共基</td><td>−</td><td>+</td></tr>
<tr><td rowspan="2">JFET</td><td>N 沟道</td><td rowspan="2">共源</td><td>+</td><td>−</td></tr>
<tr><td>P 沟道</td><td>−</td><td>+</td></tr>
</table>

（a）集电极扫描信号。“极性”开关：用来改变扫描电源对地的极性。

（b）基极阶梯信号。“极性”开关：根据被测管的不同类型，可以改变阶梯信号的正负极性。

B. 与管型无关的扳键、旋钮

阶梯作用，置于重复位置；级/秒为 200 级/s；级/族为 10 级；零电压、零电流置于中间位置；峰值电压范围 0～10V。

C. 与被测管子参数有关旋钮

有 X 轴的伏/度开关、Y 轴的毫安–伏/度开关、基极阶梯信号的毫安/级开关和功耗电阻开关。

D. 测试特性参数时选择量程原则

根据实际工作使用条件进行测试，主要用于测试在实际使用时的参数，如发射极电流放大系数 β，输入电阻 R_{be}。

E. 测试台

将测试选择位于中间位置，接地开关置于需要的位置，然后插上被测晶体管，再将测试选择拨到测试的一方，此时即有曲线显示。再经过 Y 轴、X 轴、阶梯 3 部分的适当修正，即能进行有关的测试。

用晶体管特性图示仪测试一只三极管的基本操作小结如下：

（a）按下电源开关，指示灯亮，预热 5 min 后才开始进行测试。

（b）调节辉度、聚焦及辅助聚焦，使光点清晰。

（c）将峰值电压旋钮调至零，峰值电压范围、极性、功耗电阻等开关置于测试所需位置。

（d）对 X、Y 轴放大器进行 10 度校准。方法为：先将光点移到屏幕左下角，然后按下显示开关的校准按键，此时光点应同时向上和向右移动十格到达屏幕的右上角。

（e）调节阶梯调零。

（f）选择需要的基极阶梯信号，将极性、串联电阻置于合适挡位，调节级/簇旋钮，使阶梯信号为 10 级/簇，阶梯信号按钮置于重复位置。

（g）插上被测晶体管，缓慢地增大峰值电压，荧光屏上就显示出待测曲线。

下面以 9013（NPN 型晶体管）为例给出实际的操作和过程。

A. 测试 h_{FE} 和 β

将光点移到荧光屏的左下角作为坐标零点，仪器的有关旋钮置于以下位置。

（a）峰值电压范围：0～10V。

（b）极性：+。

（c）功耗电阻：250Ω。

（d）X 轴集电极电压：1V/度。

（e）Y 轴集电极电流：1mA/度。

（f）阶梯信号：重复。

（g）阶梯极性：+。

（h）阶梯选择：10μA/度。

逐渐加大峰值电压直到在显示屏上看到一簇特性曲线如图 5-4（a）所示。读出 X 轴集电极电压 U_{CE}=5V 时最上面的一条曲线的（每条曲线为 10μA，最下面一条 I_B=0 不计在内）I_B 值和 I_C 值。

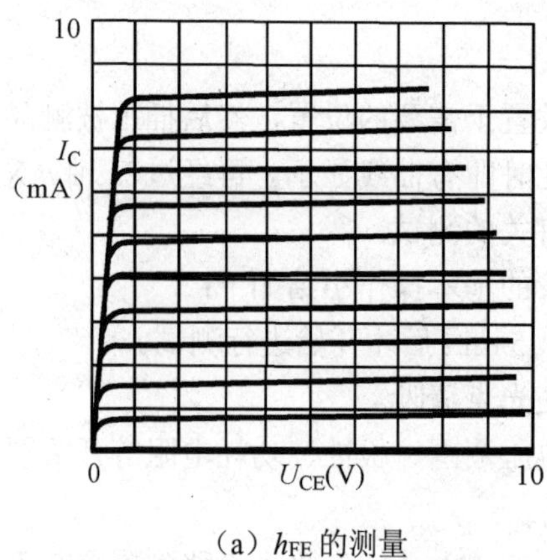

（a）h_{FE} 的测量

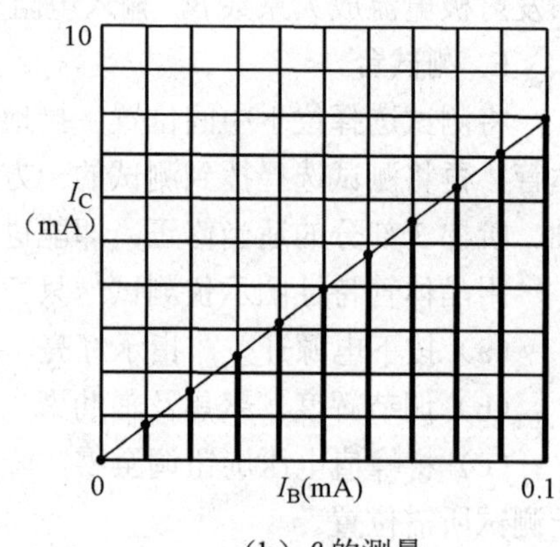

（b）β 的测量

图 5-4　h_{FE} 和 β 的测量

则：

$$h_{FE}=\frac{I_C}{I_B}=\frac{8.5mA}{0.1mA}=85 \qquad (5-1)$$

若把 X 轴选择开关放在基极电流位置，就可得到图 5-4（b）所示的电流放大特性曲线。即：

$$\beta=\frac{\Delta I_C}{\Delta I_B}=\frac{8}{0.1}=80 \qquad (5-2)$$

B. 晶体管击穿电压的测试

以 9013 晶体管为例，击穿电压测试时仪器的设置如表 5-2 所示。

表 5-2　9013 晶体管击穿电压测试时仪器的设置

测量设置	测量项目	
	BU_{CBO}	BU_{CEO}
峰值电压范围	0～500V	0～100V
极性	+	+
X 轴集电极电压	20V/度	10V/度
Y 轴集电极电流	20μA/度	20μA/度
级/簇	置于 1	置于 1
阶梯选择	0.1mA	0.1mA
功耗限制电阻	1kΩ～5kΩ	1kΩ～5kΩ

首先将被测管按表 5-2 所提供的参数做好测试前的准备工作。然后逐步调高峰值电压。测量 BU_{CBO} 时，被测管按图 5-5 的接法，Y 轴 I_C =0.1 mA 时，X 轴的偏移量为 BU_{CBO}；测量 BU_{CEO} 时，被测管按图 5-6 的接法，Y 轴 I_C = 0.2mA 时，X 轴的偏移量为 BU_{CEO}。

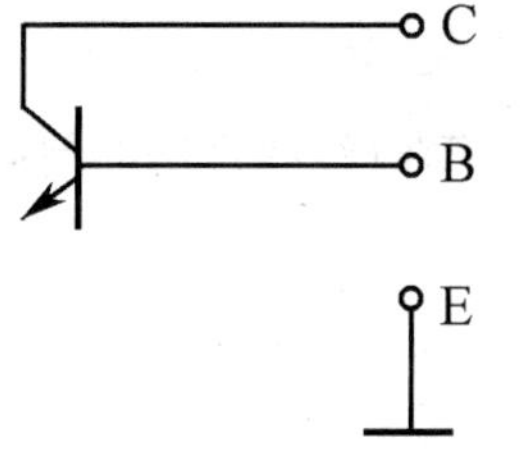

图 5-5　测量 BU_{CBO} 时被测管接线图

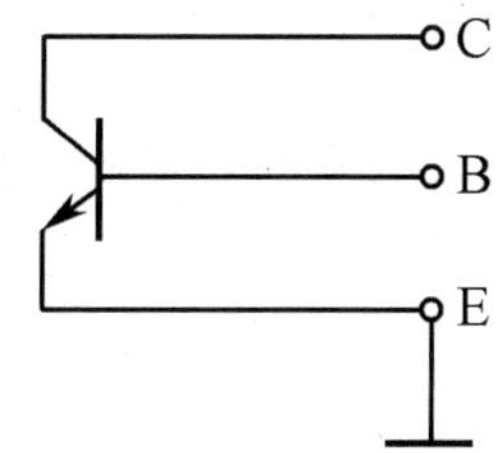

图 5-6　测量 BU_{CEO} 时被测管接线图

从图 5-7 和图 5-8 中可分别读出：BU_{CBO}=120V（I_C = 100μA），BU_{CEO}= 35V（I_C = 200μA）。

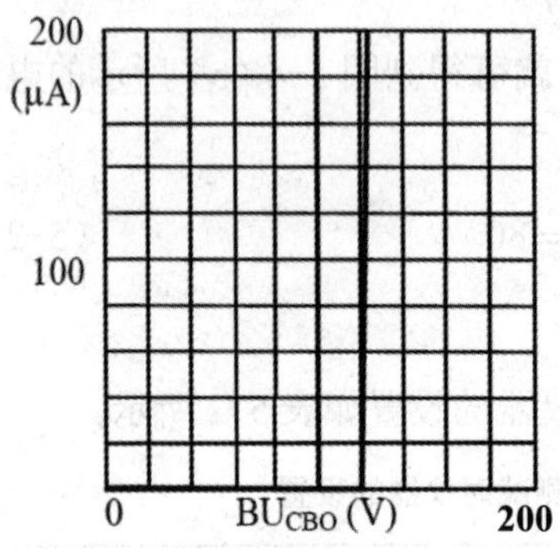

图 5-7　测量 BU_{CBO} 的曲线图

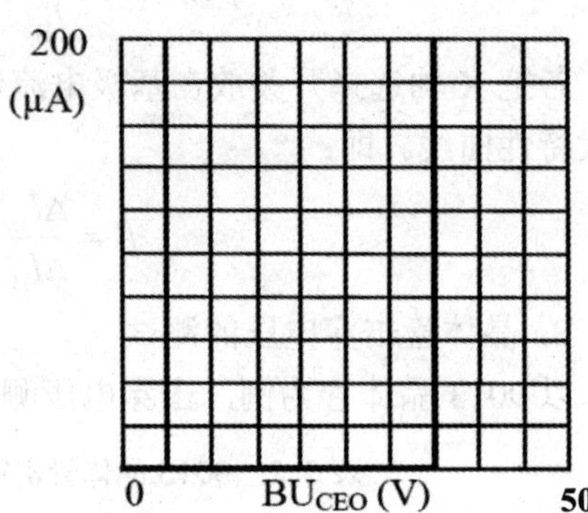

图 5-8　测量 BU_{CEO} 的曲线图

5.4　思考题

①三极管的种类有哪些？各自有何特点？

②如何从万用表和三极管的工作原理上理解本实验？

③在本实验中的几种测试二极管的方法中，哪种方法最可靠？为什么？

④有些类型的三极管用本实验中的方法测试不了，有的则是根本不能用本实验中的方法去测试。你知道是一些什么样的三极管吗？

⑤如果有一只达林顿（复合）管，用本实验给出的几种方法会有什么样的结果？

⑥晶体管特性图示仪的工作原理是什么？

5.5　实验报告

记录实验过程与结果及可能存在的问题，暂时没有理解的问题也请记录下来。回答本实验中的所有思考题。

5.6　附录

三极管是最基本的半导体器件之一。准确地理解三极管及其应用电路是真正掌握电路的必备基础。三极管的种类有很多，可以有以下的几种分类方式。

①按材质分类：硅管、锗管。

②按结构分类：NPN、PNP。

③按功能和用途分类：开关管、功率管、达林顿管、光敏管、低噪管、振荡管、高反压管等。

④按三极管消耗功率的不同：小功率管、中功率管和大功率管等。

⑤按生产工艺分类：合金型、扩散型、台面型和平面型。

⑥按工作频率分类：低频管、高频管、超高频管。

下面是对一些常用的三极管种类的说明。

①低频小功率三极管:低频小功率三极管一般指特征频率在 3MHz 以下、功率小于 1W 的三极管。一般作为小信号放大用。

②高频小功率三极管：高频小功率三极管一般指特征频率大于 3MHz、功率小于 1W 的三极管。主要用于高频振荡、放大电路中。

③低频大功率三极管：低频大功率三极管指特征频率小于 3MHz、功率大于 1W 的三极管。低频大功率三极管品种比较多，主要应用于电子音响设备的低频功率放大电路中；用于各种大电流输出稳压电源中作为调整管。

④高频大功率三极管：高频大功率三极管指特征频率大于 3MHz、功率大于 1W 的三极管。主要用于通信等设备中作为功率驱动、放大。

⑤开关三极管：开关三极管是利用控制饱和区和截止区相互转换工作的。开关三极管的开关过程需要一定的响应时间。开关响应时间的长短表示了三极管开关特性的好坏。

⑥差分对管：差分对管是把两只性能一致的三极管封装在一起的半导体器件。它能以最简单的方式构成性能优良的差分放大器。

⑦复合三极管：复合三极管是分别选用各种极性的三极管进行复合连接，在组成复合三极管时，不管选用什么样的三极管，这些三极管按照一定的方式连接后可以看作一只高 β 的三极管。组合复合三极管时，应注意第一只管子的发射极电流方向必须与第二只管子的基极电流方向相同。复合三极管的极性取决于第一只管子。复合三极管的最大特点是电流放大倍数很高，所以多用于较大功率输出的电路中。

图 5-9 给出了几种常见的三极管封装（外形）。

图 5-9　几种常见的三极管封装（外形）

三极管的主要参数如下：

①共射电流放大系数α和β

在共射极放大电路中，若交流输入信号为零，则管子各极间的电压和电流都是直流量，此时的集电极电流I_C和基极电流I_B的比就是$\overline{\beta}$，$\overline{\beta}$称为共射直流电流放大系数。

当共射极放大电路有交流信号输入时，因交流信号的作用，必然会引起I_B的变化，相应的也会引起I_C的变化，两电流变化量的比称为共射交流电流放大系数β，即

$$\beta = \frac{\Delta I_C}{\Delta I_B} \tag{5-3}$$

上述两个电流放大系数$\overline{\beta}$和β的含义虽然不同，但工作在输出特性曲线放大区平坦部分的三极管，两者的差异极小，可做近似相等处理，故在今后应用时，通常不加区分，直接互相替代使用。

由于制造工艺的分散性，同一型号三极管的β值差异较大。常用的小功率三极管，β值一般为20～200。β过小，管子的电流放大作用小；β过大，

管子工作的稳定性差。一般选用 β 在 40～80 之间的管子较为合适。

②极间反向饱和电流 I_{CBO} 和 I_{CEO}

● 集电结反向饱和电流 I_{CBO} 是指发射极开路，集电结加反向电压时测得的集电极电流。常温下，硅管的 I_{CBO} 在 nA（10^{-9}A）的量级，通常可忽略。

● 集电极—发射极反向电流 I_{CEO} 是指基极开路时，集电极与发射极之间的反向电流，即穿透电流。穿透电流的大小受温度的影响较大，穿透电流小的管子热稳定性好。

③极限参数

● 集电极最大允许电流 I_{CM}

晶体管的集电极电流 I_C 在相当大的范围内 β 值基本保持不变，但当 I_C 的数值达到一定程度时，电流放大系数 β 值将下降。使 β 明显减少的 I_C 即为 I_{CM}。为了使三极管在放大电路中能正常工作，I_C 不应超过 I_{CM}。

● 集电极最大允许功耗 P_{CM}

晶体管工作时，集电极电流在集电结上将产生热量，产生热量所消耗的功率就是集电极的功耗 P_{CM}，即

$$P_{CM} = I_C U_{CE} \tag{5-4}$$

功耗与三极管的结温有关，结温又与环境温度、管子是否有散热器等条件相关。根据上式可在输出特性曲线上作出三极管的允许功耗线。功耗线的左下方为安全工作区，右上方为过损耗区。

手册上给出的 P_{CM} 值是在常温下 25℃时测得的。硅管集电结的上限温度为 150℃左右，锗管为 70℃左右，使用时应注意不要超过此值，否则管子将损坏。

● 反向击穿电压 $U_{BR(CEO)}$

反向击穿电压 $U_{BR(CEO)}$ 是指基极开路时，加在集电极与发射极之间的最大允许电压。使用中如果管子两端的电压 $U_{CE} > U_{BR(CEO)}$，集电极电流 I_C 将急剧增大，这种现象为击穿。管子击穿将造成三极管永久性的损坏。三极管电路在电源 E_C 的值选得过大且管子截止时，就有可能会出现 $U_{CE} > U_{BR(CEO)}$ 导致三极管击穿而损坏的现象。在感性负载并没有足够的保护时更容易出现反向击穿现象。

关于课程思政的思考：

在三极管参数测量中，学生会遇到各种挑战和问题，比如有些类型的三极管用本实验的方法测试不了、仪器设备出现故障、数据异常等。这些挑战需要拓展思路，寻找解决方案，从而培养学生创新意识。

第 6 单元　元件伏安特性的测量

本实验采用 2 种方式进行实验：一是做实际电路的实验，二是采用 Multisim14 进行仿真实验。

6.1　实验目的

①认识常用电路元件。

②掌握线性电阻、非线性电阻元件伏安特性的逐点测试法。

③初步了解直流（动态）电阻、交流电阻。

6.2　实验手段（器材、仪器和设备，或者平台）

实际电路实验所需器材：

①数字万用表。

②直流电流表。

③直流稳压电源。

④九孔板、导线。

⑤6V 稳压管、1kΩ 和 10kΩ 电位器、10Ω、75Ω、100Ω、200Ω、300Ω、1kΩ 电阻。

⑥3V 电池。

仿真实验采用 Multisim14 进行。

6.3　实验原理、实验内容与步骤

（1）实验原理

任何一个二端元件的特性可用该元件上的端电压 U 与通过该元件的电流 I 之间的函数关系 $I=f$（U）来表示，即用 I-U 平面上的一条曲线来表示，这条曲线称为该元件的伏安特性曲线（图 6-1）。

①线性电阻器的伏安特性曲线是一条通过坐标原点的直线，如图 6-1 中（b）曲线所示，该直线的斜率等于该电阻器的电阻值。

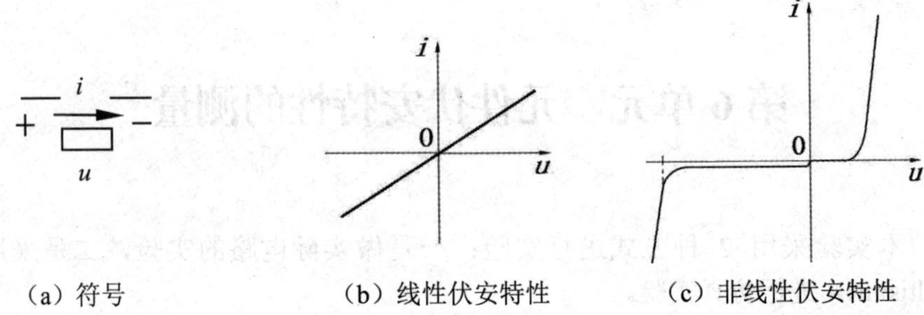

（a）符号　　（b）线性伏安特性　　（c）非线性伏安特性

图 6-1　二端元件及其典型的伏安特性

②一般的半导体二极管是一个非线性电阻元件，其特性如图 6-1 中（c）曲线。正向压降很小（一般的锗管为 0.2～0.3V，硅管为 0.5～0.7V），正向电流随正向压降的升高而急剧上升，而反向电压从零一直增加到十几伏至几十伏时，其反向电流增加很小，粗略地可视为零。可见，二极管具有单向导电性，如果反向电压加得过高，超过管子的极限值，则会导致管子击穿损坏。

③稳压二极管是一种特殊的半导体二极管，其正向特性与普通二极管类似，但其反向特性特别，如图 6-1 中（c）曲线。在反向电压开始增加时，其反向电流几乎为零，但当反向电压增加到某一数值时（称为管子的稳压值，有各种不同稳压值的稳压管）电流将突然增加，以后它的端电压将维持恒定，不再随外加的反向电压升高而增大。

（2）实际电路实验

①测定线性电阻伏安特性

- 正向特性

按图 6-2 所示电路接线，通电后，调节电位器使电压从零逐渐增大，观察电流表的读数，使电流 I 分别为 0 mA、2 mA、4 mA、6 mA、8 mA、10 mA，记录相应的电压数值，填入表 6-1 中。

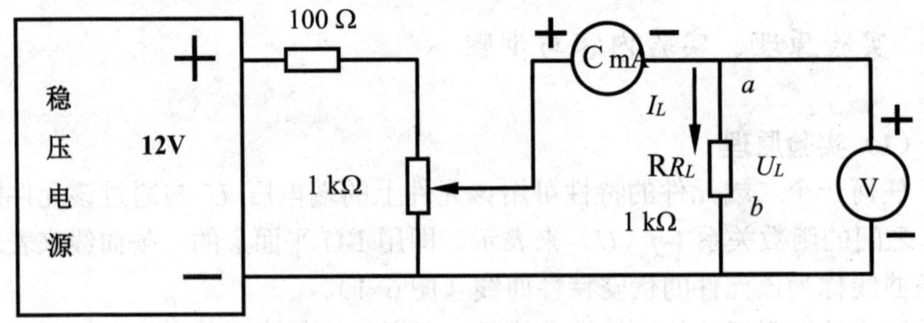

图 6-2　电阻的正向特性测量

表 6-1　电压记录表

I（mA）	-10	-8	-6	-4	-2	0	2	4	6	8	10
U（V）											

- 反向特性

按图 6-3 所示电路接线，注意稳压电源的输出极性，调节电位器，观察电流表的读数，使电流 I 分别为-2 mA、-4 mA、-6 mA、-8 mA、-10 mA，记录相应的电压数值，填入表 6-1 中。

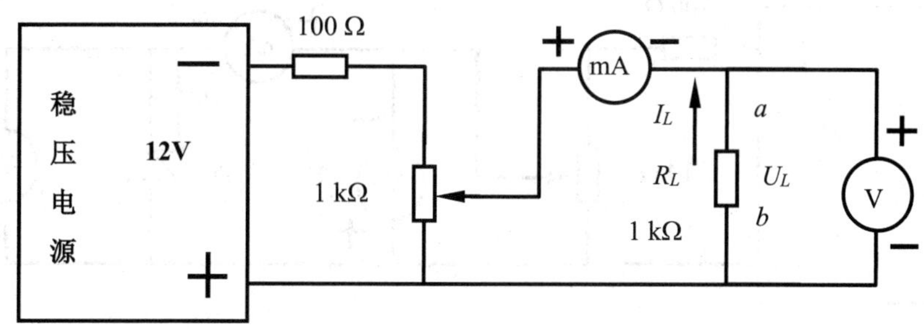

图 6-3　电阻的反向特性测量

②测定非线性电阻（稳压管）的伏安特性

- 正向特性

按图 6-4 所示电路接线，调节可调电位器，使电压 U 分别为表 6-2 中所示数值，记录相应的电流数值和稳压管两端电压 U_D，填入表 6-2 中。

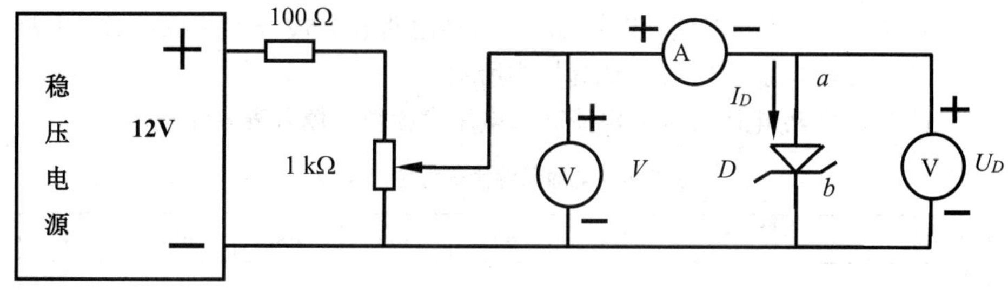

图 6-4　稳压二极管的正向特性测量

表 6-2　二极管正向伏安特性记录表

U(V)	0.5	0.75	1	1.2	1.5	1.7	3.8	5.8	8.8
I(mA)									
U_D(V)									

● 反向特性

按图 6-5 所示电路接线，调节可调电位器，使电压 U 分别为表 6-3 中所示数值，记录相应的电流数值和稳压管两端电压 U_D，填入表 6-3 中。

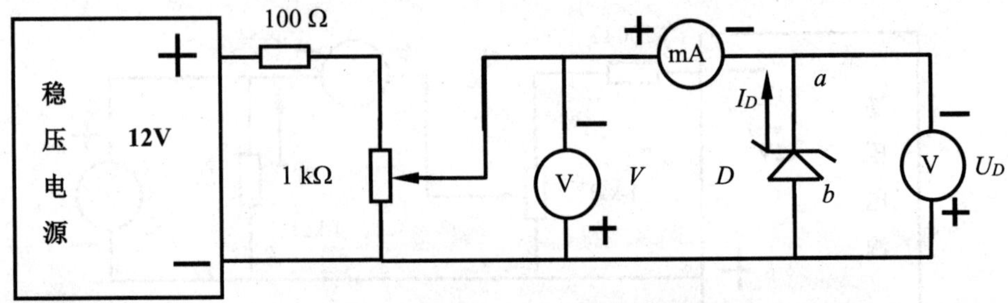

图 6-5　稳压二极管的反向特性测量

表 6-3　二极管反向伏安特性记录表

U(V)	−10	−8	−7	−6.5	−6	−5.5	−5	−4	0
I(mA)									
U_D(V)									

③测定电池元件伏安特性

按图 6-6 示电路接线，其中实际电压源由两节 1.5V 电池串联构成，或者采用学生实验电源输出 3V，如虚框中所示。

改变负载 R_L 电阻，读取电流表和电压表读数，填入表 6-4 中。

表 6-4　电池元件伏安特性记录表

RL(Ω)	∞	75	100	200	300	400	500	1 k
I(mA)								
U(V)								

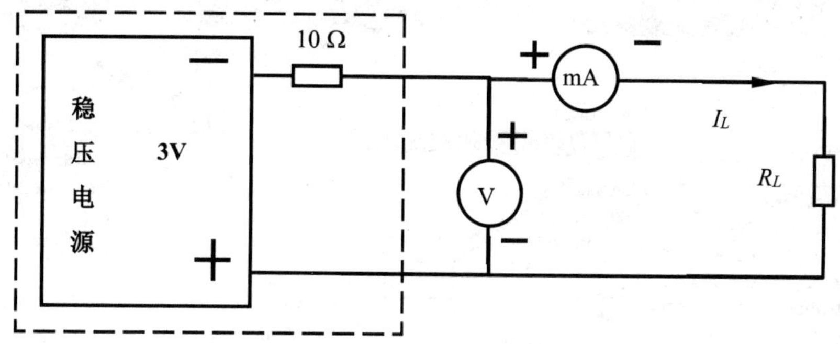

图 6-6　电池元件伏安特性测量

（3）Multisim14 仿真实验

前先浏览有关 Multisim14 仿真软件的资料。

①测定线性电阻伏安特性

依然采用图 6-2 的电路图进行实验。实验步骤如下。

第一，点击 NI Multisim 14.0，打开 Multisim14 软件，出现图 6-7 所示的 Multisim14 的界面。

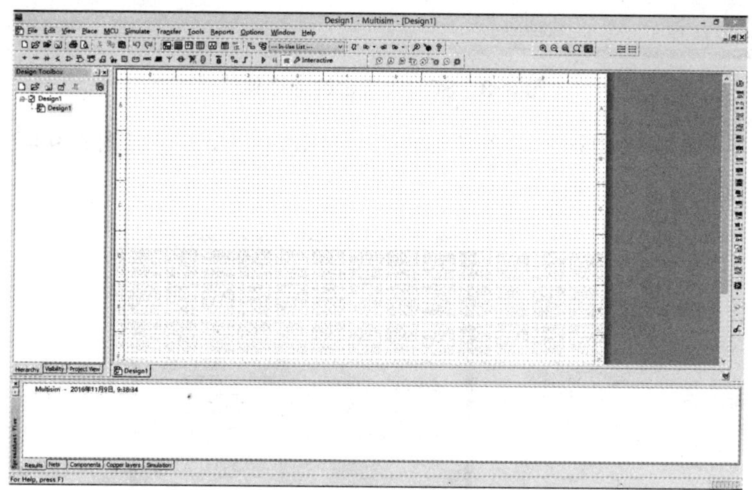

图 6-7　Multisim14 的界面

第二，放置元件。

A. 点击（左上角图标，第 3 行第 1 个），出现 SOURCES 的选择菜单（图 6-8），顺序选择和点击 POWER_SOURCES、DC_POWER 和 OK。放置好一个电池后关闭选择菜单。

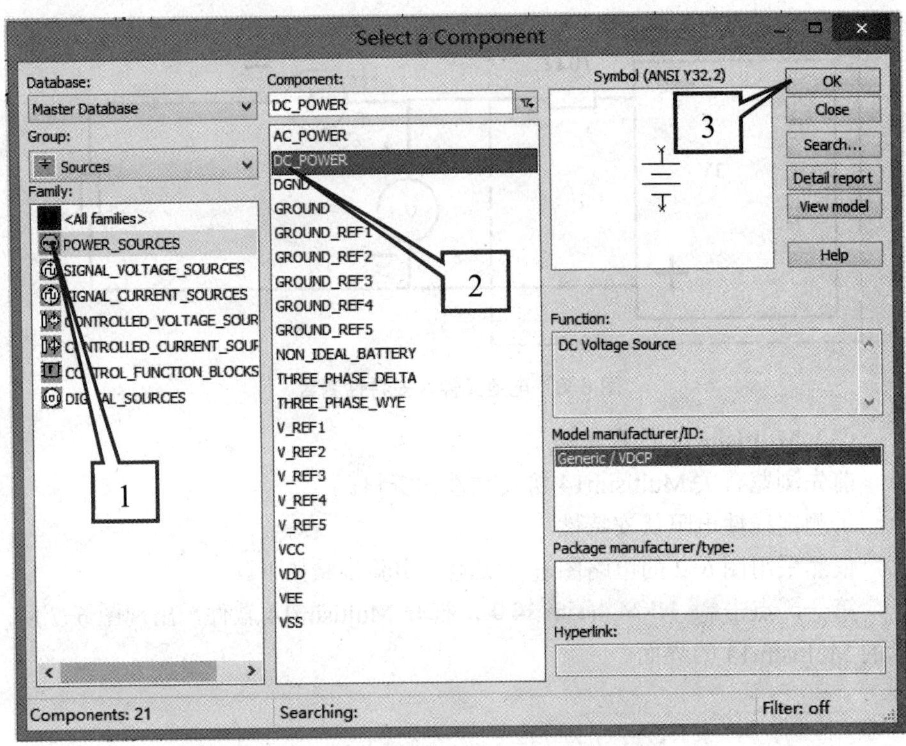

图 6-8　SOURCES 的选择菜单

如果需要修改电池的幅值等参数，可以双击 V1 12V 图标，出现图 6-9 所示的对话框，设置所需的参数。

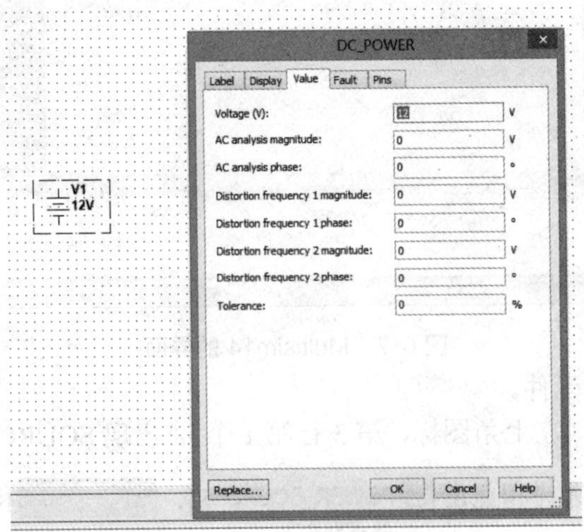

图 6-9　电源参数的选择菜单

B. 点击（左上角图标，第 3 行第 2 个），出现 Basic（基本元件）的选择菜单（图 6-10），顺序选择和点击 RESISTOR 、1k 和 OK 。放置好一只电阻到适当位置。

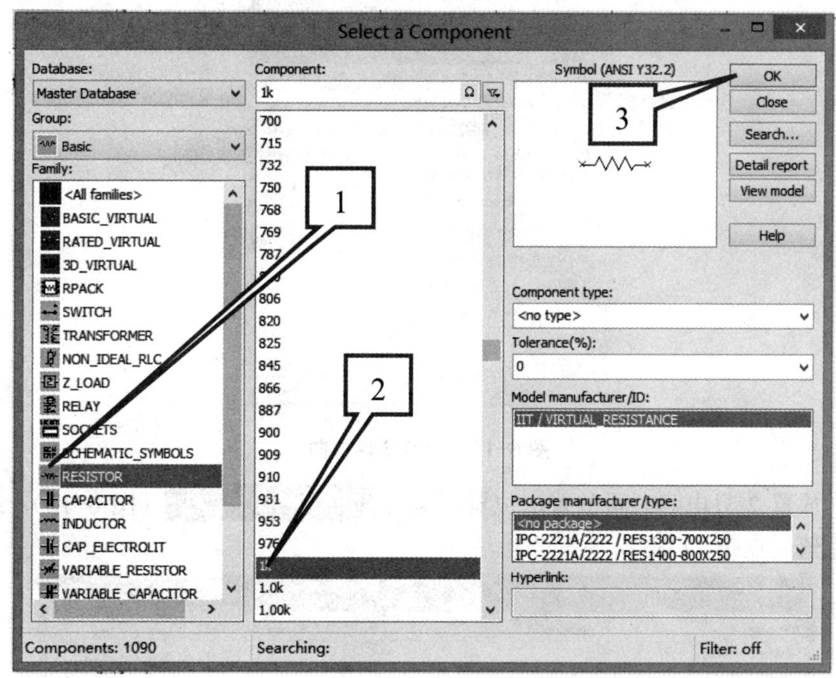

图 6-10　Basic（基本元件）的选择菜单

如果需要修改电阻的阻值等参数，可以双击 R1 100Ω ，设置所需的参数。

如果需要改变标号（label），可以双击该元件的标号进行修改。当修改为一个已经存在的标号时，需要把已经存在的标号修改为其他不存在的标号才可以进行。

如果需要旋转器件的方向，可以鼠标右击该元件，出现图 6-11 所示的菜单，点击 Rotate 90° clockwise Ctrl+R 或 Rotate 90° counter clockwise Ctrl+Shift+R ，每次只能旋转 90°，需要旋转 180°时需要操作 2 次。

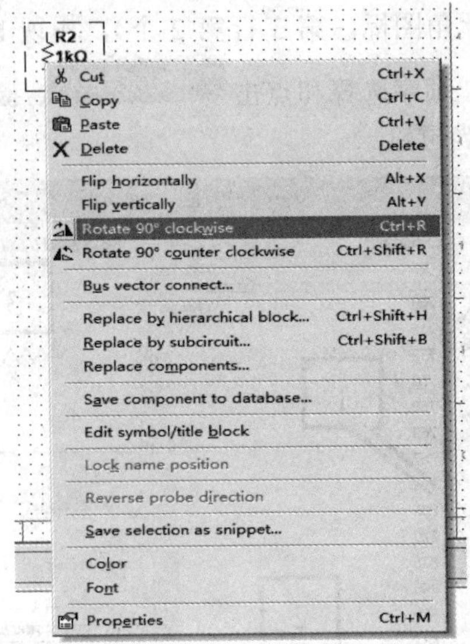

图 6-11　改变器件方向

放置 2 只电阻后再放置电位器：点击 POTENTIOMETER （图 6-12），选择阻值后点击“OK”。

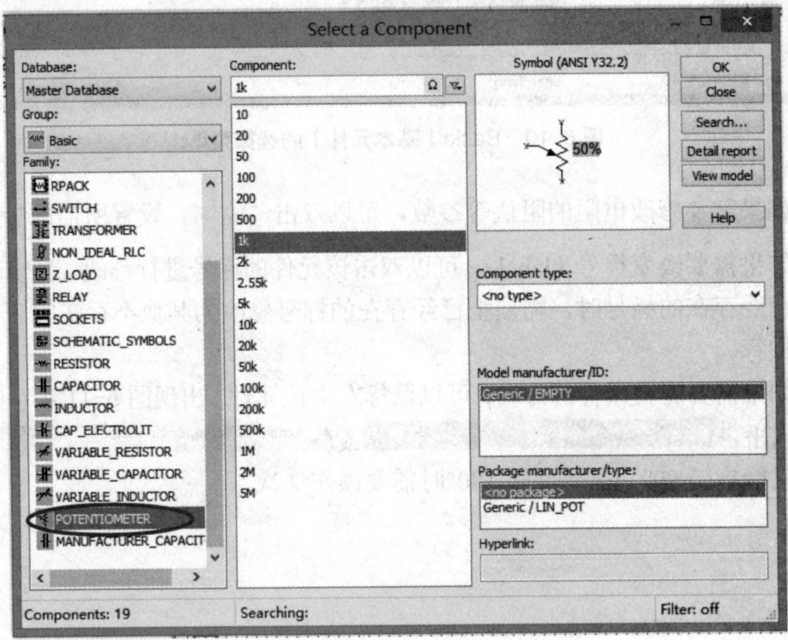

图 6-12　放置电位器的菜单

C. 放置电流表和电压表。点击（左上角图标，第 3 行第 10 个），出现 Indicator（指示器）的选择菜单（图 6-13），顺序选择和点击 AMMETER、AMMETER_H（水平连线方向和正极性在左边）和 OK。放置电流表到适当位置。

同样顺序选择和点击 VOLTMETER、VOLTMETER_V（垂直连线方向和正极性在上方）和 OK。放置电压表到适当位置。

第三，连线。

将鼠标放置元件的引线上时，鼠标的显示由箭头形改变成中间有小原点的十字形，点击左键后移动鼠标到另外一个元件的引线，再次点击左键就完成了一次连线。

也可以从一个引脚连线到另外一根导线上，在引脚上点击左键并按住，到需要连接的导线上再次点击左键就完成了引脚到导线的连线。

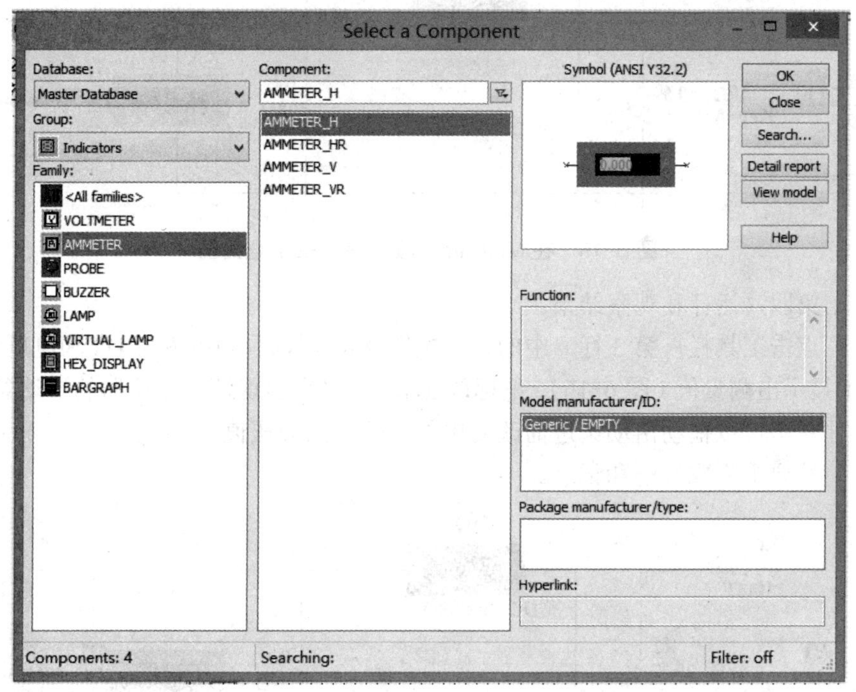

图 6-13　放置指示器的菜单

如果需要移动但不改变某导线的连接，只要在该导线上单击激活，然后放置鼠标在该导线上，鼠标将变成双向的箭头，按住左键可将导线移动。在激活的导线（或元件）以外的地方点击鼠标就能使激活的导线（或元件）回到非激活状态。

如果需要删除某根导线，只要在该导线上单击激活该导线，按键盘上的“Delete”键就可以删除该导线。

也可以在鼠标将变成双向的箭头时点击右键，或直接放置鼠标在导线上点击右键，出现图 6-14 所示的菜单，选择“Delete”就可以删除该导线。

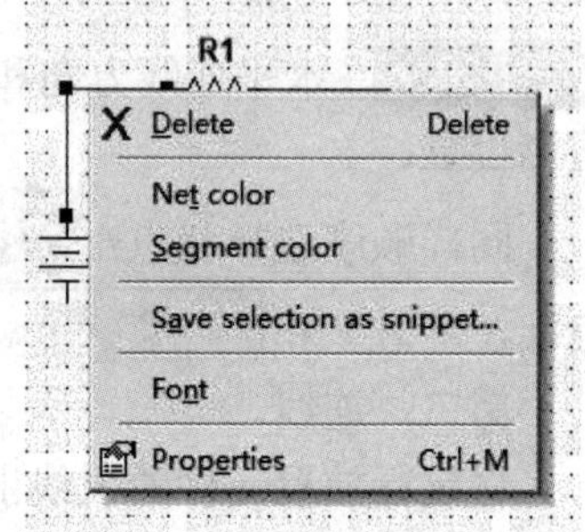

图 6-14　删除导线或元件的菜单

至此完成电路图的全部放置元件和连线工作，如图 6-15 所示。

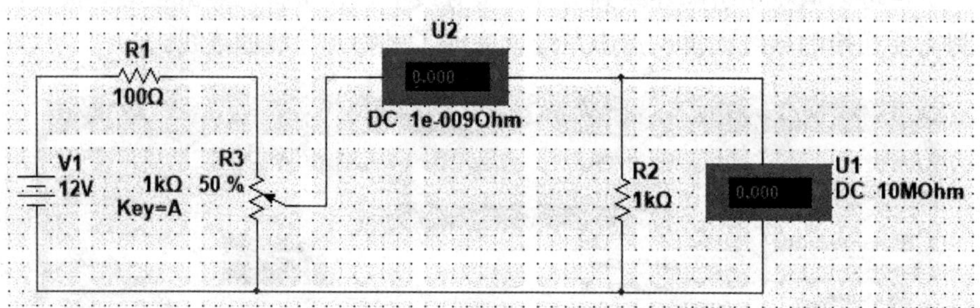

图 6-15　在 Multisim 中画出图 6-2 的电路图

第四，运行和观察结果。

点击工具栏（第 3 行）中的运行按钮 ▶，可以看到电流表 U2 和电压表 U1 显示出测量值（图 6-16）。鼠标放在 R3 上时会出现调节电位器的滑动条，按住左键可以拖动滑动条进而改变电位器输出的分压值。

按要求完成实验和记录。

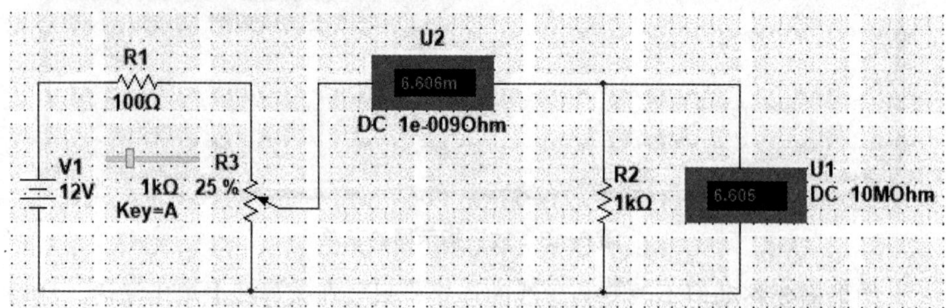

图 6-16　图 6-15 中电路运行的结果

将图 6-15 中的电源（电池）反向，完成电阻反向伏安特性的测量。

②测定非线性电阻（稳压管）的伏安特性

与上一个实验基本相同，只是需要放置一个稳压二极管，点击 ⊣⊢（左上角图标，第 3 行第 3 个），出现 Diode（二极管）的选择菜单（图 6-17），顺序选择和点击 ZENER（齐纳二极管）、02DZ4.7 和 OK。放置好一支稳压二极管（齐纳二极管）。

完成实验和记录结果。

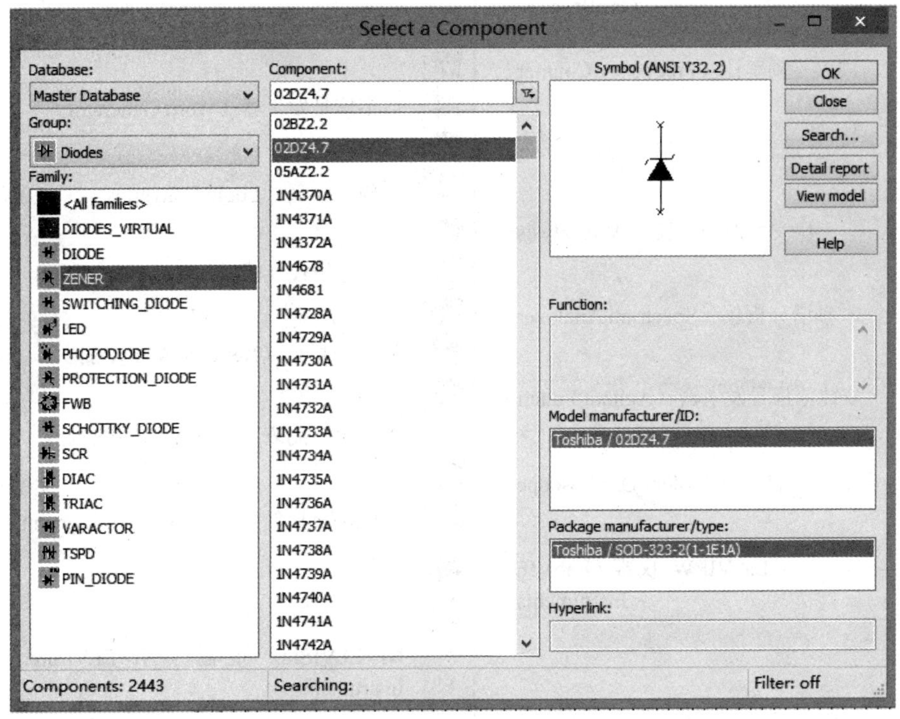

图 6-17　放置二极管的菜单

③测定电池元件伏安特性

在 Multisim 输入图 6-6 的实验电路，运行和记录实验数据。

④采用伏安特性分析仪进行实验 1 和 2

Instruments 伏安特性分析仪（IV Analyzer）是 Multisim 的新增仪器，主要用于测量二极管、三极管和 MOS 管的伏安特性，当然也可以“测试”电阻。

Multisim 的仪器菜单命令（图 6-18）位于工作区的右侧，伏安特性分析仪是由上至下的第 11 个图标。点击该命令图标并放置在工作区的右侧，再双击伏安特性分析仪的图标即出现相应的面板（图 6-21）。

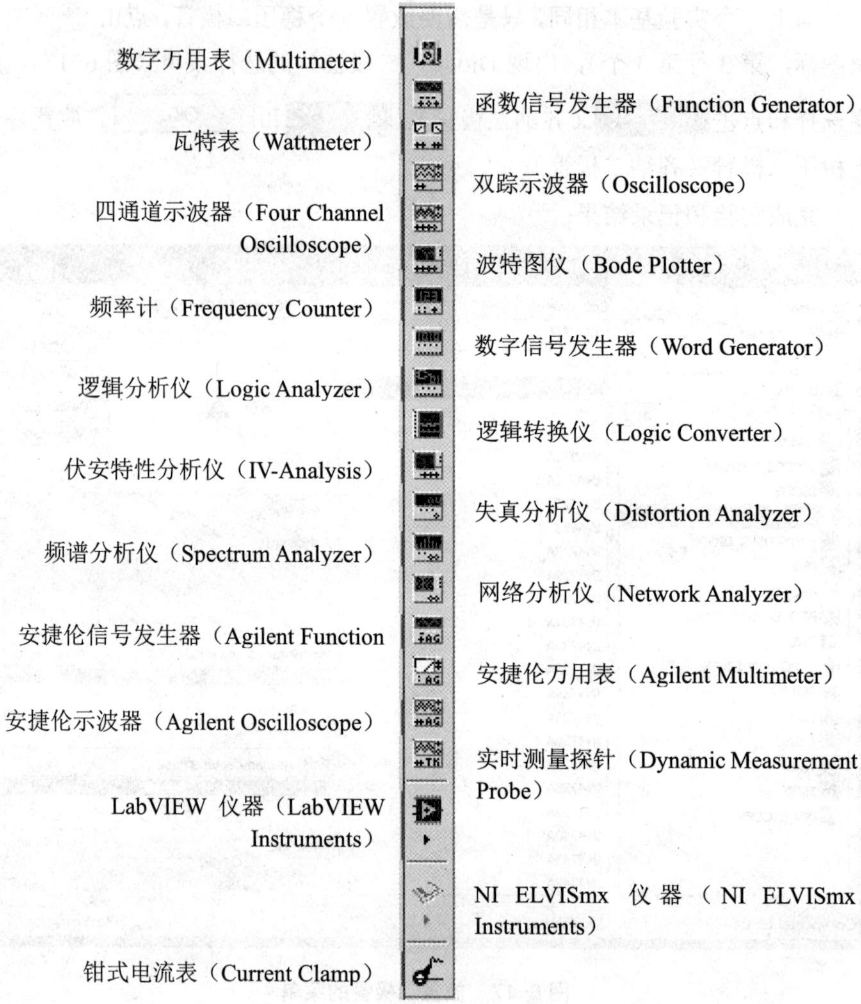

数字万用表（Multimeter）
函数信号发生器（Function Generator）
瓦特表（Wattmeter）
双踪示波器（Oscilloscope）
四通道示波器（Four Channel Oscilloscope）
波特图仪（Bode Plotter）
频率计（Frequency Counter）
数字信号发生器（Word Generator）
逻辑分析仪（Logic Analyzer）
逻辑转换仪（Logic Converter）
伏安特性分析仪（IV-Analysis）
失真分析仪（Distortion Analyzer）
频谱分析仪（Spectrum Analyzer）
网络分析仪（Network Analyzer）
安捷伦信号发生器（Agilent Function
安捷伦万用表（Agilent Multimeter）
安捷伦示波器（Agilent Oscilloscope）
实时测量探针（Dynamic Measurement Probe）
LabVIEW 仪器（LabVIEW Instruments）
NI ELVISmx 仪器（NI ELVISmx Instruments）
钳式电流表（Current Clamp）

图 6-18 Multisim 的仪器菜单命令

由图 6-19 中伏安特性分析仪的面板可以看出待测的二极管与伏安特性分析仪的连接方式，在测量电阻时，可以把电阻当作二极管与伏安特性分析仪连接，如图 6-20 所示。

放置好伏安特性分析仪的图标与面板及电阻，连接好导线，在面板上 Componets 中选择 Diode（二极管），点击运行按钮，得到电阻的伏安特性——

一根直线。

同样可以放置一个二极管并测量其伏安特性，如图 6-21 所示。

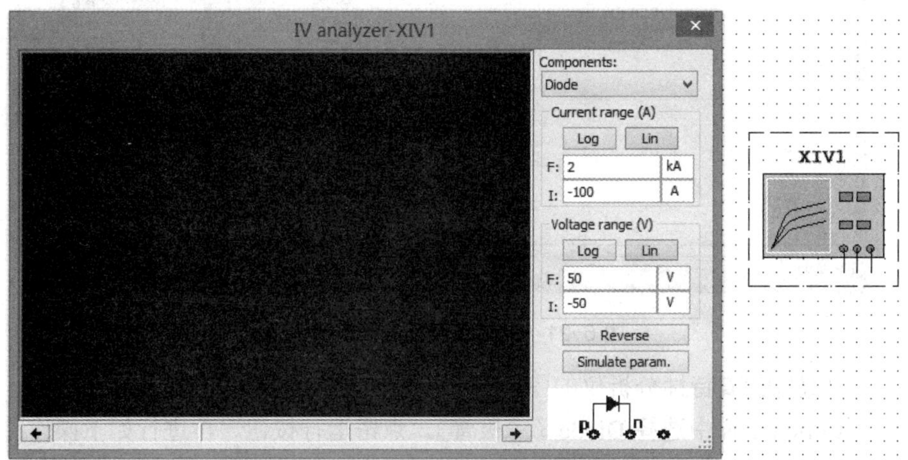

图 6-19　伏安特性分析仪的图标与面板

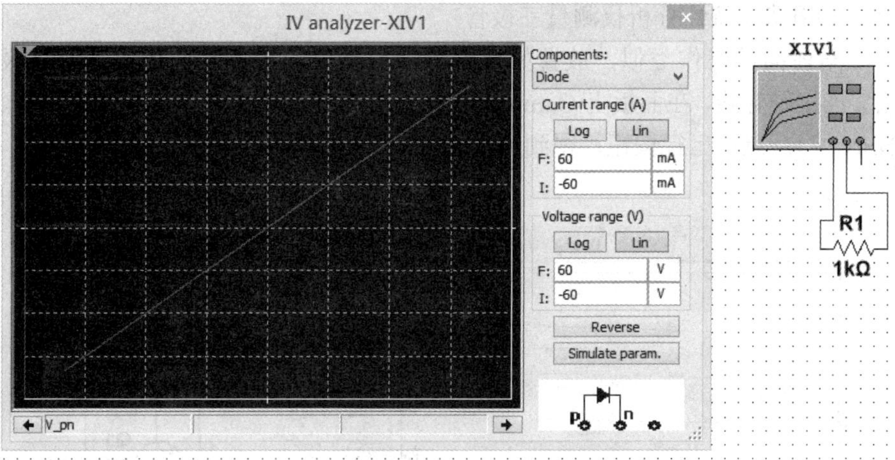

图 6-20　测量电阻的伏安特性

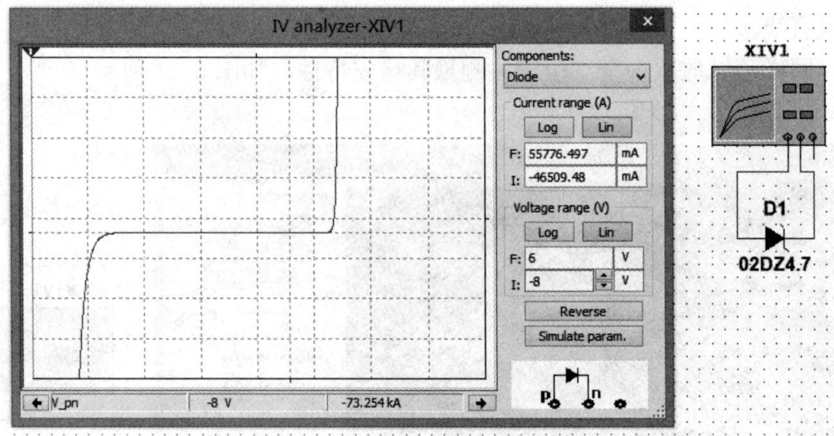

图 6-21　测量二极管的伏安特性

放置好伏安特性分析仪的图标与面板及被测二极管，连接好导线，在面板上 Componets 中选择 Diode（二极管），点击运行按钮，再进行如下操作：

➢　修改电压的显示范围。I 为-8V，F 为 6V。因二极管 02DZ4.7 的稳压值为 4.7V。

➢　点击面板上的 Reverse（反视），使得显示为白底红线。

⑤用伏安特性分析仪测量三极管

与前面的操作类似，放置好伏安特性分析仪的图标与面板及被测三极管，连接好导线，在面板上 Componets 中选择 BJT NPN（半导体晶体三极管、NPN 型），点击运行按钮，得到结果如图 6-22 所示。

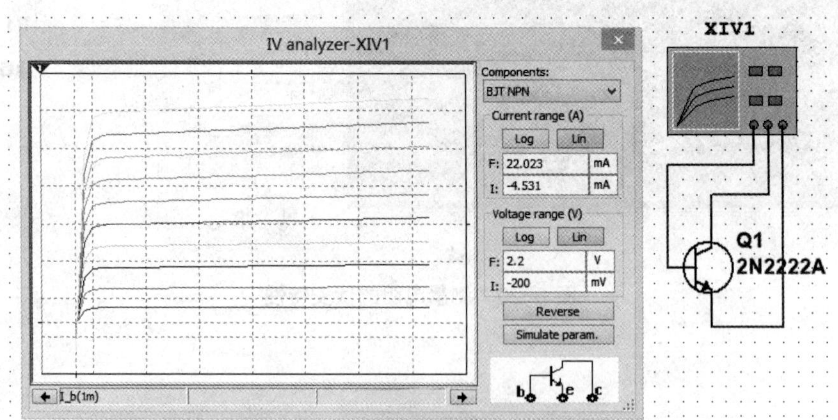

图 6-22　测量三极管的伏安特性

6.4　思考题

①什么是线性元件？什么是非线性元件？

②什么是有源器件？什么是无源器件？

③在实验电路实验①中，为什么把电阻 R 两端反接即测得电阻第III象限的特性曲线？

④在实际电路实验②中，如果把稳压二极管看成电阻。用欧姆定律计算不同电流及相应的电压时的电阻值，从这些数字可以得到什么样的结论？

⑤在③题中，如果用两个电流的差值及相应的电压差值计算“电阻”值，可以看作动态电阻（或交流电阻），计算全部的两两相邻电流差值及其相应的电压差值的比值——动态电阻，从中能够得到什么样的结论？

⑥在③和④题中，任意一点电流及其相应的电压值计算得到的电阻值可以称为静态电阻（或直流电阻），对比普通电阻和二极管的静态电阻和动态电阻，可以得到哪些结论？

⑦通过前面几个思考题的分析，怎样理解“线性元件”和“非线性元件”？

⑧在实验电路实验③中，如果把 10Ω的电阻换成 100Ω，重新实验，分析结果并与原实验结果进行比对，会得到什么样的结论？

⑨在本次 Multisim 实验电路图中，电压表标签栏有“10MOhm”字样，表达什么含义？检查一块实际的数字万用表，对比电压档的性能，有何结论？在实际使用时该性能有何价值？

⑩在本次 Multisim 实验电路图中，电流表标签栏有“1e-009Ohm”字样，表达什么含义？检查一块实际的数字万用表，对比电流档的性能，有何结论？在实际使用时该性能有何价值？

⑪对比 3 种测量二极管伏安特性方法的异同，从中得到什么样的体会？

⑫针对本次实验，你对元件的伏安特性有何认识？

⑬伏安特性分析仪还可以用于哪些器件的测量？请试一试。

⑭在 Multisim 界面上把鼠标放在各个命令图标上，可以显示该命令的作用，看看有哪些命令。

⑮点击 Multisim 中的每一个命令试一试，深入地探究一下。

6.5　实验报告

记录实验过程与结果及可能存在的问题，暂时没有理解的问题也请记录下来。回答本实验中的所有思考题。

关于课程思政的思考：

通过测量元件的伏安特性，可以学习到如何通过实验来探究和验证科学原理，这种探究过程鼓励学生发展批判思维和解决实际问题的能力，体现了科学精神的内核。

第 7 单元　电位、电压的测定与基尔霍夫定律的验证

本实验采用 2 种方式进行实验：一是实际电路的实验；二是采用 Multisim 14 进行仿真实验。

7.1　实验目的

①实验证明电路中电位的相对性，电压的绝对性。
②熟练掌握仪器仪表的使用方法。
③验证基尔霍夫定律的正确性，加深对基尔霍夫定律的理解。

7.2　实验手段（仪器和设备，或者平台）

直流稳压电源和万用表各 2 台，不同型号的三极管若干，1 只 1kΩ、3 只 510Ω和 1 只 330Ω电阻，也可以用其他 100Ω～1kΩ阻值范围内的电阻若干替代。

7.3　实验原理、实验内容与步骤

（1）实际电路实验

①实验原理

自行搭建如图 7-1 所示的实验电路。

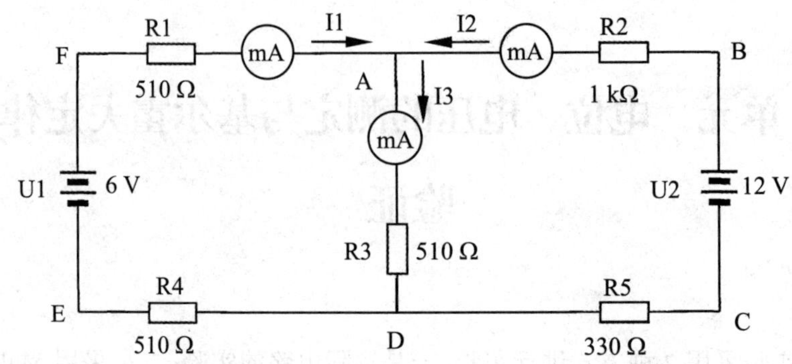

图 7-1 电位、电压的测定与基尔霍夫定律的验证

一个由电动势和电阻元件构成的闭合回路中，必定存在电流的流动，电流是正电荷在电势作用下沿电路移动的集合表现，并且习惯规定正电荷是由高电位点向低电位点移动的。因此，在一个闭合电路中各点都有确定的电位关系。但是，电路中各点的电位高低都只能是相对的，所以必须在电路中选定某一点作为比较点（或称参考点），如果设定该点的电位为零，则电路中其余各点的电位就能以该零电位点为准进行计算或测量。

在一个确定的闭合电路中，各点电位的高低虽然相对参考点电位的高低而改变，但任意两点间的电位差（即电压）则是绝对的，它不因参考点电位的变动而改变。据此性质，可用一只电压表来测量出电路中各点的电位及任意两点间的电压。若以电路中的电位值作纵坐标，电路中各点位置作横坐标，将测量到的各点电位在该坐标平面中标出，并把标出点按顺序用直线相连接，就可得到电路的电位变化图。每一段直线段即表示该两点间电位的变化情况。在电路中参考电位点可任意选定，对于不同的参考点，所绘出的电位图形是不同的，但其各点电位变化的规律却是一样的。

基尔霍夫定律是电路的基本定律。测量某电路的各支路电流及多个元件两端的电压，应能分别满足基尔霍夫电流定律和电压定律。对电路中的任一个节点而言，应有 $\Sigma I=0$；对任何一个闭合回路而言，应有 $\Sigma U=0$。运用上述定律时必须注意电流的正方向，此方向可预先任意设定。

②实验内容与步骤

第一，分别将两路直流稳压电源接入电路，令 $U1=6\text{V}$，$U2=12\text{V}$。

第二，以图 7-1 中的 A 点作为电位的参考点，分别测量 B、C、D、E、F 各点的电位值 ϕ，以 D 点作为参考点，分别测量 A、B、C、E、F 各点的

电位值 ϕ，将测量值填入表 7-1 中。

第三，将电流插头分别插入三条支路的三个电流插座中，测量电流值，将测量值填入表 7-2 中。

第四，用直流电压表分别测量各负载电阻两端的电压值，将测量值填入表 7-3 中。

表 7-1　电位值 ϕ 记录表

电　位参考点	ϕ 值	ϕA	ϕB	ϕC	ϕD	ϕE	ϕF
A	计算值						
	测量值						
	误差						
D	计算值						
	测量值						
	误差						

表 7-2　电流数据记录表

节点	A 节点		
被测量	I1(mA)	I2(mA)	I3(mA)
计算值			
测量值			
误差			

表 7-3　电压数据记录表

回路	回路 ABCD				回路 FADE			
被测量	UAB(V)	UBC(V)	UCD(V)	UDA(V)	UFA(V)	UAD(V)	UDE(V)	UEF(V)
计算值								
测量值								
误差								

注意：千万不能用电流档测量电位或电阻两端的电压，更不能用电流档测量电源两端；注意表笔（万用表）的极性，正确记录所测电位、电压或电

流的极性。

（2）Multisim14 仿真实验

按照图 7-1 在 Multisim 平台上输入实验电路图。

➢ 点击 Place Basic 输入实验电路图中的 5 只电阻。修改电阻的标号和参数。

➢ 点击 Place Indicator 输入实验电路图中的电流表和电压表。电压表可以根据需求放置。修改电流表和电压表的标号和参数。

➢ 连线和点击运行按钮，得到图 7-2 所示的电路图和运行结果。

记录结果，分析和完成实验报告。

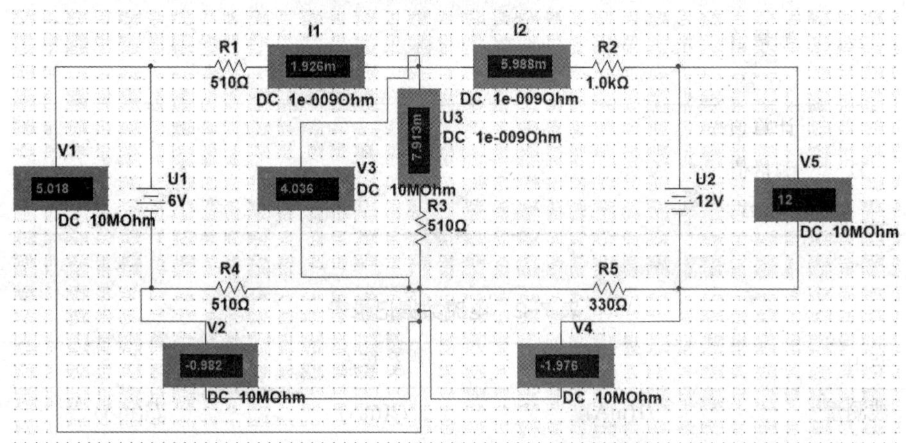

图 7-2　基于 Multisim 的电位、电压的测定与基尔霍夫定律的验证

7.4　思考题

①如何用实验结果证明基尔霍夫电流定律？

②如何用实验结果证明基尔霍夫电压定律？

③基尔霍夫电流定律和基尔霍夫电压定律有何应用？

④从电流和电压的角度分别验证线性叠加定律。

⑤采用 Multisim 进行仿真实验与实物实验有何异同？

7.5　实验报告

记录实验过程与结果及可能存在的问题，暂时没有理解的问题也请记录下来。回答本实验中所有的思考题。

第 8 单元　戴维南定理的验证及其应用

本实验采用 2 种方式进行实验：一是实际电路的实验；二是采用 Multisim14 进行仿真实验。

8.1　实验目的

①实验验证戴维南定理。

②掌握测量有源二端网络等效参数的一般方法。

③验证输出功率获得最大的条件。

8.2　实验手段（仪器和设备，或者平台）

双路直流稳压电源和万用表各 1 台，电阻箱 1 个，100Ω～1 kΩ阻值范围内的电阻若干。

8.3　实验原理、实验内容与步骤

（1）实验原理

任何一个线性含源网络，如果仅研究其中一条支路的电压和电流，则可将电路的其余部分看作一个有源二端网络（或称为含源一端口网络），如图 8-1 所示。戴维南定理指出：任何一个线性有源网络，总可以用一个等效电压源来代替，此电压源的电动势 E_S 等于这个有源二端网络的开路电压 U_{0C}，其等效内阻 R_0 等于该网络中所有独立源都置零（理想电压源短路，理想电流源开路）时的等效电阻。U_{0C} 和 R_0 称为有源二端网络的等效参数。

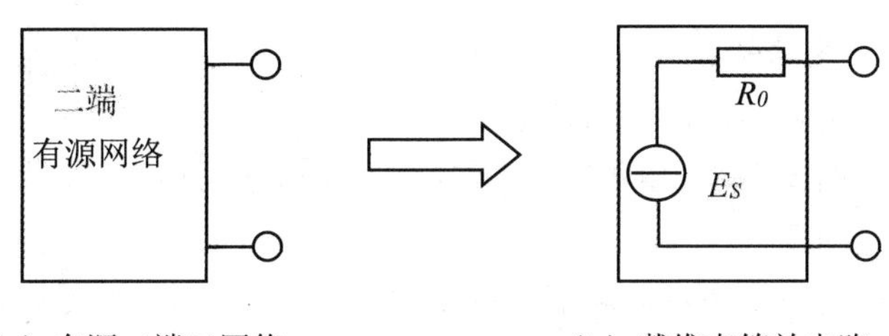

（a）有源二端口网络　　（b）戴维南等效电路

图 8-1　有源二端口网络及戴维南等效电路

（2）有源二端网络等效参数的测量方法

①开路电压、短路电流法（二端网络内阻很低时，不宜采用此法）

在有源二端网络输出端开路时，用电压表直接测其输出端的开路电压 U_{SC}，然后再用电流表直接接到输出端测其短路电流 I_{SC}，则内阻 R_0 为

$$R_0=\frac{U_{SC}}{I_{SC}} \tag{8-1}$$

开路电压、短路电流法测量有源二端网络等效参数见表 8-1。

表 8-1　开路电压、短路电流法测量有源二端网络等效参数

U_{OC}（V）	I_{SC}（mA）	$R_0=U_{OC}/I_{SC}$ (Ω)

②伏安法

用电压表、电流表测出有源二端网络的外特性如图 8-2 所示。根据外特性曲线求出斜率 tgΦ，则内阻 R_0 为

$$R_0=\text{tg}\Phi=\frac{\Delta U}{\Delta I} \tag{8-2}$$

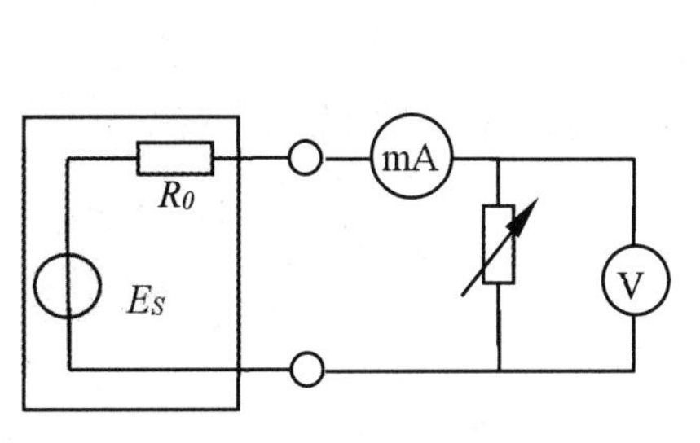

（a）有源二端网络的外特性测量电路

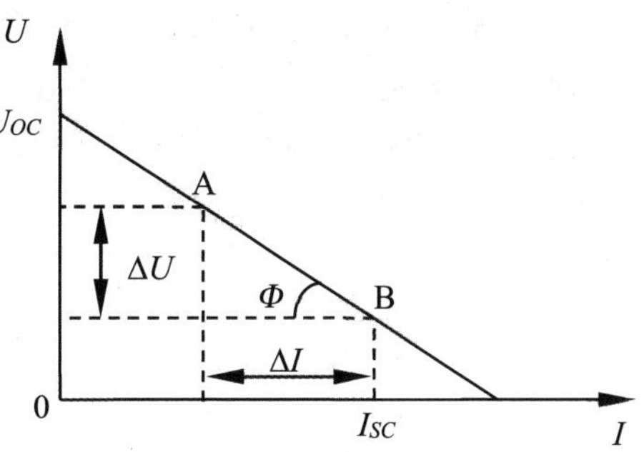

（b）有源二端口网络的外特性

图 8-2　伏安法测量有源二端口网络的外特性

（3）实际电路实验

实验前，需注意以下事项：

- 交替测量电压、电流时，注意台式万用表的功能切换和表笔当前所处插孔位置是否正确。
- 用台式万用表直接测量 R_0 时，网络内的独立源必须先置零，以免损坏万用表。
- 若需将电压源置零时，不可直接将稳压电源的输出电压直接短路，而应将稳压电源撤除后并将相应节点短接。
- 改接线路时，必须先关闭电源。

本次实验的内容如下：

①用开路电压、短路电流法测定戴维南等效电路的参数 U_{0C} 和 R_0。

自行搭建如图 8-3 所示的实验电路，用电压表直接测其输出端的开路电压 U_{SC}，然后再用电流表直接接到输出端测其短路电流 I_{SC}，计算内阻 R_0。

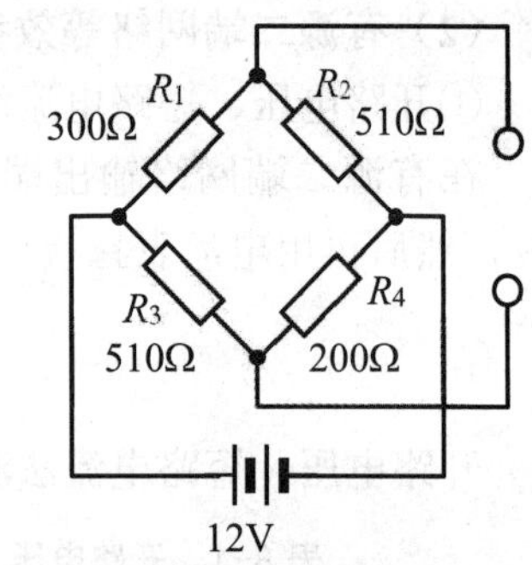

图 8-3　测量有源二端网络外特性的实验电路

②用伏安法测定戴维南等效电路的参数 U_{0C} 和 R_0。

图 8-3 所示的实验电路，在其输出端接上图 8-2 所示的可变电阻（电阻箱）、电流表和电压表。改变电阻箱的阻值分别测取两个阻值下的对应电压值和电流值，计算内阻 R_0。

（4）Multisim14 仿真实验

①按照图 8-3 所示的电路在 Multisim 平台上分别用开路电压、短路电流法和伏安法测定戴维南等效电路的参数 U_{0C} 和 R_0。

- 开路电压、短路电流法测定戴维南等效电路的参数 U_{0C} 和 R_0（图 8-4）。

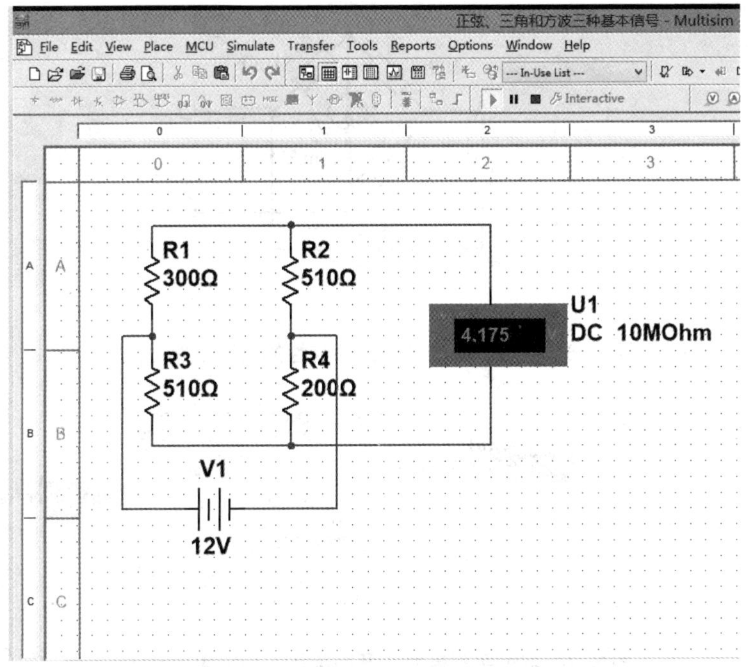

图 8-4　测量实验电路（开路电压、短路电流法）

- 伏安法测定戴维南等效电路的参数 U_{0C} 和 R_0（图 8-5）。

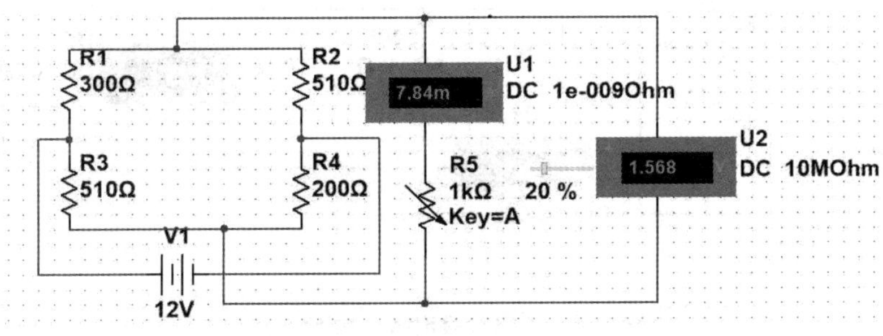

图 8-5　测量实验电路（伏安法）

②按照图 8-6 所示的电路在 Multisim 平台上分别用开路电压、短路电流法和伏安法测定戴维南等效电路的参数 U_{0C} 和 R_0。

- 开路电压、短路电流法测定戴维南等效电路的参数 U_{0C} 和 R_0（图 8-7）。
- 伏安法测定戴维南等效电路的参数 U_{0C} 和 R_0（图 8-8）。

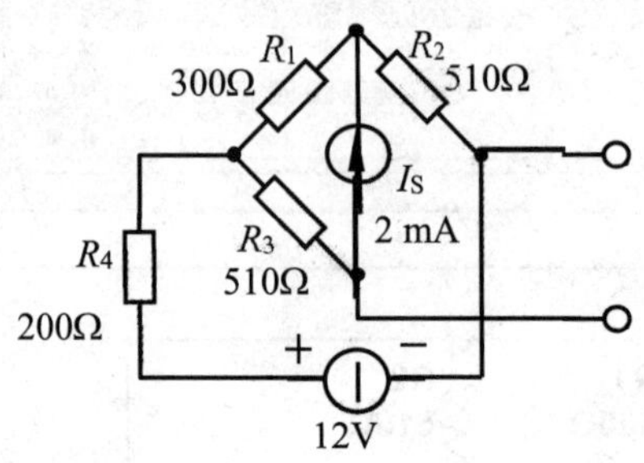

图 8-6　测量有源二端网络外特性的实验电路之二

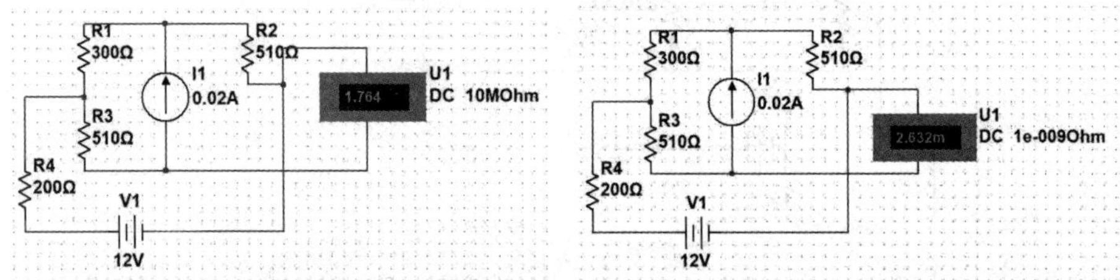

图 8-7　测量实验电路（开路电压、短路电流法）

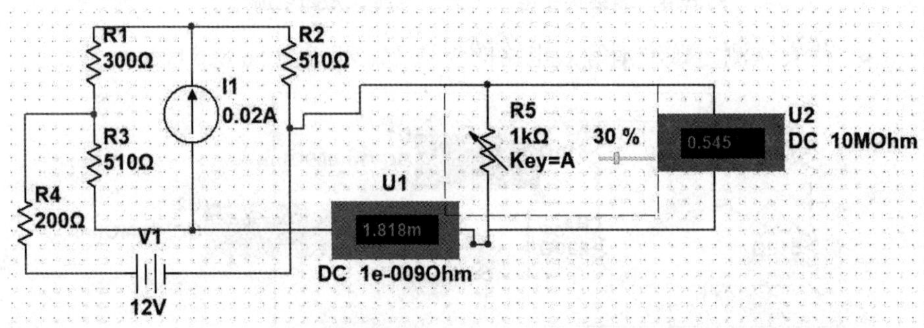

图 8-8　测量实验电路（伏安法）

8.4　思考题

①什么是戴维南定律？戴维南定律有什么应用？为何有源二端网络的（戴维南定律）等效参数只有两个？是否有与戴维南定律类似的定律？

②将电路理论（戴维南定律）计算的有源二端网络等效参数与图 8-3 和图 8-6 实际测量得到的结果相比，是否有不同？如有，其原因是什么？

③将图 8-3 和图 8-6 实际测量的有源二端网络的等效参数与 Multisim 仿真得到的结果相比，是否有不同？如有，其原因是什么？

④实际电路实验与仿真实验有何不同？各有何优势？

⑤能否用图 8-6 的电路做实际电路实验？如何做？

⑥实际电路实验有何重要性？请从学习“电路、信号与系统”课程的目的、器件的外形、封装与实际性能、仪器的实际性能与操作等多角度、多方面分析此问题。

⑦为什么二端网络内阻很低时，不宜采用开路电压与短路电流法测量有源二端网络的（戴维南定律）等效参数？

⑧为什么电池的正负极短路容易发生爆炸事故？

8.5 实验报告

记录实验过程与结果及可能存在的问题，暂时没有理解的问题也请记录下来。回答本实验中所有的思考题。

第 9 单元　诺顿定理的验证及其应用

本实验采用 2 种方式进行实验：一是采用 Multisim14 进行仿真实验；二是采用 TI-Tina 进行仿真实验。

9.1　实验目的

①实验验证诺顿定理。
②掌握测量有源二端网络等效参数的一般方法。
③验证输出功率获得最大的条件。

9.2　实验手段（仪器和设备，或者平台）

安装 Multisim14 的计算机。

9.3　实验原理、实验内容与步骤

（1）实验原理

任何一个线性含源网络，如果仅研究其中一条支路的电压和电流，则可将电路的其余部分看作一个有源二端网络（或称为含源一端口网络），如图 9-1 所示。诺顿定理指出：任何一个线性有源网络，总可以用一个等效电流源来代替，此电流源的电流 I_S 等于这个有源二端网络的短路电流 I_{SC}，其等效内阻 R_0 等于该网络中所有独立源都置零（理想电压源短路，理想电流源开路）时的等效电阻。I_{SC} 和 R_0 称为有源二端网络的等效参数。

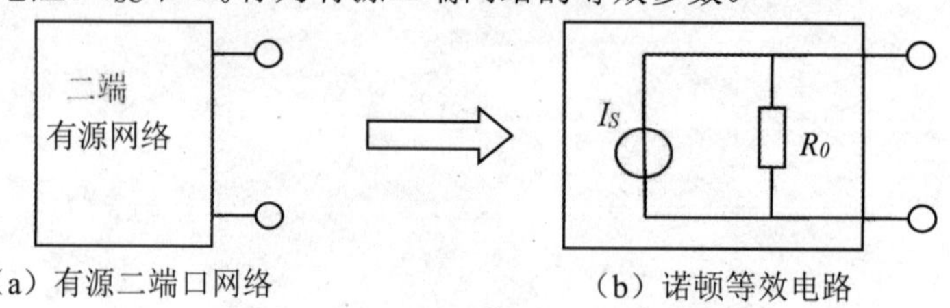

（a）有源二端口网络　　（b）诺顿等效电路

图 9-1　有源二端口网络及其诺顿等效电路

（2）有源二端网络等效参数的测量方法

①开路电压、短路电流法

在有源二端网络输出端开路时，用电压表直接测其输出端的开路电压 U_{SC}，然后再用电流表直接接到输出端测其短路电流 I_{SC}，则内阻 R_0 为

$$R_0=\frac{U_{SC}}{I_{SC}} \tag{9-1}$$

开路电压、短路电流法测量有源二端网络等效参数见表 9-1。

表 9-1　开路电压、短路电流法测量有源二端网络等效参数

U_{OC}（V）	I_{SC}（mA）	$R_0=U_{OC}/I_{SC}$ (Ω)

②伏安法

用电压表、电流表测出有源二端网络的外特性如图 9-2 所示。根据外特性曲线求出斜率 tgΦ，则内阻 R_0 为

$$R_0=\text{tg}\Phi=\frac{\Delta U}{\Delta I} \tag{9-2}$$

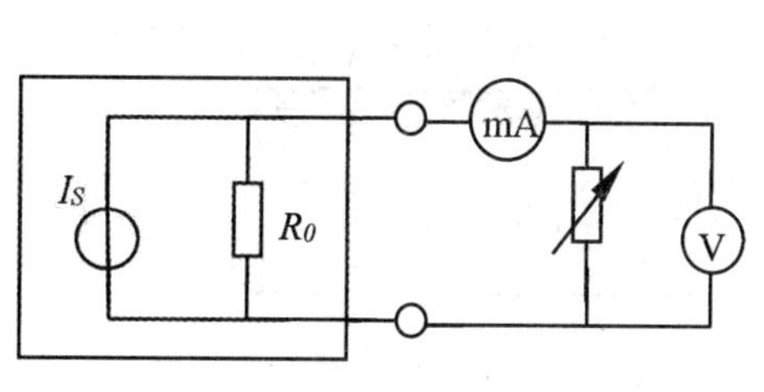

（a）有源二端网络的外特性测量电路

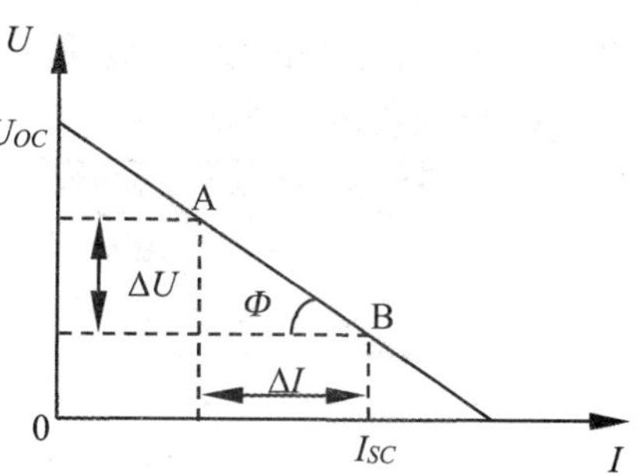

（b）有源二端口网络的外特性

图 9-2　伏安法测量有源二端口网络的外特性

（3）实际电路实验

实验前，需注意以下事项：

- 交替测量电压、电流时，注意台式万用表的功能切换和表笔当前所处插孔位置是否正确。
- 用台式万用表直接测量 R_0 时，网络内的独立源必须先置零，以免损坏万用表。
- 若需将电压源置零，不可直接将稳压电源的输出电压直接短路。而应

将稳压电源撤除后并将相应节点短接。

● 改接线路时，必须先关闭电源。

本次实验的内容如下：

①用开路电压、短路电流法测定诺顿等效电路的参数 U_{0C} 和 R_0

自行搭建如图 9-3 所示的实验电路，用电压表直接测其输出端的开路电压 U_{SC}，然后再用电流表直接接到输出端测其短路电流 I_{SC}，计算内阻 R_0。

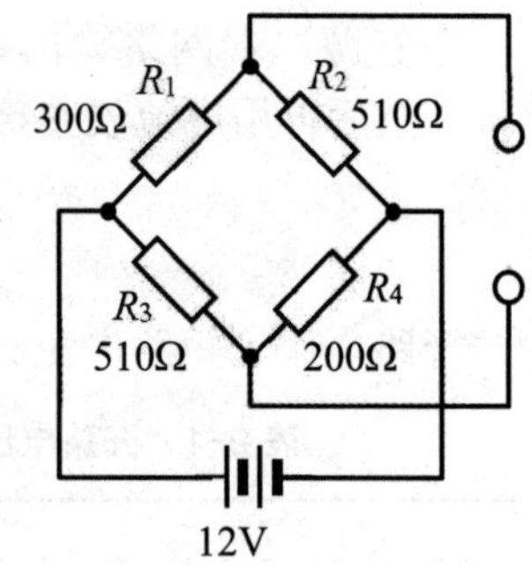

图 9-3 测量有源二端网络外特性的实验电路

②用伏安法测定诺顿等效电路的参数 I_{SC} 和 R_0

图 9-3 所示的实验电路，在其输出端接上图 9-2 所示的可变电阻（电阻箱）、电流表和电压表。改变电阻箱的阻值分别测取两个阻值下的对应电压值和电流值，计算内阻 R_0。

（4）Multisim14 仿真实验

①按照图 9-3 在 Multisim 平台上分别用开路电压、短路电流法和伏安法测定诺顿等效电路的参数 U_{0C} 和 R_0。

● 开路电压、短路电流法测定诺顿等效电路的参数 U_{0C} 和 R_0（图 9-4）。

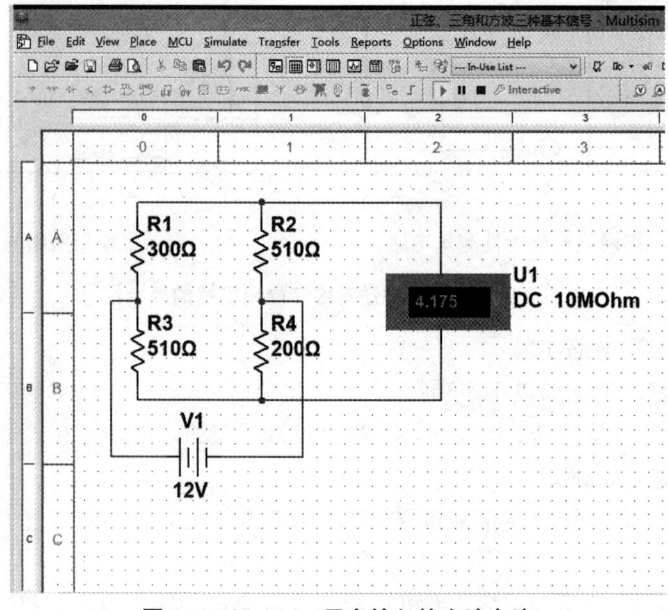

图 9-4 Multisim 平台输入的实验电路

- 伏安法测定诺顿等效电路的参数 U_{0C} 和 R_0（图 9-5）。

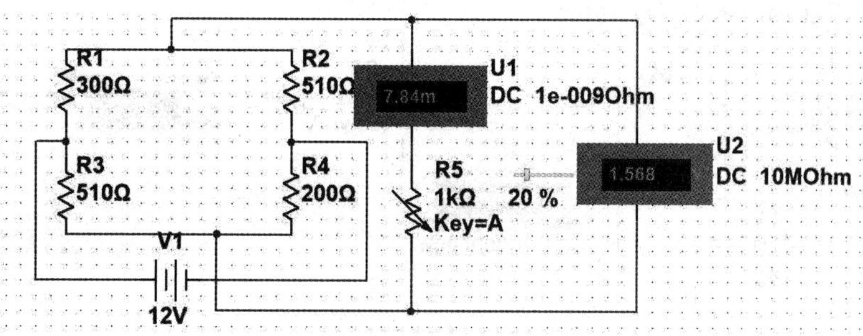

图 9-5　图 9-3 测量实验电路（伏安法）

②按照图 9-6 在 Multisim 平台上分别用开路电压、短路电流法和伏安法测定诺顿等效电路的参数 U_{0C} 和 R_0。

- 开路电压、短路电流法测定诺顿等效电路的参数 U_{0C} 和 R_0（图 9-7）。
- 伏安法测定诺顿等效电路的参数 U_{0C} 和 R_0（图 9-8）。

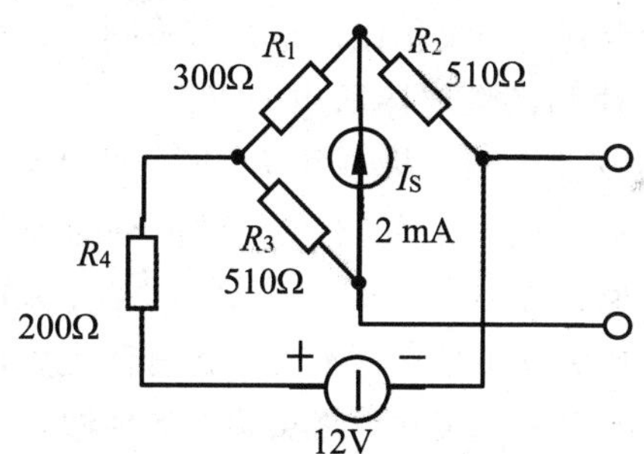

图 9-6　测量有源二端网络外特性的实验电路之二

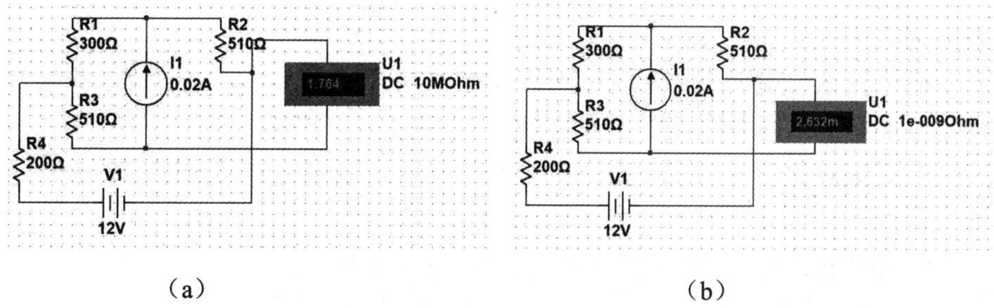

（a）　　　　（b）

图 9-7　Multisim 平台输入的图 9-6 实验电路

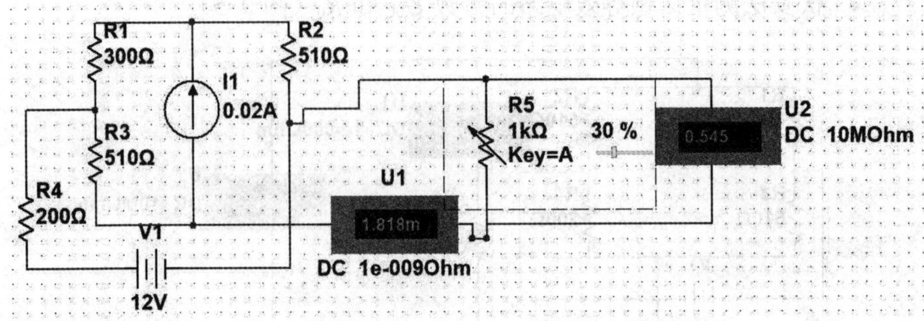

图 9-8　图 9-6 测量实验电路（伏安法）

9.4　思考题

①什么是诺顿定律？诺顿定律有什么应用？为何有源二端网络的（诺顿定律）等效参数只有两个？还有什么定律与诺顿定律类似？

②将电路理论（诺顿定律）计算的有源二端网络的等效参数与图 9-3 和图 9-6 实际电路测量得到的结果相比，是否有不同？如有，其原因是什么？

③验证戴维南定律和诺顿定律所用的有源二端口网络外特性用途均采用了图 9-2（b）的伏安关系图，从中可以说明一些什么问题？

④将图 9-3 和图 9-6 实际测得的有源二端网络的等效参数与 Multisim 仿真得到的结果相比，是否有不同？如有，其原因是什么？

⑤实际电路实验与仿真实验有何不同？各有何优势？

⑥能否用图 9-6 的电路做实际电路实验？如何做？

⑦实际电路实验有何重要性？从学习“电路、信号与系统”课程的目的、器件的外形、封装与实际性能、仪器的实际性能与操作等多角度、多方面分析此问题。

⑧为什么二端网络内阻很高时，不宜采用开路电压与短路电流法测量有源二端网络的（诺顿定律）等效参数？

⑨仔细对比验证戴维南定律的实验，从中可以发现诺顿定律与戴维南定律的异同点，以及这两种等效电路的相互转换关系。

⑩为什么电池的正负极短路容易发生爆炸事故？

9.5　实验报告

记录实验过程与结果及可能存在的问题，暂时没有理解的问题也请记录下来。回答本实验中所有的思考题。

关于课程思政的思考：

诺顿定理的验证及其应用，可以将理论知识应用于实际中，体现知行合一的教育理念。

第10单元　受控源：VCVS、VCCS、CCVS、CCCS

本实验采用2种方式进行：一是实际电路的实验；二是采用Multisim14进行仿真实验。

10.1　实验目的

①了解用运算放大器组成四种类型受控源的线路原理。
②测试受控源转移特性及负载特性。
③理解实际电路与抽象的电路模型（等效电路）之间的关系。

10.2　实验手段（仪器和设备，或者平台）

信号发生器、双路直流稳压电源、示波器和万用表各一台；运算放大器（双列直插）1片，电阻1k、2k、3.3k、4.7k、10k、20k、33k、47k各1只，面包板一块，连接线（邦定线）若干。安装Multisim14的计算机。

10.3　实验原理、实验内容与步骤

（1）实验原理

运算放大器（简称运放）的电路符号及其等效电路如图10-1所示。

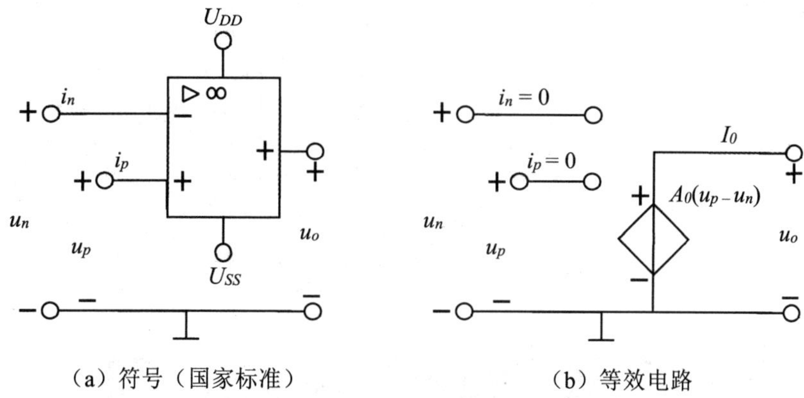

（a）符号（国家标准）　　（b）等效电路

图 10-1　运算放大器及其等效电路

运算放大器是一个有源三端器件，它有两个输入端和一个输出端，若信号从“+”端输入，则输出信号与输入信号相位相同，故称为同相输入端；若信号从“-”端输入，则输出信号与输入信号相位相反，故称为反相输入端。运算放大器的输出电压为：

$$u_o = A_o(u_p - u_n) \tag{10-1}$$

其中，A_o 是运放的开环电压放大倍数，在理想情况下，A_o 与运放的输入电阻 r_i 均为无穷大，因此有

$$\begin{gathered} u_p = u_n \\ i_p = \frac{u_p}{r_{ip}} = 0 \\ i_n = \frac{u_n}{r_{in}} = 0 \end{gathered} \tag{10-2}$$

这说明理想运放具有下列三大特征：

- 运放的“+”端与“-”端电位相等，通常称为“虚短路”。
- 运放输入端电流为零，即其输入电阻为无穷大。
- 运放的输出电阻为零。

以上三个重要的性质是分析所有具有运放网络的重要依据，要使运放工作，还须接有正、负直流工作电源（称双电源），有的运放也可用单电源工作。

图 10-2 给出了行业习惯用的运放符号。图 10-3 给出了三种典型的双列直插封装的运放及其引脚图。

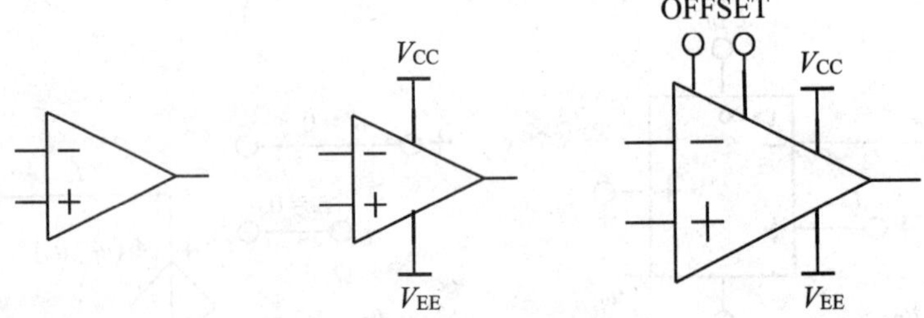

图 10-2　行业习惯用的运放符号

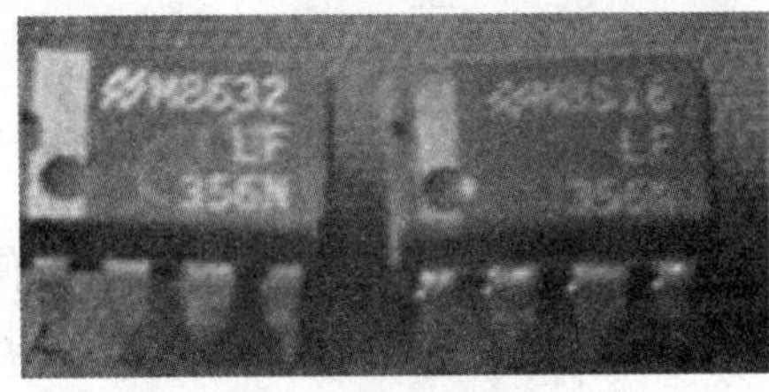

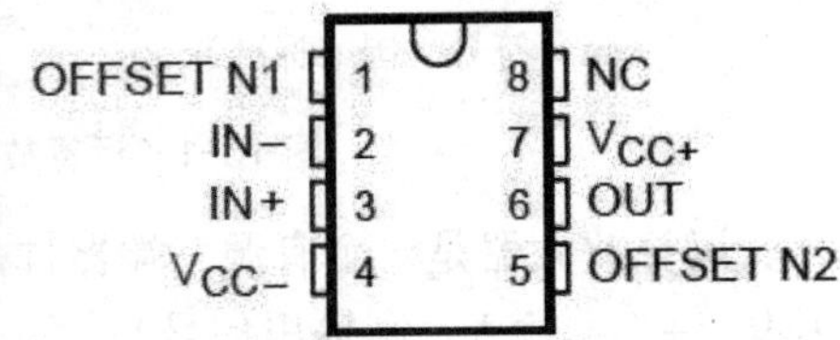

（a）单运放的双列直插封装及其引脚图举例

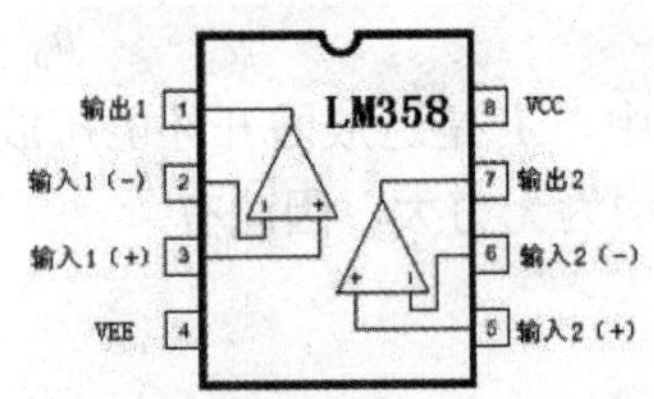

（b）双运放的双列直插封装及其引脚图举例

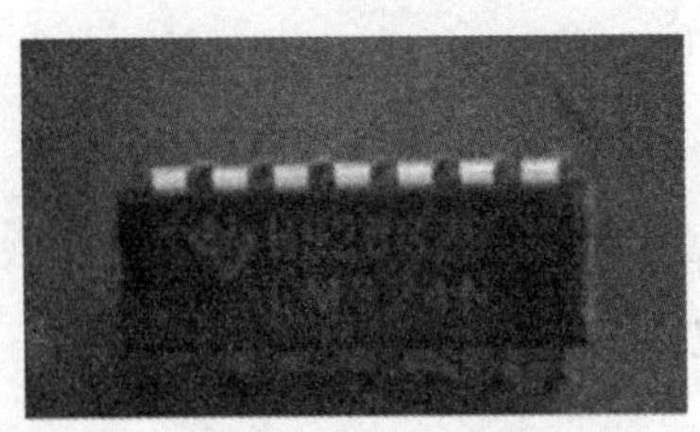

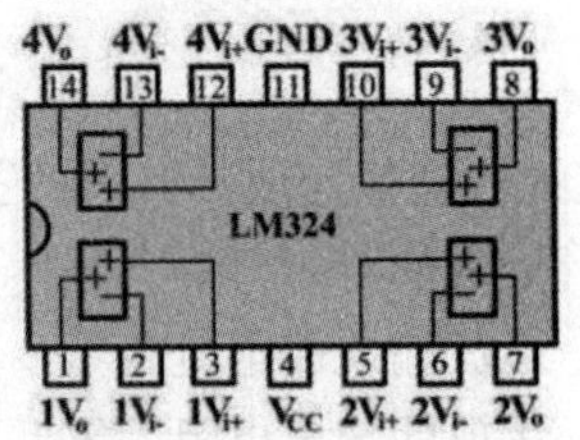

（c）四运放的双列直插封装及其引脚图举例

图 10-3　常用运放的双列直插封装及其引脚图举例

理想运放的电路模型是一个电压控制电压源（即 VCVS），如图 10-1（b）所示，在它的外部接入一个不同的电路元件，可构成四种基本受控源电路，以实现对输入信号的各种模拟运算或模拟变换。

所谓受控源，是指其电源的输出电压或电流是受电路另一支路的电压或电流所控制的。当受控源的电压（或电流）与控制支路的电压（或电流）成正比时，则该受控源为线性的。根据控制变量与输出变量的不同可分为四类受控源：即电压控制电压源（VCVS）、电压控制电流源（VCCS）、电流控制电压源（CCVS）、电流控制电流源（CCCS）。电路符号如图 10-4 所示。理想受控源的控制支路中只有一个独立变量（电压或电流），另一个变量为零，即从输入端口看理想受控源或是短路（即输入电阻 $r_i=0$，因而 $u_i=0$），或是开路（即输入电导 $g_i=0$，因而输入电流 $i_i=0$）。从输出端口看，理想受控源或是一个理想电压源，或是一个理想电流源。

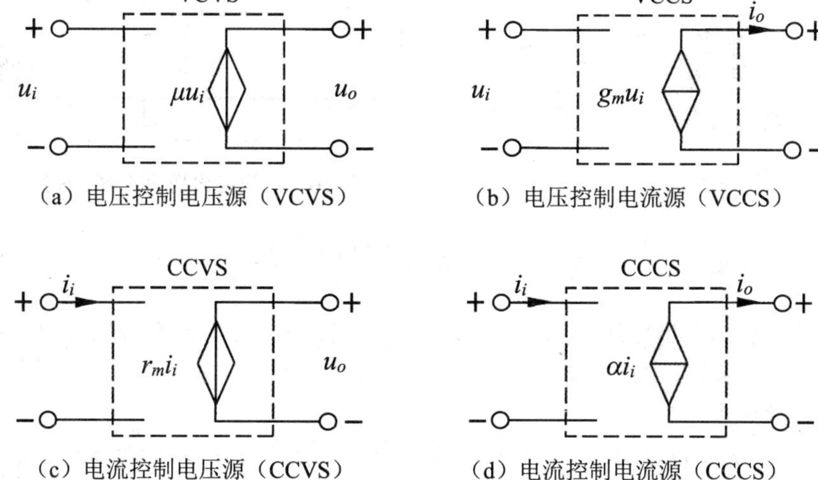

（a）电压控制电压源（VCVS）　（b）电压控制电流源（VCCS）

（c）电流控制电压源（CCVS）　（d）电流控制电流源（CCCS）

图 10-4　4 种受控源

受控源的输出端与受控端的关系称为转移函数。4 种受控源转移函数参量的定义如下：

①压控电压源（VCVS）

$$u_o = f(u_i) \tag{10-3}$$

$\mu = u_o/u_i$ 称为转移电压比（或电压增益）。

②压控电流源（VCCS）

$$i_o = f(u_i) \tag{10-4}$$

$g_m = u_o/u_i$ 称为转移电导。

③流控电压源（CCVS）

$$u_o = f(i_i) \tag{10-5}$$

$r_m = u_o/i_i$ 称为转移电阻。

④流控电流源（CCCS）

$$i_o = f(i_i) \tag{10-6}$$

$\alpha = i_o/i_i$ 称为转移电流比（或电流增益）。

用运放构成四种类型基本受控源的线路原理分析如下：

①压控电压源（VCVS）

如图 10-5 所示，由于运放的虚短路特性，有

$$u_p = u_n = u_i$$

$$i_2 = \frac{u_n}{R_2} = \frac{u_i}{R_2} \tag{10-7}$$

又因运放内阻为∞，所以有

$i_2 = i_1$

因此

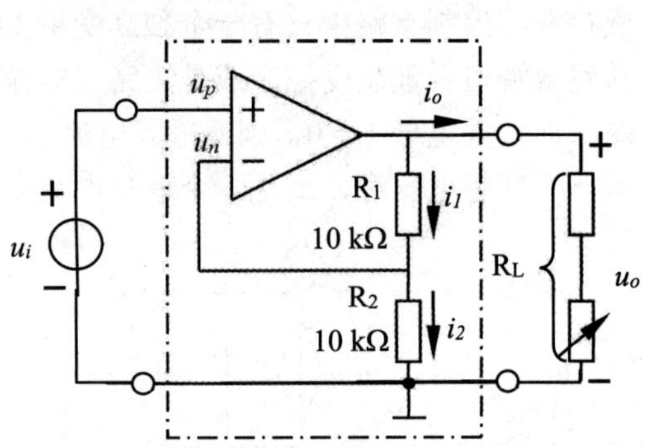

图 10-5　压控电压源（VCVS）

$$u_o = i_1R_1 + i_2R_2 = i_2(R_1 + R_2) = \frac{u_i(R_1 + R_2)}{R_2} = (1 + \frac{R_1}{R_2})u_i \tag{10-8}$$

即运放的输出电压 u_o 只受输入电压 u_i 的控制，与负载 R_L 大小无关，电路模型如图 10-4（a）所示。

转移电压比为：

$\mu = u_o/u_i = 1+R_1/R_2$　　（10-9）

μ为无量纲，又称为电压放大系数。

②压控电流源（VCCS）

如图 10-6 所示，此时，运放的输出电流

$$i_o = i_R = \frac{u_n}{R} = \frac{u_i}{R} \tag{10-10}$$

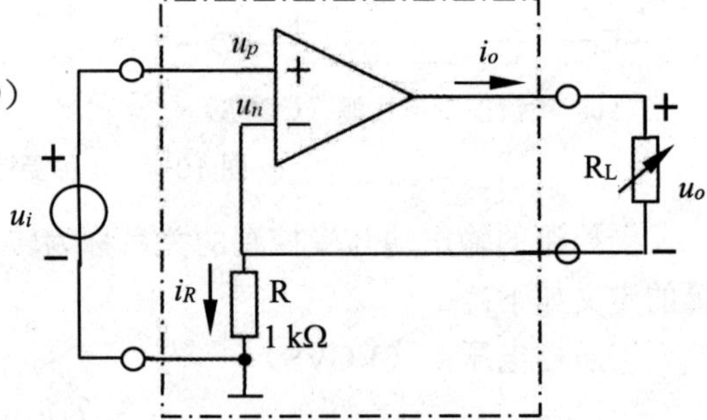

图 10-6　压控电流源（VCCS）

即运放的输出电流 i_L 只受输入电压 u_i 的控制，与负载 R_L 大小无关。

电路模型如图 10-4（b）所示。

转移电导：

$$g_m = \frac{i_L}{u_i} = \frac{1}{R}(S) \tag{10-11}$$

这里的输入、输出无公共接地点，这种连接方式称为浮地连接。

③流控电压源（CCVS）

如图 10-7 所示。由于运放的“+”端接地，所以 $u_p = 0$，“-”端电压 u_n 也为零，此时运放的“-”端称为虚地点。显然，流过电阻 R 的电流 i_1 就等于网络的输入电流 i_i。

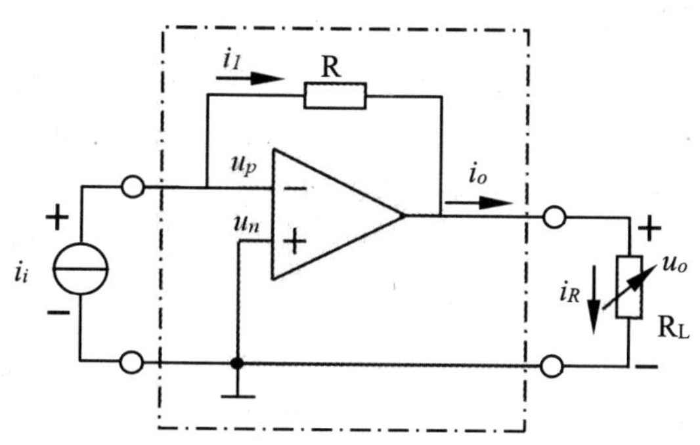

图 10-7　流控电压源（CCVS）

此时，运放的输出电压

$$u_o = -i_1 R = -i_i R \quad (10\text{-}12)$$

即输出电压 u_o 只受输入电流 i_i 控制，与负载 R_L 大小无关。电路模型如图 10-4（c）所示。

移转电阻：

$$r_m = \frac{u_o}{i_i} = -R(\Omega) \quad (10\text{-}13)$$

此电路输入、输出为共地连接。

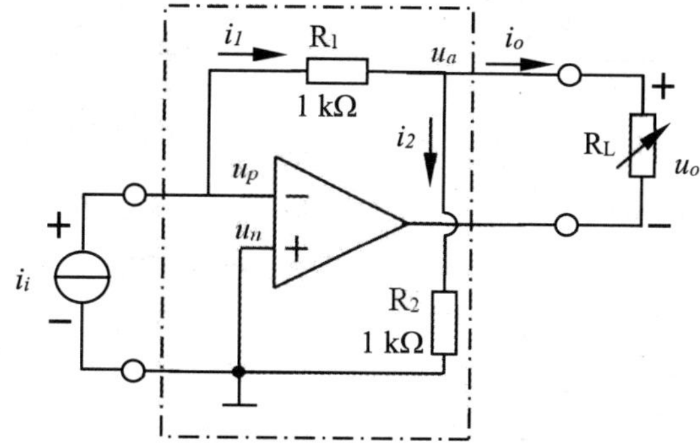

图 10-8　流控电流源（CCCS）

④流控电流源（CCCS）

如图 10-8 所示：

$$u_o = -i_2 R_2 = -i_i R_1$$

$$i_L = i_1 + i_2 = i_1 + \frac{R_1}{R_2} i_1 = i_i (1 + \frac{R_1}{R_2}) \quad (10\text{-}14)$$

即输出电流 i_L 只受输入电流 i_i 的控制，与负载 R_L 大小无关。

电路模型如图 10-4（d）所示。

转移电流比：

$$\alpha = \frac{i_L}{i_i} = (1 + \frac{R_1}{R_2}) \tag{10-15}$$

α为无量纲，又称为电流放大系数。

此电路为浮地连接。

（2）实际电路实验

①测量受控源 VCCS 的转移特性 $i_o = f$（u_i）及负载特性 $i_o = f$（u_o）

实验线路如图 10-6 所示，其中运放的电源采用±12V。

● 固定 R_L = 2k，调节直流稳压电源输出电压 u_i，使其在 0～5V 范围内取值。测量 u_i 及相应的 i_o，将测量数据填入表 10-1 中，绘制 $i_o = f$（u_i）曲线，并由其线性部分求出转移电导 g_m。

表 10-1　测量受控源 VCCS 的转移特性 $i_o = f$（u_i）用表

测量值	u_i										
	i_o										
实验计算值	g_m (S)										
理论计算值	g_m (S)										

● 固定 u_i = 2V，令 R_L 从 0 逐步增至 5kΩ，测量相应的 i_o 及 u_o，将测量数据填入表 10-2 中，绘制 $i_o = f$（u_o）曲线。

表 10-2　测量受控源 VCCS 的负载特性 $i_o = f$（u_o）用表

R_L (kΩ)										
i_o（mA）										
u_o（V）										

②测量受控源 CCVS 的转移特性 $u_o = f$（i_i）及负载特性 $u_o = f$（i_o）

实验线路如图 10-7 所示，i_i 为可调直流恒流源，R_L 为可调电阻。

● 固定 R_L=2kΩ，调节直流恒流源输出电流 i_i，使其在 0~0.8mA 范围内取值，测量 i_i 及相应的 u_o 值，绘制 $u_o = f$（i_i）曲线，将测量数据填入表 10-3 中，并由其线性部分求出转移电阻 r_m。

表 10-3　测量受控源 CCVS 的转移特性 $u_o = f(i_i)$ 用表

测量值	i_i										
	u_o										
实验计算值	r_m (Ω)										
理论计算值	r_m (Ω)										

- 保持 i_i =0.3mA，令 R_L 从 1KΩ 增至∞，测量 u_o 及 i_o 值，将测量数据填入表 10-4 中，绘制负载特性曲线 $u_o = f(i_o)$。

表 10-4　测量受控源 CCVS 的负载特性曲线 $u_o = f(i_o)$ 用表

R_L (kΩ)										
u_o（V）										
i_o（mA）										

③根据不同类型的受控源可以进行级联以形成等效的另一类型的受控源，如受控源 CCVS 与 VCCS 进行适当的连接组成 CCCS 或 VCVS。

如图 10-9 所示，CCVS 与 VCCS 组成 CCCS。

- 固定 R_L = 2k，调节直流恒流源输出电流 i_i，使其在 0~0.8mA 范围内取值，自拟表格、填表测 i_i 及相对应的 i_o 值，绘制 $i_o = f(i_i)$ 曲线，并由其线性部分求出转移电流比α。
- 保持 i_i = 0.3mA，令 R_L 从 0 增至 4kΩ，测量 i_o 及 u_o 值。自拟表格填表，绘制负载特性曲线 $i_o = f(u_o)$ 曲线。

（3）Multisim14 仿真实验

按照图 10-5 至图 10-9 在 Multisim 平台上输入实验电路图，测量受控源的转移特性（曲线）和输出特性曲线。

①压控电压源（VCVS）

在 Multisim 平台上输入图 10-5 所示的实验电路图（图 10-10），需注意以下细节。

- 放置正电源采用标号形式；
- 放置负电源采用标号形式；
- 放置电源地采用标号形式；
- 可调直流电压（信号）源具有调整输出幅值的“滑动条”；

● 可变电阻器具有调整阻值的“滑动条”（图中未显示）。

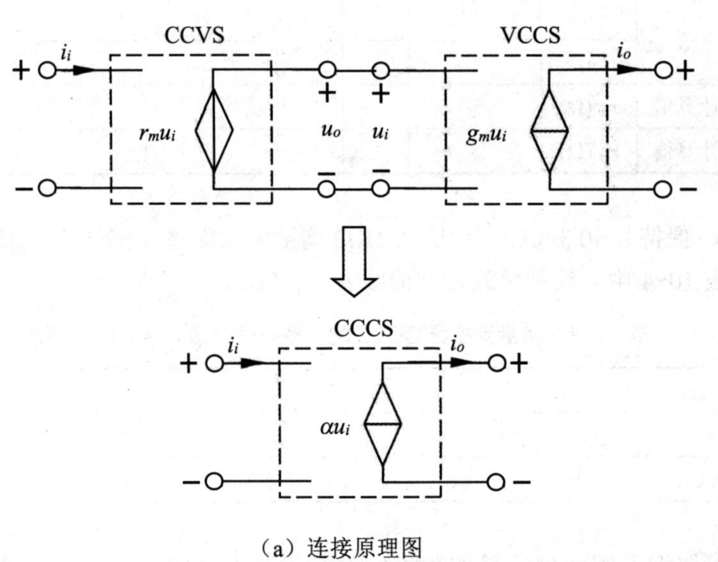

（a）连接原理图

（b）实际电路连接

图 10-9 受控源 CCVS 与 VCCS 连接组成 CCCS

如图 10-10 所示，分别改变 V1 和 R4 测量负载电压和电流，得到电路的转移特性和输出特性。

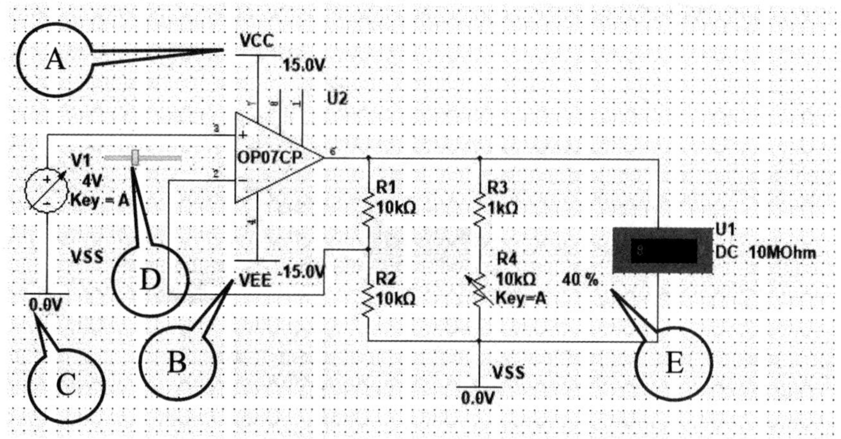

图 10-10　在 Multisim 平台上输入图 10-5 所示的实验电路

②压控电流源（VCCS）

在 Multisim 平台上输入图 10-6 所示的实验电路图，如图 10-11 所示，分别改变 V1 和 RL 测量负载电压和电流，得到电路的转移特性和输出特性。

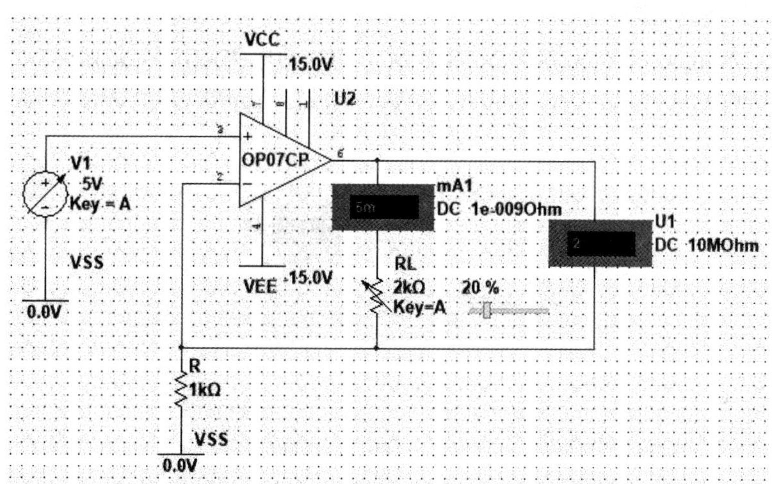

图 10-11　在 Multisim 平台上输入图 10-6 所示的实验电路

③流控电压源（CCVS）

在 Multisim 平台上输入图 10-7 所示的实验电路图，如图 10-12 所示，需注意以下细节：

- 放置直流可调恒流源；

● 放置 100Ω的保护电阻 R1。

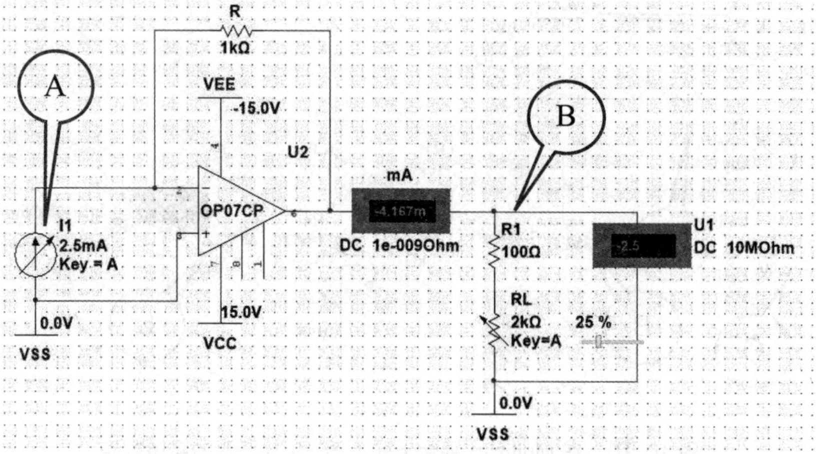

图 10-12　在 Multisim 平台上输入图 10-7 所示的实验电路

分别改变 I1 和 RL 测量负载电压和电流，得到电路的转移特性和输出特性。

④流控电流源（CCCS）

在 Multisim 平台上输入图 10-8 所示的实验电路图，如图 10-13 所示。

分别改变 I1 和 RL 测量负载电压和电流，得到电路的转移特性和输出特性。

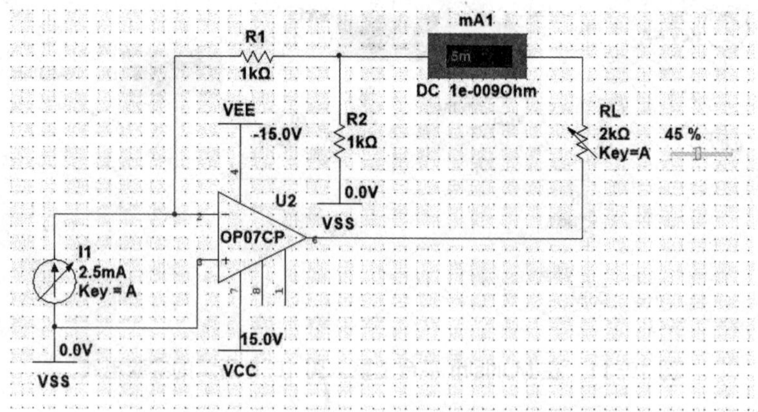

图 10-13　在 Multisim 平台上图 10-8 实验电路

⑤受控源 CCVS 与 VCCS 进行适当的连接组成 CCCS

在 Multisim 平台上输入图 10-9 所示的实验电路图，如图 10-14 所示。

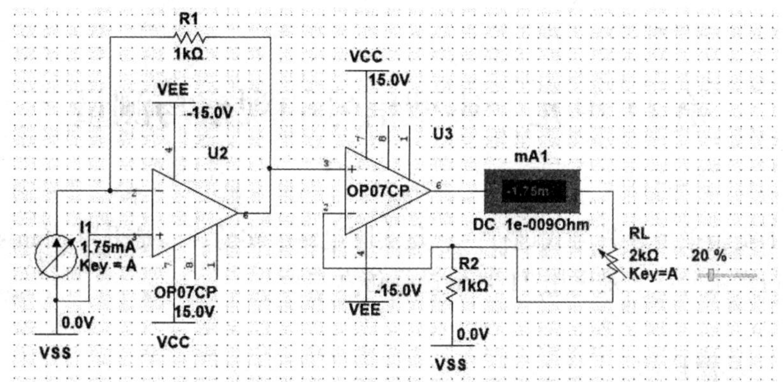

图 10-14　在 Multisim 平台上图 10-9 实验电路

分别改变 I1 和 RL 测量负载电压和电流，得到电路的转移特性和输出特性。

10.4　思考题

①什么是受控源？有哪几种受控源？

②“压控源”有何输入特性？“流控源”又有何输入特性？

③“受控电压源”有何输出特性？“受控电流源”又有何输出特性？

④“受控电压源”反馈的是什么信号？“受控电流源”反馈的是什么信号？

⑤如何理解运放输入端电流为零，则其输入电阻为无穷大？如何从运放的等效电路说明这一点？

⑥为何说运放的输出电阻为零（作为电压放大器或滤波器时）？又如何从受控电压源说明这一点？

10.5　实验报告

记录实验过程与结果及可能存在的问题，暂时没有理解的问题也请记录下来。回答本实验中所有的思考题。

第 11 单元　典型信号的观察与测量

本实验采用 3 种方式进行：一是实际电路的实验；二是采用 Multisim14 进行仿真实验；三是采用 TI-Tina 进行仿真实验。

11.1　实验目的

①加深理解周期性信号的有效值和平均值的概念，学会计算方法。

②了解几种周期性信号（正弦波、矩形波、三角波）的有效值、平均值和幅值的关系。

③掌握信号源和示波器的使用方法。

11.2　实验手段（仪器和设备，或者平台）

信号发生器、交流毫伏表、示波器和万用表各一台，电阻若干。安装 Multisim14 的计算机。

11.3　实验原理、实验内容与步骤

（1）实验原理

①正弦交流信号和方波脉冲信号是常用的电激励信号，可分别由低频信号发生器和脉冲信号发生器提供。正弦信号的波形参数是幅值 U_m、周期 T（或频率 f）和初相；脉冲信号的波形参数是幅值 U_m、周期 T 及脉宽 t_k。本实验装置能提供频率范围为 20 Hz～50 kHz 的正弦波及方波，并有 6 位 LED 数码管显示信号的频率。正弦波的幅度值在 0～5V 之间连续可调，方波的幅度为 1～3.8V 可调。

②电子示波器是一种信号图形观测仪器，可测出电信号的波形参数。从荧光屏的 Y 轴刻度尺并结合其量程分档选择开关（Y 轴输入电压灵敏度 V/div 分档选择开关）读得电信号的幅值；从荧光屏的 X 轴刻度尺并结合其量程分档（时间扫描速度 t/div 分档）选择开关，读得电信号的周期、脉宽、相位差

等参数。为了完成对各种不同波形、不同要求的观察和测量，它还有一些其他的调节和控制旋钮，希望在实验中加以摸索和掌握。

一台双踪示波器可以同时观察和测量两个信号的波形和参数。

（2）实际电路实验

①双踪示波器的自检

将示波器面板部分的“标准信号”插口，通过示波器专用同轴电缆接至双踪示波器的 Y 轴输入插口 YA 或 YB 端，然后开启示波器电源，指示灯亮。稍后，协调地调节示波器面板上的“辉度”“聚焦”“辅助聚焦”“X 轴位移”“Y 轴位移”等旋钮，使在荧光屏的中心部分显示出线条细而清晰、亮度适中的方波波形；通过选择幅度和扫描速度，并将它们的微调旋钮旋至“校准”位置，从荧光屏上读出该“标准信号”的幅值与频率，并与标称值（1V，1 kHz）作比较，如相差较大，请指导老师给予校准。

②正弦波信号的观测

- 将示波器的幅度和扫描速度微调旋钮旋至“校准”位置。
- 通过电缆线，将信号发生器的正弦波输出口与示波器的 YA 插座相连。
- 接通信号发生器的电源，选择正弦波输出。通过相应调节，使输出频率分别为 50 Hz、1.5 kHz 和 20 kHz（由频率计读出）；再使输出幅值分别为有效值 0.1V、1V、3V（由交流毫伏表读得）。调节示波器 Y 轴和 X 轴的偏转灵敏度至合适的位置，从荧光屏上读得幅值及周期，记入表 11-1、表 11-2 中。

表 11-1　正弦波信号频率表

频率计读数 所测项目	正弦波信号频率的测定		
	50 Hz	1500 Hz	20000 Hz
示波器“t/div”旋钮位置			
一个周期占有的格数			
信号周期（s）			
计算所得频率（Hz）			

表 11-2　正弦波信号幅值表

交流毫伏表读数 所测项目	正弦波信号幅值的测定		
	0.1V	1V	3V
示波器“V/div”位置			
峰—峰值波形格数			
峰—峰值			
计算所得有效值			

③方波脉冲信号的观察和测定

● 将电缆插头换接在脉冲信号的输出插口上，选择方波信号输出。

● 调节方波的输出幅度为 3.0 V_{P-P}（用示波器测定），分别观测 100 Hz、3 kHz 和 30 kHz 方波信号的波形参数。

● 使信号频率保持在 3 kHz，选择不同的幅度及脉宽，观测波形参数的变化。

④实验注意事项

● 示波器的辉度不要过亮。

● 调节仪器旋钮时，动作不要过快、过猛。

● 调节示波器时，要注意触发开关和电平调节旋钮的配合使用，以使显示的波形稳定。

● 作定量测定时，“t/div”和“V/div”的微调旋钮应旋至“标准”位置。

● 为防止外界干扰，信号发生器的接地端与示波器的接地端要相连（称共地）。

● 不同品牌的示波器，各旋钮、功能的标注不尽相同，实验前应详细阅读所用示波器的说明书。

● 实验前应认真阅读信号发生器的使用说明书（包括本书的第 1 单元和第 2 单元）。

（3）Multisim14 仿真实验

①正弦波、三角波和方波及其频谱的观察

在 Multisim 平台上设置如图 11-1 所示的电路图：

A. 放置信号发生器；

B. 放置示波器；

C. 放置频谱分析仪；

D. 设置信号发生器的输出波形参数，这些参数可在运行中修改；

E. 设置示波器的参数，这些参数可在运行中修改；

F. 设置频谱分析仪的参数，这些参数可在运行中修改；

G. 设置示波器“Reverse”使得示波器显示背景为白色，以利于观察；

H. 设置示波器“Reverse”使得示波器显示背景为白色，以利于观察。

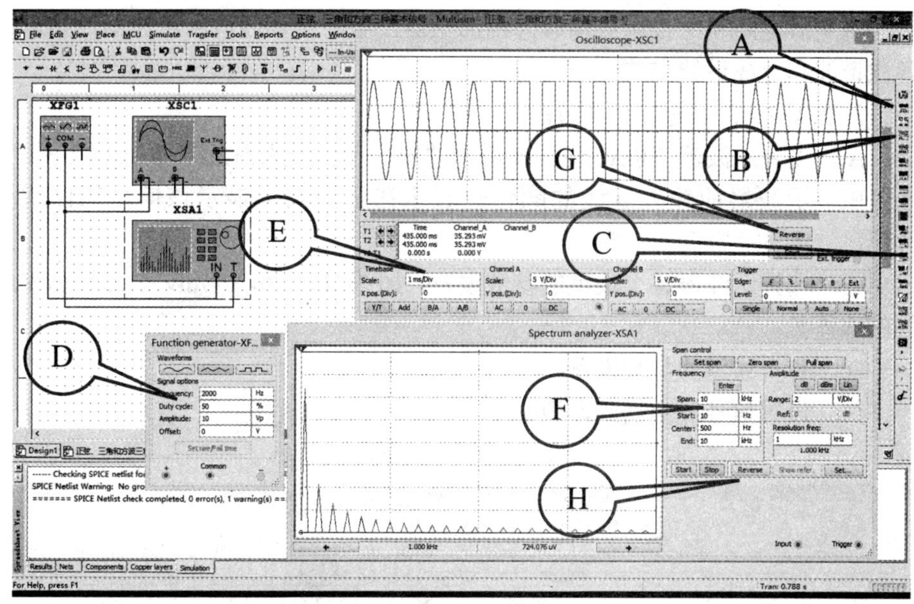

图 11-1　在 Multisim 平台上正弦波、三角波和方波及其频谱的观察

完成以下实验：

- 设置信号发生器输出不同的波形，改变其幅值与频率，在示波器观察与测量其幅度和周期（脉宽）及波形参数的变化，记录相应的波形与数据并分析之；
- 设置信号发生器输出不同的波形，改变其幅值与频率，在频谱分析仪上观察与测量其频谱及其与发生器输出不同的波形、幅值与频率的变化，记录相应的波形与数据并分析。

②由正弦波合成方波

由傅立叶变换的知识可知，1 个占空比为 50%的交流周期方波（图 11-2）可以由从基波到无穷大次的奇次谐波构成：

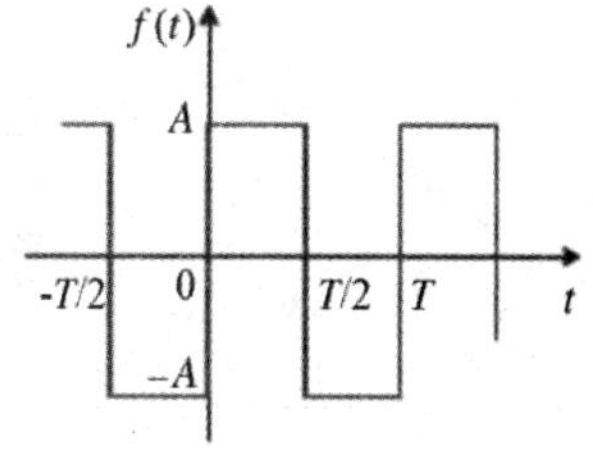

图 11-2　交流周期方波

$$f\left(t\right)=\frac{4\mathrm{A}}{\pi}\left(\sin\omega t+\frac{1}{3}\sin 3\omega t+\frac{1}{5}\sin 5\omega t+\frac{1}{7}\sin 7\omega t+\frac{1}{9}\sin 9\omega t\cdots\right)\quad(11\text{-}1)$$

根据式（11-1），可在 Multisim 平台上设置如图 11-3 所示的电路图：由 5 个信号发生器产生 1（基波）至 9 次奇次谐波，为简便起见，设定 1 次（基波）谐波的幅值为 1（V），各次谐波的幅值满足式（11-1）中的系数比率关系。

由 7 只电阻和一枚运放构成同相加法器，用两台 4 通道的示波器，显示各次谐波和合成后的方波。

注意图 11-3 中的几个细节：

A. 设置示波器“Reverse”使得示波器显示背景为白色，以利于观察；

B. 示波器的输入连线的颜色也表示在示波器上显示该信号的曲线颜色；

C. 选择示波器各个通道的参数设置，如“t/div”和“V/div”、X 轴和 Y 轴的偏移量；

D. 各个通道的参数设置；

E. 设置信号发生器的参数。

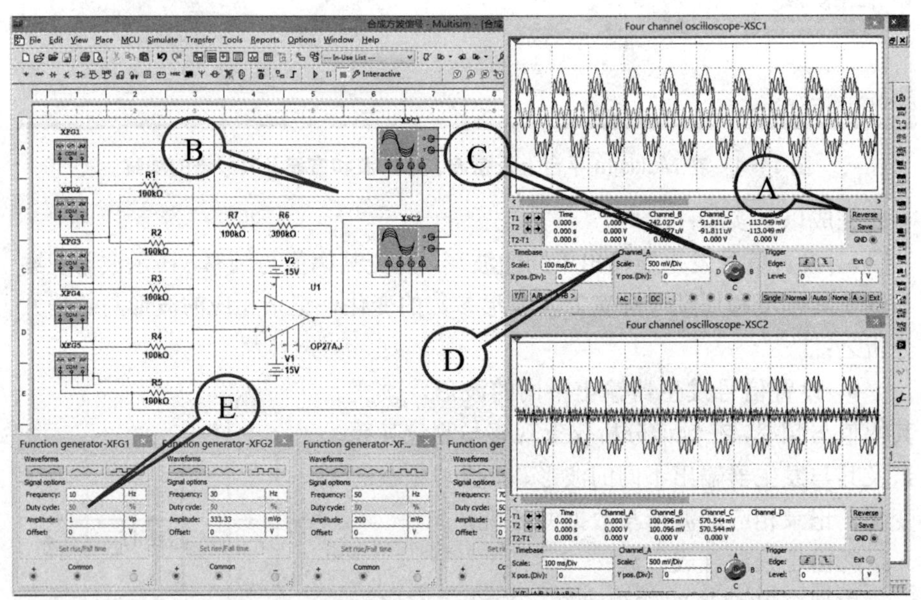

图 11-3　在 Multisim 平台上仿真 1（基波）至 9 次奇次谐波合成方波

③由正弦波合成三角波

由傅立叶变换的知识可知，1 个对称的交流三角波（图 11-4）可以由从基波到无穷大次的调和奇次谐波构成：

$$f(t)=\frac{8A}{\pi^2}\left(\sin\omega t-\frac{1}{3^2}\sin3\omega t+\frac{1}{5^2}\sin5\omega t-\frac{1}{7^2}\sin7\omega t+\frac{1}{9^2}\sin9\omega t\cdots\right)\quad(11-2)$$

根据式（11-2），可在 Multisim 平台上设置如图 11-5 所示的电路图：由 5 个信号发生器产生 1（基波）至 9 次奇次谐波，为简便起见，设定 1 次（基波）谐波的幅值为 1（V），各次谐波的幅值满足式（11-2）中的系数比率关系。

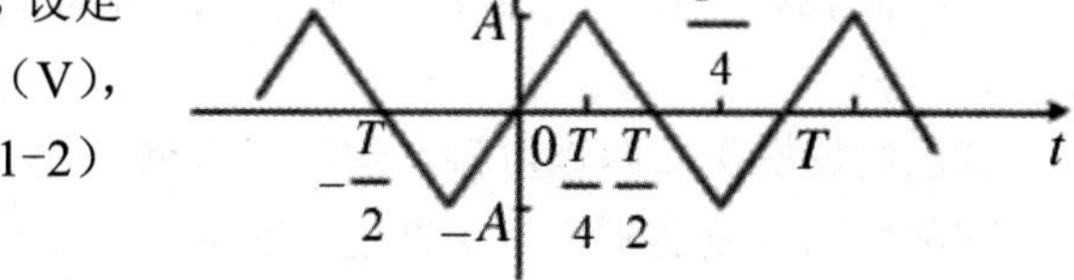

图 11-4　对称的交流三角波

注意图 11-5 中的几个细节：

A.　式（11-2）中的系数为负值时，信号发生器从负极性接线端输出信号；

B.　各个信号发生器输出的幅值及其单位；

C.　合成三角波的细节；

D.　合成三角波与其基波的比较。

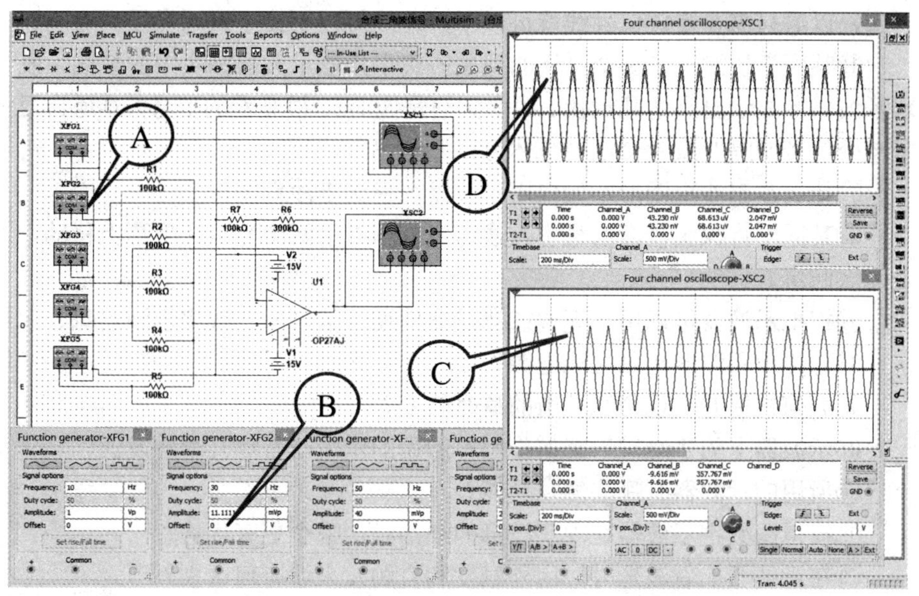

图 11-5　在 Multisim 平台上仿真 1（基波）至 9 次奇次谐波合成三角波

11.4　思考题

①示波器的主要作用是什么？与万用表相比各有何优势？

②所用的示波器有哪些功能？

③示波器的垂直灵敏度有哪几挡？最灵敏的挡位是多少？最大可显示的幅值是多少？

④时间扫描挡位有多少？最快的扫描时间是多少？最慢的扫描时间是多少？

⑤示波器探头有两档可调，这两档有何用途？

⑥常用的示波器都有两个通道，在应用时有何价值？

⑦如何测量直流电压？

⑧在双踪显示中，如何选择使用 ALT（交替）或 CHOP（断续）？

⑨某同学发现了一个奇怪的现象：将信号源输出电缆线的红线和示波器电缆线的红线连接在一起，却忘记将这两根电缆线的地线（黑线）接在一起。可是，却在示波器上看到了清晰的信号源输出。这是为什么？

⑩接上题：既然信号源的地线和示波器的地线已经在电源插板上连接在一起，以后只需要连接信号线就可以了，地线可以不接了。这样做，对吗？

⑪某同学也发现了一个奇怪的现象：用手接触示波器探头中的红线，发现示波器上显示出高达几十伏、频率大约是 50Hz、很难看的信号。难道自己是一个信号源吗？或者自己的身体可以发电吗？

⑫什么是李沙育图形？如何用示波器观察到李沙育图形？

⑬某同学将探头校准信号引入通道 1，却显示两个光点在屏幕上移动，是怎么回事？

⑭模拟示波器可以用于观察或测量非周期性信号吗？数字示波器呢？

⑮怎样用示波器检测直流电源？

⑯如何捕捉并重现稍纵即逝的瞬时信号？

⑰示波器上的“触发”有何作用？所用的示波器有哪几种触发源？

⑱所用的示波器有哪些触发功能？

⑲模拟跟数字示波器在观察波形的细部时，哪个更有优势？

⑳在示波器上看波形时，用外触发和自触发来看有何区别？

㉑测量中如何应用触发释抑？有何作用？

㉒示波器正常，但是用示波器观察被测信号时，波形杂乱无章，该如何解决？

㉓示波器正常，能看到扫描线，但是观察不到被测信号的波形，为什么？

㉔将一个信号源的正弦波输出直接接到示波器的通道 1，却看到一条直线，为什么？

11.5　实验报告

实验报告包括以下内容：

①整理实验中显示的各种波形，绘制有代表性的波形。

②总结实验中所用仪器的使用方法及观测电信号的方法。

③记录实验过程与结果及可能存在的问题，暂时没有理解的问题也请记录下来。

④回答本实验中所有的思考题。

⑤心得体会及其他。

关于课程思政的思考：

在实验数据的记录和分析中，需要诚信报告实验结果，不得篡改和伪造数据，以此塑造学生诚信和责任的道德品质。

第12单元　RC一阶电路的响应

本实验采用2种方式进行：一是实际电路的实验；二是采用Multisim14进行仿真实验。

12.1　实验目的

①测定RC一阶、二阶电路的零输入响应，零状态响应及全响应。

②学习电路时间常数的测定方法。

③掌握有关微分电路和积分电路的概念，了解低通、高通和阻容耦合等知识。

④进一步学会用示波器测绘图形。

12.2　实验手段（仪器和设备，或者平台）

信号发生器、交流毫伏表、示波器和万用表各一台，电阻和电容若干。安装Multisim14的计算机。

12.3　实验原理、实验内容与步骤

（1）实验原理

①阶跃响应（时域响应）

● 动态网络的过渡过程是十分短暂的单次变化过程，对时间常数τ较大的电路，可用慢扫描长余辉示波器或数字示波器观察光点移动的轨迹。再用一般的双踪示波器观察过渡过程和测量有关参数，必须使这种单次变化的过程重复出现。为此，本实验利用信号发生器输出的方波来模拟阶跃信号，即令方波输出的上升沿作为零状态响应的正阶跃激励信号；方波下降沿作为零输入响应的负阶跃激励信号，只要选择方波的重复周期远大于电路的时间常数τ，电路在这样的方波序列脉冲信号的激励下，它的影响和直流电源接通与断开的过渡过程是基本相同的（图12-1）。

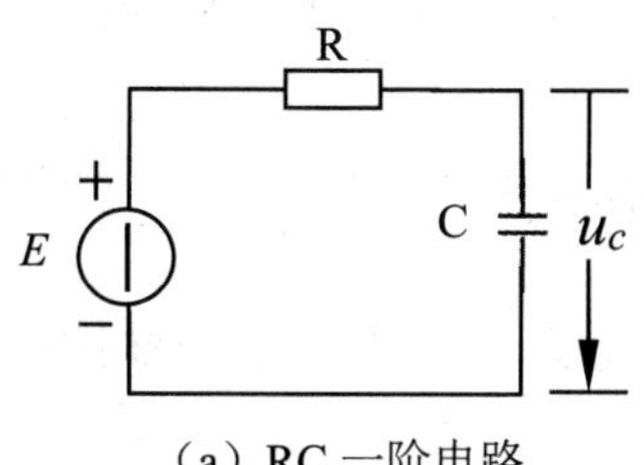

（a）RC 一阶电路

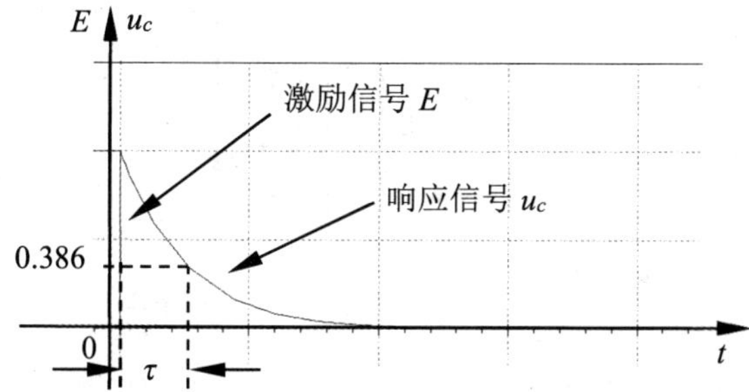

（b）零输入响应

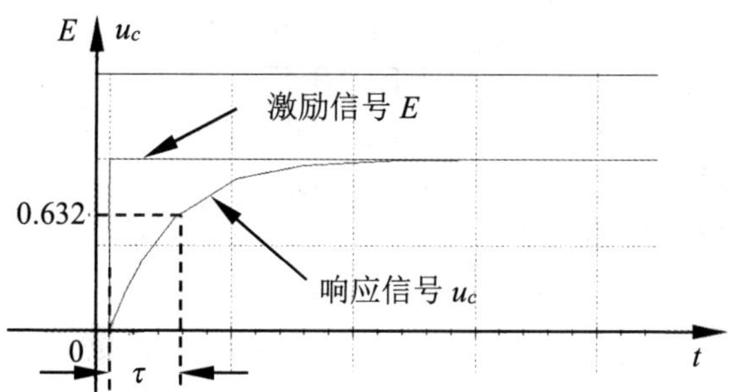

（c）零状态响应

图 12-1　RC 一阶电路及其阶跃响应

- RC 一阶电路的零输入响应、零状态响应分别按指数规律衰减和增长，其变化的快慢决定于电路的时间常数 τ。
- 时间常数 τ 的测定。

用示波器测得零输入响应的波形如图 12-1（b）所示。

根据一阶微分方程的求解得知

$$u_C = Ee^{-\frac{t}{RC}} = Ee^{-\frac{t}{\tau}} \qquad (12\text{-}1)$$

当 $t=\tau$ 时，$u_c(\tau) = 0.386E$，此时所对应的时间就等于 τ。

亦可用零状态响应波形增长到 0.632E 所对应的时间测得，如图 12-1（c）所示。

● 微分电路和积分电路是 RC 一阶电路中较典型的电路，它对电路元件参数和输入信号的周期有着特定的要求。

一个简单的 RC 串联电路，在方波序列脉冲的重复激励下，当满足 $\tau = RC \ll \frac{T}{2}$ 时（T 为方波脉冲的重复周期），且由 R 两端作为响应输出，这就相当于一个微分电路，因为此时的输出信号电压与输入信号电压的微分成正比，如图 12-2（a）所示。

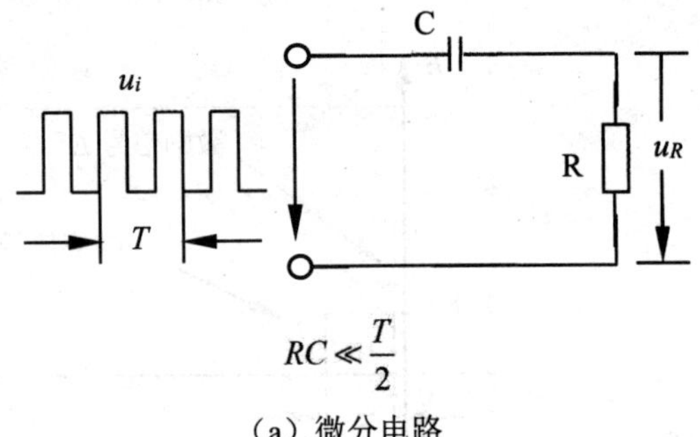

（a）微分电路

若将图 12-2（a）中的 R 和 C 位置调换一下，即由 C 两端作为响应输出，且电路参数的选择满足 $\tau = RC \gg \frac{T}{2}$ 条件时，如图 12-2（b）所示称为积分电路，因为此时电路的输出信号电压与输入信号电压的积分成正比。

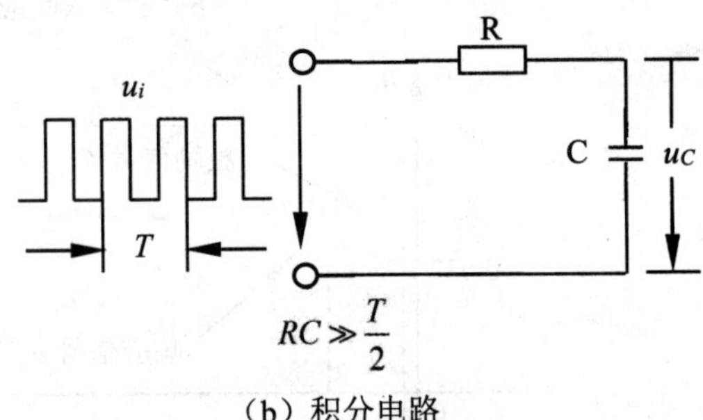

（b）积分电路

图 12-2　RC 组成的一阶微分和积分电路

从输出波形来看，上述两个电路均起着波形变换的作用，请在实验过程中仔细观察与记录。

②正弦响应（频域响应）

RC 电路是最简单的滤波器，即一部分频率的信号容易通过，另外一部分频率的信号不同程度地衰减。表示滤波器对不同频率信号（分量）衰减程度可用波德图：自变量是频率，即横轴是频率，纵轴是该频率信号的幅度，也就是通常说的频谱图。频谱图描述了信号的频率结构及频率与该频率信号幅度的关系。图 12-3 给出了 RC 电路组成的高通电路（滤波器）和低通电路（滤波器），以及它们的波德图。

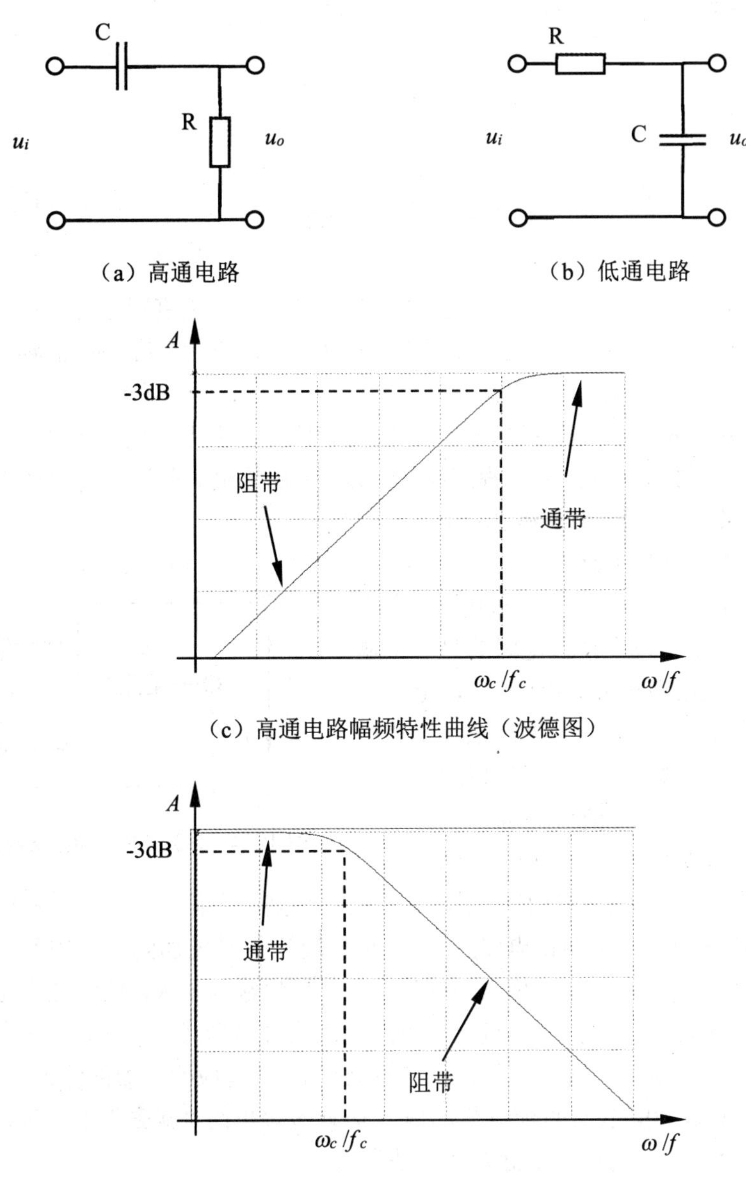

图 12-3　RC 组成的一阶高通和低通电路

在波德图中，滤波器的幅频特性曲线（幅值与频率的关系）可以分成两个区域：通带和阻带。两者以截止频率ω_c/f_c为分界线。截止频率ω_c/f_c与 R、

C 有如下关系：

$$\omega_c = \frac{1}{\tau} = \frac{1}{RC} \tag{12-2}$$

或

$$f_c = \frac{1}{2\pi\tau} = \frac{1}{2\pi RC} \tag{12-3}$$

因此：

● 高通电路（滤波器）：当信号 $f_i > f_c$ 时，信号几乎无衰减地通过；而当 $f_i < f_c$ 时，信号频率越低，衰减程度越大，以 f_c/f_i 的比值为基准，每倍频近似衰减 6dB，每十倍频近似衰减 20dB。

● 低通电路（滤波器）：当信号 $f_i < f_c$ 时，信号几乎无衰减地通过；而当 $f_i > f_c$ 时，信号频率越低，衰减程度越大，以 f_i/f_c 的比值为基准，每倍频近似衰减 6dB，每十倍频近似衰减 20dB。

③RC 作为运算电路

● 加减法（平移电平、偏置电平）电路

如果图 12-3（a）使得电阻的另外一端不是接地而是接到一个直流信号 u_d 上，如图 12-4 所示，就成为一个加减法（平移电平、偏置电平）电路，其作用可以理解为在直流电平 u_d 上叠加交流信号 u_c。具体到实际应用，可以有如下两类主要的应用。

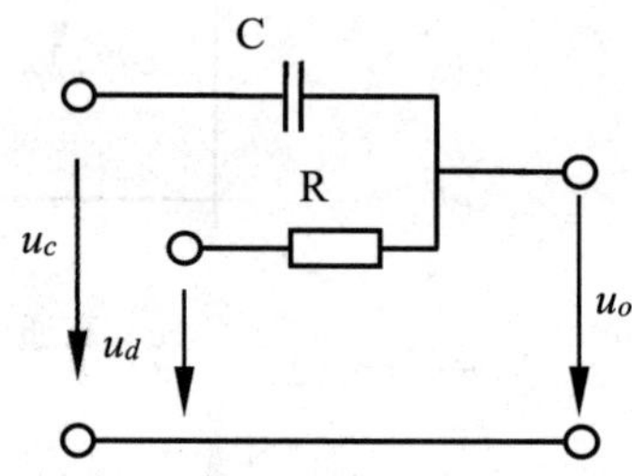

图 12-4　RC 组成的加减法电路

加法：晶体三极管电路把需要放大的信号加到一个偏置电压上，此时通常把该电路称为“电平偏置电路”；把双极性交流信号叠加到一个中间电平上，以满足单极性的 ADC（模数转换器）的单极性输入要求，此时通常把该电路称为“电平平移电路”；通过比较器对交流信号整形成方波时，通过叠加不同的直流电平使输入信号偏置到一定的电平上，或适应比较器的输入范围。

减法：使 u_d=0，包含直流分量的信号 u_c 通过该电路“减去”了所包含的直流信号。“减法”的应用实际是“加法”的特例。

● 微积分电路

前面已经讨论了 RC 电路的微、积分作用，但这是对方波信号而言。实际上，微积分电路更有意义的是对交流信号的运算上。

假设输入信号为单一频率的正弦

$$u_i = U_{om} \sin \omega t \tag{12-6}$$

对其的微分和积分：

$$u_o = \frac{du_i}{dt} = \omega U_{om} \cos \omega t \tag{12-7}$$

和

$$u_0 = \int u_i dt = -\frac{U_{om}}{\omega} \cos \omega t \tag{12-8}$$

由式（12-7）可以看出，所谓微分电路，就是把正弦信号的幅值提高ω倍，同时使其相位提前π/2（90°）。更一般的说法：信号通过微分电路的输出幅值与其频率成正比，信号频率越高，其输出幅值越大。因此，所谓微分电路的微分作用体现在波德图的阻带上。换言之，若要体现微分作用，须使 RC 电路的截止频率ω_c（f_c）大于所需处理信号的频率ω_i（f_i）。

同样，由式（12-8）可以看出，所谓积分电路，就是把正弦信号的幅值衰减ω倍，同时使其相位滞后π/2（90°）。更一般的说法：信号通过积分电路的输出幅值与其频率成反比，信号频率越高，其输出幅值越小。因此，所谓积分电路的积分作用也体现在波德图的阻带上。换言之，若要体现积分作用，须使 RC 电路的截止频率ω_c（f_c）小于所需处理信号的频率ω_i（f_i）。

（2）实际电路实验

①方波信号通过 RC 电路

取 R = 1kΩ和 C = 1μF，分别搭接成微分电路和积分电路（图 12-3），输入从 1Hz、10Hz、100Hz……，直到 1MHz 的方波信号，用示波器记录不同频率下微分电路和积分电路输出波形。

选择在合适的方波频率时的记录波形，计算电路的τ值。

注：在行业内，从 1Ω到小于 1kΩ的电阻不标注单位，如 1Ω标注成“1”，47Ω标注成“47”，560Ω标注成“560”。其他量级阻值则省略“Ω”，如 10 mΩ标注成“10m”，1kΩ标注成“1k”，560 kΩ标注成“560 k”，4.7 MΩ标注成“47 M”。

电容的习惯标注规则为：大于或等于 10^{-12} F、小于 10^{-9} F 的电容不标注单位，如 1 pF 标注成“1”，47 pF 标注成“47”，560 pF 标注成“560”；大于或等于 10^{-9}F、小于 10^{-6} F 的电容也不标注单位，但等效其单位为μF，如 0.01μF 标注成“0.01”，0.47 μF 标注成“0.47”；大于或等于 10^{-6}F 的电容标注单位 u（英文小写字母）替代μF，如 1 μF 标注成“1u”，47 μF 标注成“47 u”，如

2200 μF 标注成“2200 u”。

本书按上述说明进行标注。

②RC 组成滤波电路

取 R = 1k 和 C = 1u，分别搭接成微分电路和积分电路（图 12-3），输入从 1Hz、10Hz、100Hz……，直到 1MHz 的正弦波信号，用示波器记录不同频率下微分电路和积分电路输出波形。

在截止频率附近，微调输入信号的频率，尽可能准确地测量截止频率的确切值。

③RC 组成运算电路

● 加减法（平移电平、偏置电平）电路

取 R = 100k 和 C = 100u，分别搭接成加减法电路（图 12-4），输入从 1Hz、10Hz、100Hz……，直到 1MHz、幅值为 1V 的正弦信号作为 u_c，输入 2V 的直流信号作为 u_d。用示波器的直流档记录不同频率下微分电路和积分电路输出波形。

改变不同电平的 u_d，在示波器上观察基线的变化。

● 微积分电路

取 R = 1k 和 C = 1u，分别搭接成微分电路和积分电路（图 12-3），输入从 1Hz、10Hz、100Hz……，直到 1MHz 的正弦波信号，用示波器记录不同频率下微分电路和积分电路输出波形。

在阻带范围内，仔细观察同幅值但不同频率的输入信号 u_i 对应的电路输出 u_o，验证输出信号 u_o 是否满足相应的微分或积分的运算。

（3）Multisim14 仿真实验

①方波信号通过 RC 电路

● 在 Multisim 平台上设置如图 12-5 所示的微分电路图。其中 R = 100k 和 C = 0.1u，设置信号发生器输出从 1Hz、10Hz、100Hz……，直到 1MHz 的方波信号，调整示波器幅值灵敏度和扫描速度，记录不同频率下微分电路输出波形。

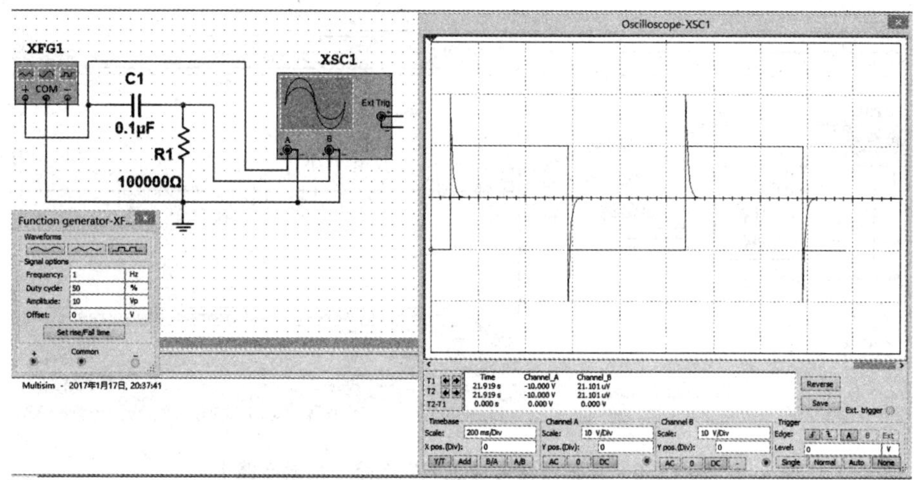

图 12-5　方波信号通过 RC 电路（微分电路）

- 选择在合适的方波频率的记录波形，计算电路的τ值。
- 改变不同的 R、C 值，重复上述实验。
- 把电路改为积分电路，重复上述实验。

②RC 组成滤波电路

- 取 R = 1k 和 C = 1u，分别搭接成高通滤波器（图 12-6），输入从 1Hz、10Hz、100Hz……直到 1MHz 的正弦波信号，用示波器记录不同频率下高通电路（滤波器）输出波形。
- 在截止频率附近，微调输入信号的频率，尽可能准确地测量截止频率的确切值。
- 改用"Bode Plotter-XBP1（幅频和相频特性绘图仪，如图 12-7 所示的红圈中点击放置）"观察高通电路的波德图：幅频特性曲线（图 12-7）和相频特性曲线（图 12-8）。注意"Bode Plotter-XBP1"的横、纵坐标的设置。
- 把电路改为低通滤波器，重复上述实验。

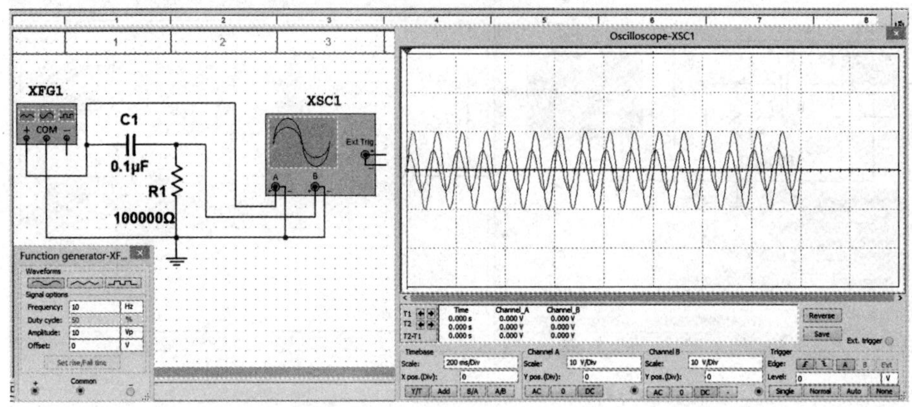

图 12-6　正弦波信号通过 RC 电路（高通电路）

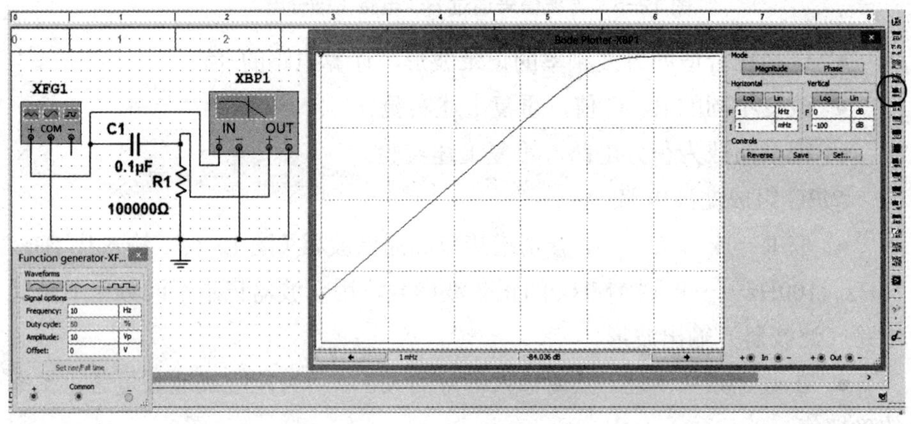

图 12-7　RC 电路（高通电路）的波德图（幅频特性）

③RC 组成运算电路

- 加减法（平移电平、偏置电平）电路

取 R＝100k 和 C＝0.1，分别搭接成加减法电路（图 12-9），输入从 1Hz、10Hz、100Hz……，直到 1MHz、幅值为 1V 的正弦信号作为 u_c，输入 2V 的直流信号作为 u_d。用示波器的直流档记录不同频率下 RC 电路输出波形。

改变不同电平的 V1，在示波器上观察输出信号基线的变化。

按图 12-10 放置电路，在信号发生器 XFG1 设置一定的直流偏置，在示波器上同时观察 XFG1 和 RC 电路的输出。改变信号发生器 XFG1 中的直流偏置，观察 XFG1 和 RC 电路的输出。

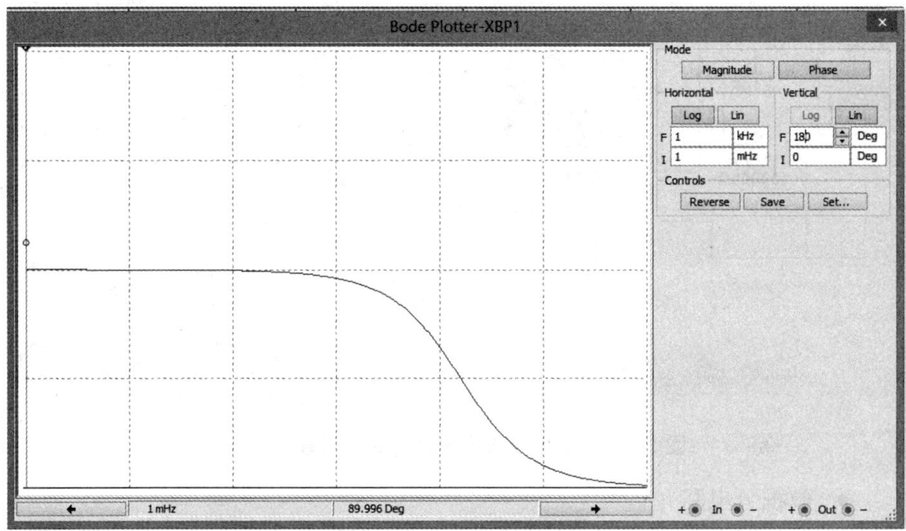

图 12-8　RC 电路（低通电路）的波德图（相频特性）

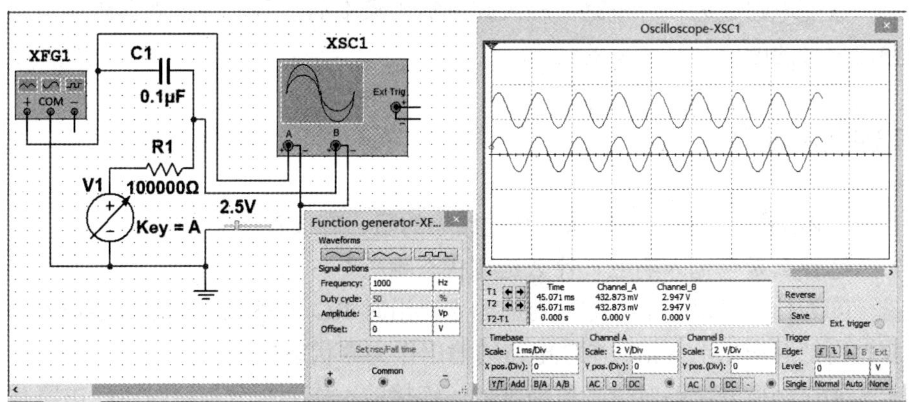

图 12-9　RC 加减法（平移电平、偏置电平）电路

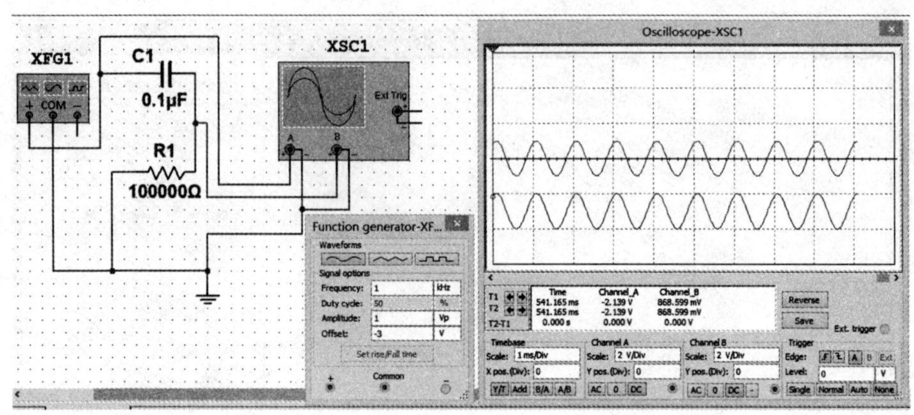

图 12-10　RC 减法（去直通交、隔直）电路

- 微积分电路

依然按照图 12-9 输入低于截止频率的信号，注意观察微分电路输出信号的幅值与其频率的关系。

改变电路成为积分电路，输入高于截止频率的信号，注意观察积分电路输出信号的幅值与其频率的关系。

12.4　思考题

①RC 电路的参数是什么？与电路中的阻、容值有何关系？

②什么是零输入响应？什么是零状态响应？

③为什么可以把输入方波对应于下降沿时 RC 电路的输出作为零输入响应？而把对应于上升沿时 RC 电路的输出作为零状态响应？

④作为微分电路时 RC 电路是如何连接的？作为积分电路时 RC 电路是如何连接的？

⑤作为高通电路时 RC 电路是如何连接的？作为低通电路时 RC 电路是如何连接的？

⑥在 RC 电路输入为占空比 50%的方波并已知电阻 R 上的波形时，你能否快速知道电容 C 上的波形？

⑦同一种接法 RC 电路，什么时候称之为微分电路？什么时候称之为高通电路？

⑧同一种接法 RC 电路，什么时候称之为积分电路？什么时候称之为低

通电路？

⑨方波信号的微分与正弦波信号的微分有何不同？不同的原因是什么？

⑩方波信号的积分与正弦波信号的微分有何不同？不同的原因是什么？

⑪在一定值的 RC 高通电路输入 $T \gg \tau$ 、$T \approx \tau$、$T \ll \tau$ 的方波信号时，电路将输出什么样的波形？

⑫理想的微分电路和积分电路输入占空比为50%的方波应该输出什么样的波形？在实验中能够得到什么样的波形？

12.5　实验报告

实验报告包括以下内容：

①整理实验中显示的各种波形，绘制有代表性的波形。

②总结实验中所用仪器的使用方法及观测电信号的方法。

③记录实验过程与结果及可能存在的问题，暂时没有理解的问题也请记录下来。

④回答本实验中所有的思考题。

⑤心得体会及其他问题。

第 13 单元　二阶无源和有源滤波器

本实验采用 3 种方式进行：一是实际电路的实验；二是采用 Multisim14 进行仿真实验；三是采用 TI-Tina 进行仿真实验。

13.1　实验目的

①了解二阶 RC 无源和有源滤波器的种类、基本结构及其特性。

②分析和对比无源和有源滤波器的滤波特性。

③掌握扫频信号发生器或信号发生器中输出扫频信号的使用方法。

13.2　实验手段（仪器和设备，或者平台）

信号发生器、交流毫伏表、示波器和万用表各一台，电阻和电容若干，运算放大器一枚。安装 Multisim14 的计算机。

13.3　实验原理、实验内容与步骤

（1）实验原理

①滤波器是对输入信号的频率具有选择性的一个二端口网络，它允许某些频率（通常是某个频带范围）的信号通过，而其他频率的信号受到衰减或抑制，这些网络可以是由 RLC 元件或 RC 元件构成的无源滤波器，也可以是由 RC 元件和有源器件构成的有源滤波器。

②根据幅频特性所表示的通过或阻止信号频率范围的不同，滤波器可分为低通滤波器（LPF）、高通滤波器（HPF）、带通滤波器（BPF）和带阻滤波器（BSF）四种。把能够通过的信号频率范围定义为通带，把阻止通过或衰减的信号频率范围定义为阻带。而通带与阻带的分界点的频率 ω_c 被称为截止频率或称转折频率。图 13-1 中的$|H(j\omega)|$为通带的电压放大倍数，ω_0 为中心频率，ω_{cL} 和 ω_{cH} 分别为低端和高端截止频率。

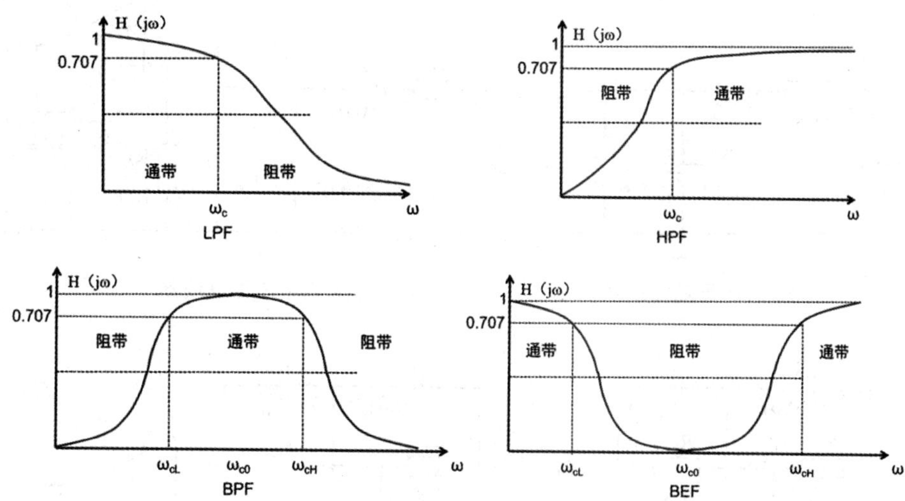

图 13-1　4 种基本形式滤波器的幅频特性

四种滤波器的实验线路如图 13-2 所示。

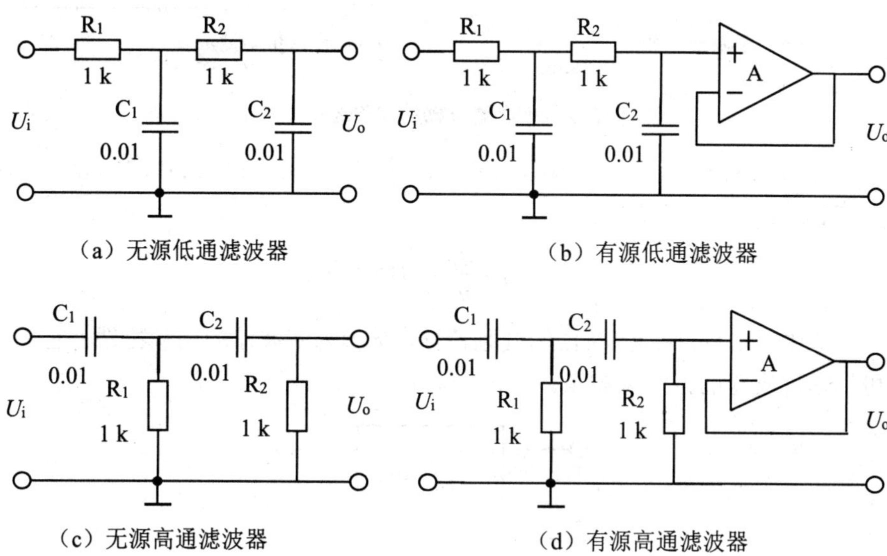

图 13-2　四种滤波器的实验线路

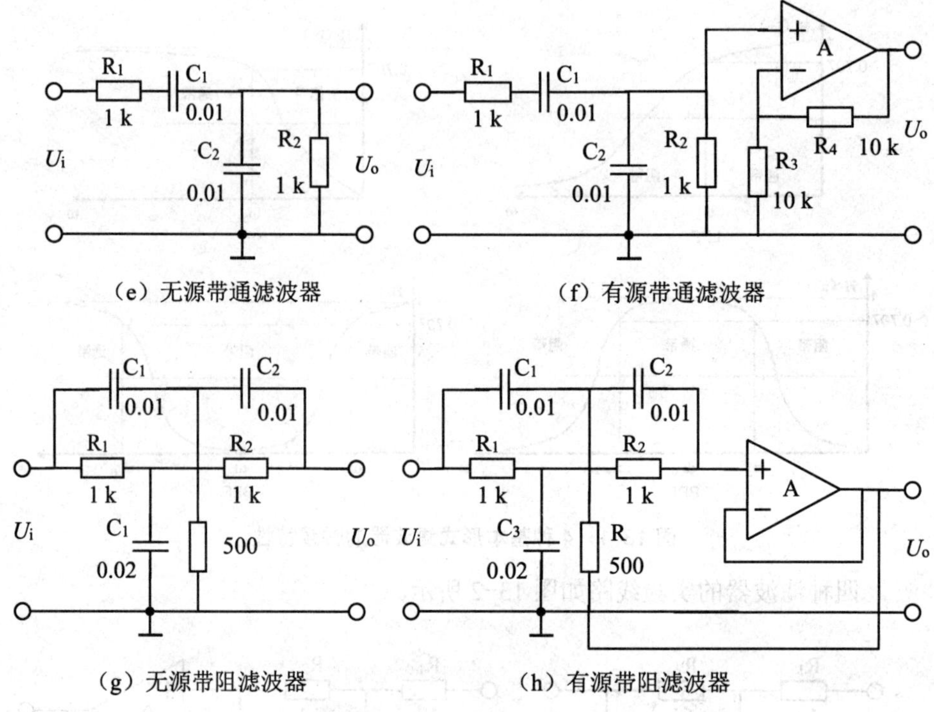

图 13-2　四种滤波器的实验线路（续）

③如图 13-3 所示，滤波器的频率特性 $H(j\omega)$（又称为传递函数）可用下式表示：

$$H(j\omega)=\frac{\dot{u}_2}{\dot{u}_1}=A(\omega)\angle\theta(\omega) \tag{13-1}$$

式中，$A(\omega)$ 为滤波器的幅频特性，$\theta(\omega)$为滤波器的相频特性。它们都可以通过实验的方法来测量。

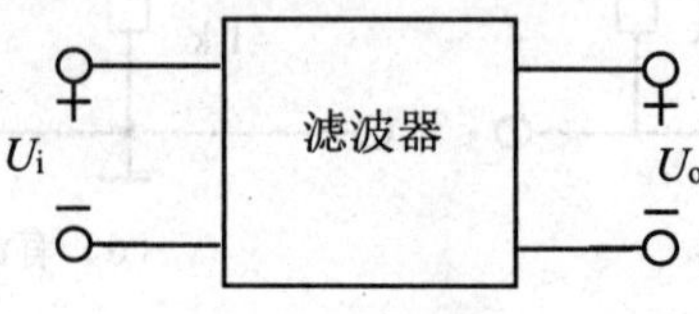

图 13-3　滤波器

（2）实际电路实验

①滤波器的输入端接正弦信号发生器或扫频电源，滤波器的输出端接示波器或交流数字毫伏表。

②测试无源和有源低通滤波器的幅频特性。

● 测试 RC 无源低通滤波器的幅频特性。

实验电路如图 13-2（a）所示。

实验时，必须在保持正弦波信号输入电压（U_i）幅值不变的情况下，逐渐改变其频率，用实验箱提供的数字式真有效值交流电压表（10Hz $< f <$ 1MHz），测量 RC 滤波器输出端电压 U_o 的幅值，并把所测的数据记入表 13-1。注意每当改变信号源频率时，都必须观测一下输入信号 U_i 使之保持不变。实验时应接入双踪示波器，分别观测输入 U_i 和输出 U_o 的波形。注意：在整个实验过程中应保持 U_i 恒定不变。

表 13-1　无源低通滤器幅频特性的实验记录

f(Hz)		ω_0=1/RC (rad/s)	f_0=ω_0/2π (Hz)
U_i (V)			
U_o (V)			

● 测试 RC 有源低通滤器的幅频特性

实验电路如图 13-2（b）所示。

取 R=1k、C=0.01、放大系数 K=1。测试方法用前一相同的方法进行实验操作，并将实验数据记入表 13-2 中。

表 13-2　有源低通滤器幅频特性的实验记录

f(Hz)		ω_0=1/RC (rad/s)	f_0=ω_0/2π (Hz)
U_i (V)			
U_o (V)			

③分别测试无源、有源 HPF、BPF、BEF 的幅频特性。

实验步骤、数据记录表格及实验内容，自行拟定。

④研究各滤波器对方波信号或其他非正弦信号输入的响应（选做，实验步骤自拟）。

⑤对上述实验记录进行分析。

（3）Multisim14 仿真实验

①在 Multisim 平台上分别设置如图 13-2 所示的 8 种滤波器，结果如图 13-4 所示（无源二阶低通滤波器）。按照实际电路实验（上一小节）中给出的要求完成实验。

②在 Multisim 平台上用波德图分析无源二阶低通滤波器（图 13-5），直接得到滤波器的幅频、相频特性曲线。完成其余各种滤波器的幅频、相频特

性曲线测试。

③尝试任何你所想到的实验。

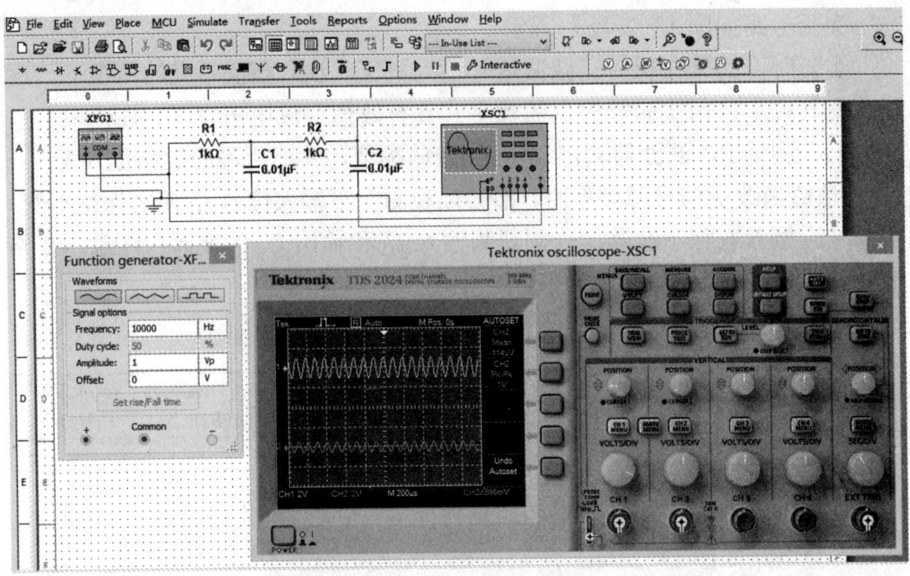

图 13-4　Multisim 平台上的无源二阶低通滤波器

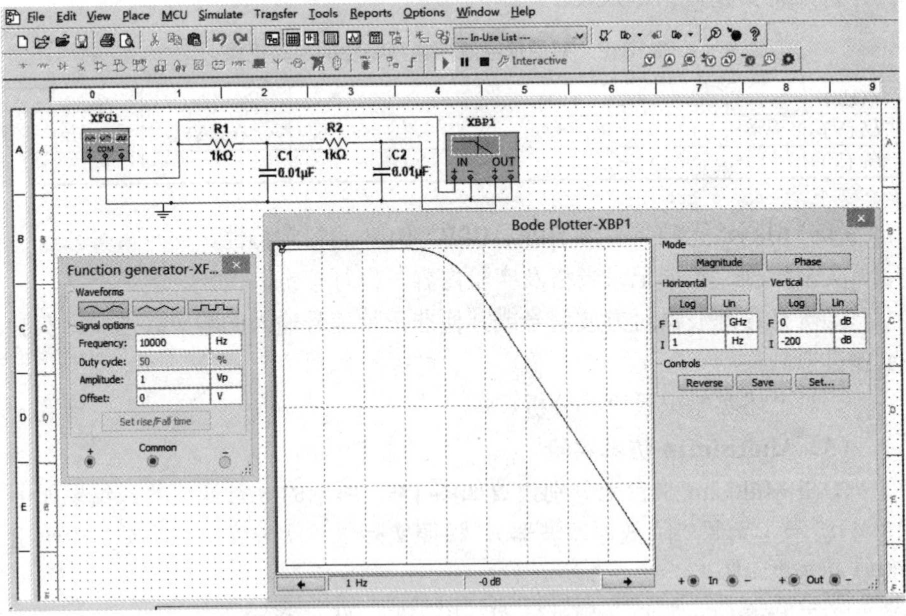

图 13-5　用波德图分析无源二阶低通滤波器

13.4　思考题

①试比较有源滤波器和无源滤波器各自的优缺点。

②各类滤波器参数的改变，对滤波器特性有何影响？

③对比二阶 RC 滤波器与一阶 RC 滤波器有何不同？

④采用 Multisim 进行电路实验有何优势？又有何不足和弊端？如何避免它的弊端？

13.5　实验报告

实验报告包括以下内容：

①根据实验测量所得的数据，绘制各类滤波器的幅频特性。对于同类型的无源和有源滤波器幅频特性，要求绘制在同一坐标纸上，以便比较。计算出各自特征频率、截止频率和通频带。

②比较分析各类无源和有源滤波器的滤波特性。

③分析在方波信号激励下，滤波器的响应情况（选做）。

④回答本实验中所有的思考题。

⑤写出本实验的心得体会。

关于课程思政的思考：

滤波器电路在通信、医疗、航天等诸多领域得到广泛应用，认识到电子信息技术对于社会发展的重要性，增强社会责任感和专业自豪感，激发学生为国家科技进步贡献力量的热情。

第 14 单元　二阶网络函数的模拟

本实验采用 3 种方式进行：一是实际电路的实验；二是采用 Multisim14 进行仿真实验；三是采用 TI-Tina 进行仿真实验。

14.1　实验目的

①了解二阶网络函数的电路模型。
②研究系统参数变化对响应的影响。
③用基本运算器模拟系统的微分方程和传递函数。

14.2　实验手段（仪器和设备，或者平台）

信号发生器、交流毫伏表、示波器和万用表各一台，电阻和电容若干，运算放大器一枚。安装 Multisim14 的计算机。

14.3　实验原理、实验内容与步骤

（1）实验原理

①微分方程的一般形式为：

$$y^{(n)}+a_{n-1}y^{(n-1)}+\cdots+a_0y=x \tag{14-1}$$

其中，x 为激励信号，y 为响应信号。模拟系统微分方程的规则是将微分方程输出函数的最高阶导数保留在等式左边，把其余各项一起移到等式右边。这个最高阶导数作为第一积分器输入，以后每经过一个积分器，输出函数导数就降低一阶，直到输出 y 为止，各个阶数降低了的导数及输出函数分别通过各自的比例运算器再送至第一个积分器前面的求和器，与输入函数 x 相加，则该模拟装置的输入和输出所表征的方程与被模拟的实际微分方程完全相同。图 14-1 与图 14-2 分别为一阶微分方程的模拟框图和二阶微分方程的模拟框图。

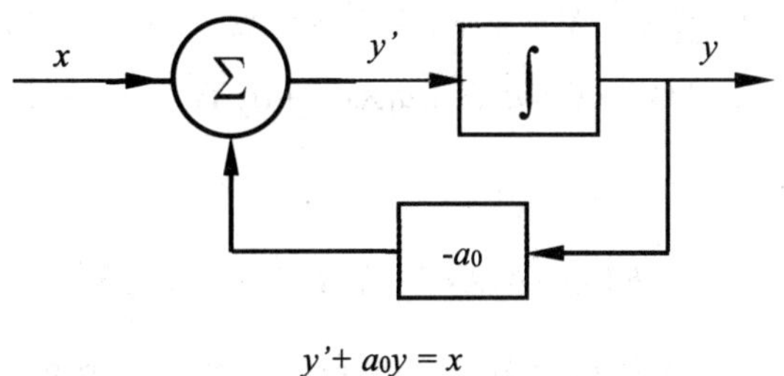

$y' + a_0 y = x$

图 14-1　一阶系统的模拟

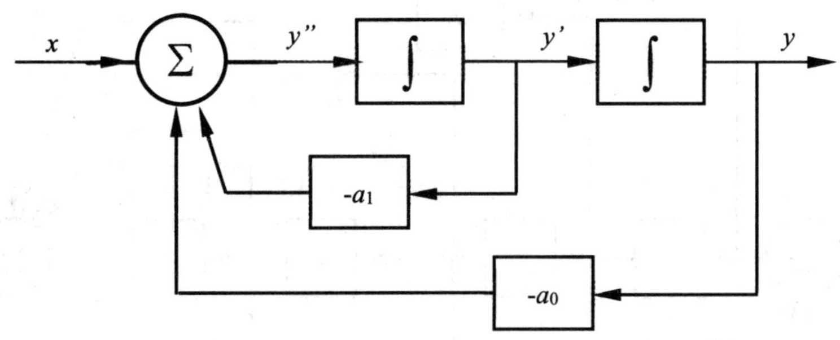

$y'' + a_0 y' + a_0 y = x$

图 14-2　二阶系统的模拟

②网络函数的一般形式为：

$$H(s) = \frac{Y(s)}{F(s)} = \frac{a_0 s^n + a_1 s^{n-1} + \cdots + a_n}{s^n + b_1 s^{n-1} + \cdots + b_n} \tag{14-2}$$

或写成：

$$H(s) = \frac{a_0 + a_1 s^{-1} + \cdots + a_n s^{-n}}{1 + b_1 s^{-1} + \cdots + b_n s^{-n}} = \frac{P(s^{-1})}{Q(s^{-1})} = \frac{Y(s)}{F(s)} \tag{14-3}$$

则有

$$Y(s) = P(s^{-1}) \cdot \frac{1}{Q(s^{-1})} F(s) \tag{14-4}$$

令 $X = \dfrac{1}{Q(s^{-1})} F(s)$，得

$$\begin{cases} F(s) = Q(s^{-1})X = X + b_1 Xs^{-1} + b_2 Xs^{-2} + \cdots + b_n Xs^{-n} \\ Y(s) = P(s^{-1})X = a_0 X + a_1 Xs^{-1} + a_2 Xs^{-2} + \cdots + a_n Xs^{-n} \end{cases} \qquad (14\text{-}5)$$

因而

$$X = F(s) - b_1 Xs^{-1} - b_2 Xs^{-2} - \cdots - b_n Xs^{-n} \qquad (14\text{-}6)$$

根据上式，可画出图 14-3 所示的模拟方框图，图中 S^{-1} 表示积分器。

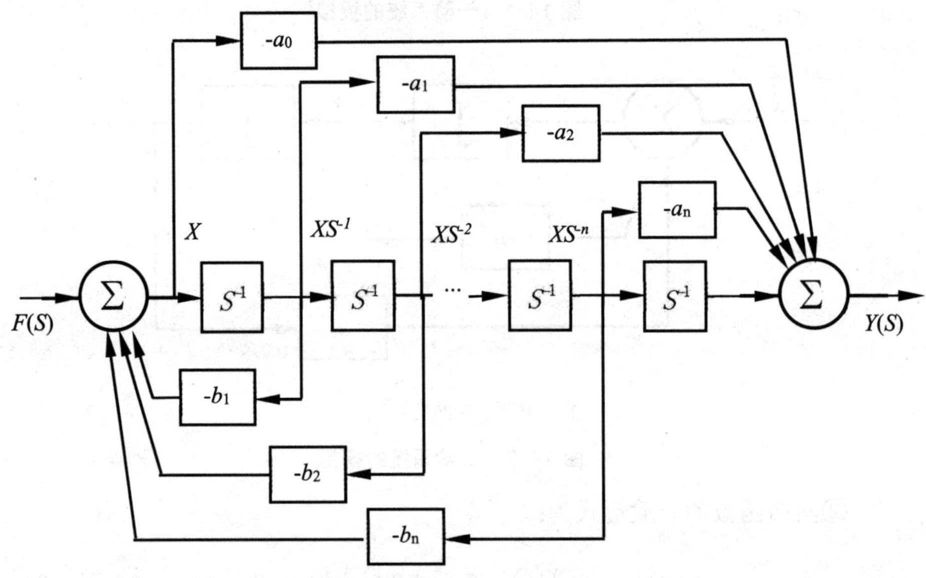

图 14-3　网络函数的模拟

图 14-4 为二阶网络函数的模拟方框图，由该图求得下列三种传递函数，即

$$\frac{v_l(s)}{v_i(s)} = H_l(s) = \frac{1}{s^2 + b_1 s + b_2} \quad \text{低通函数} \qquad (14\text{-}7)$$

$$\frac{v_b(s)}{v_i(s)} = H_b(s) = \frac{-s}{s^2 + b_1 s + b_2} \quad \text{带通函数} \qquad (14\text{-}8)$$

$$\frac{v_h(s)}{v_i(s)} = H_h(s) = \frac{s^2}{s^2 + b_1 s + b_2} \quad \text{高通函数} \qquad (14\text{-}9)$$

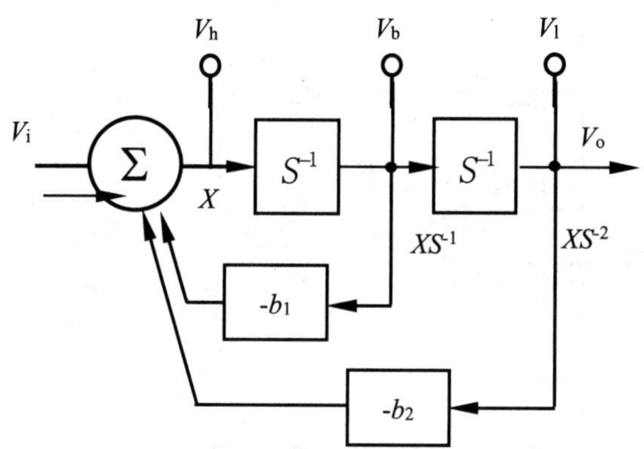

图 14-4　二阶系统的模拟

图 14-5 为图 14-4 的模拟电路图。由该模拟电路得：

$$\begin{cases}\left(\dfrac{1}{R_2}+\dfrac{1}{R_4}\right)V_B-\dfrac{1}{R_2}V_i-\dfrac{1}{R_4}V_b=0\\ \left(\dfrac{1}{R_1}+\dfrac{1}{R_3}\right)V_A-\dfrac{1}{R_1}V_t-\dfrac{1}{R_3}V_h=0\\ V_A=V_B\\ R_1=R_2=10\text{k},\ R_3=R_4=30\text{k}\end{cases}\tag{14-10}$$

只要适当地选择模拟装置相关元件的参数，就能使模拟方程和实际系统的微分方程完全相同。

取 $R_3=R_4=30k$，则有：

① $V_t=V_i+\dfrac{1}{3}V_b-\dfrac{1}{3}V_h$

② $Vt=-\int\dfrac{1}{R5C1}Vbdt$　　∴ $Vb(s)=-10^4sV_t(s)$

③ $Vb=-\int\dfrac{1}{R6C2}Vhdt$　　∴ $V_h(s)=-10^4sVb(s)=10^8s^2V_t(s)$

④ $V_i(s)=V_t(s)-\dfrac{1}{3}V_b(s)+\dfrac{1}{3}V_h(s)=V_t(s)+\dfrac{10^4}{3}sV_t(s)+\dfrac{10^8}{3}s^2V_t(s)$

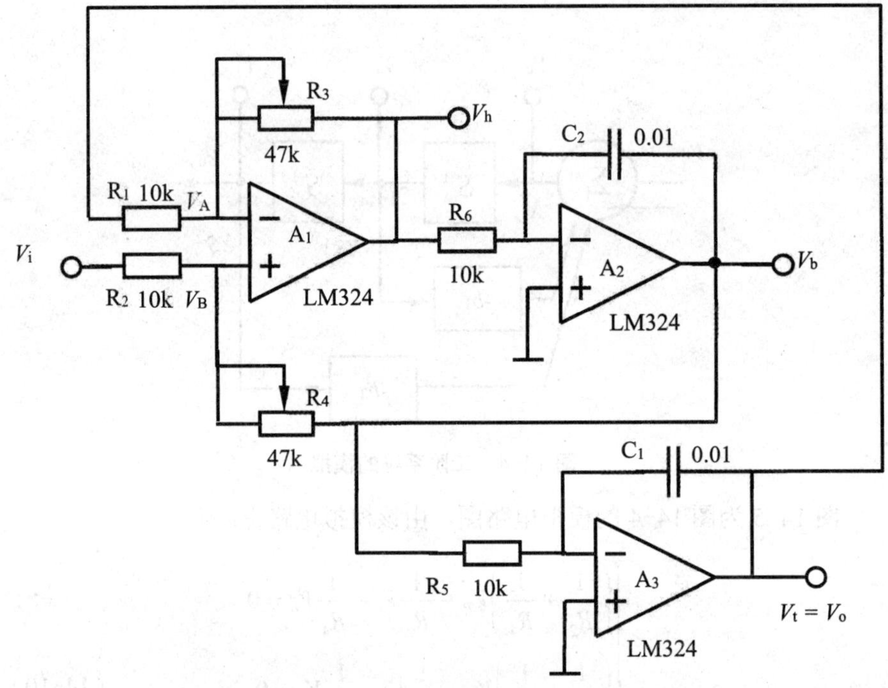

图 14-5 二阶网络函数的模拟

（2）实际电路实验

①写出实验电路的微分方程并求解。

②设计图 14-5 的电路图，用面包板或试验箱实现之。

③将正弦波信号接入电路的接入端，调节 R_3、R_4、V_i，用示波器观察各测试点的波形，并记录之。

④将方波信号接入电路的输入端，调节 R_3、R_4、V_i，用示波器观察各测试点的波形，并记录之。

⑤对上述实验记录进行分析。

（3）Multisim14 仿真实验

①在 Multisim 平台上设置图 14-5 所示的滤波器，按照实际电路实验（上一小节）中给出的要求完成实验。

②在 Multisim 平台上用波德图分析图 14-5 所示的滤波器，直接得到滤波器的幅频、相频特性曲线。完成其余各种滤波器的幅频、相频特性曲线测试。

③尝试任何你所想到的实验。

14.4　思考题

①如何用电路实现微分方程？

②图 14-5 所示的滤波器又被称为多状态滤波器，这里的“状态”是什么含义？

③图 14-5 所示的滤波器与上一个实验中的二阶无源和有源滤波器有何异同？各有何优势？

④可否用类似图 14-5 所示的滤波器实现三阶或三阶以上的滤波器？

14.5　实验报告

实验报告包括以下内容：

①画出实验中观察到的各种波形。对经过基本运算器前后波形的对比，分析参数变化对运算器输出波形的影响。

②绘制二阶高通、带通、低通网络函数的模拟电路的频率特性曲线。

③归纳和总结用基本运算单元求解二阶网络函数的模拟方程的要点。

④回答本实验中所有的思考题。

⑤写出本实验的心得体会。

第 15 单元　系统时域响应的模拟解

本实验采用 2 种方式进行：一是实际电路的实验；二是采用 Multisim14 进行仿真实验。

15.1　实验目的

①掌握求解系统时域响应的模拟解。

②研究系统参数变化对响应的影响。

15.2　实验手段（仪器和设备，或者平台）

信号发生器、交流毫伏表、示波器和万用表各一台，电阻和电容若干，运算放大器一枚。安装 Multisim14 的计算机。

15.3　实验原理、实验内容与步骤

（1）实验原理

①为了求解系统的响应，需建立系统的微分方程，通常实际系统的微分方程可能是一个高阶方程，或者一个一阶的微分方程组，它们的求解都很费时间，甚至是很困难的。由于描述各种不同系统（如电系统、机械系统）的微分方程有着惊人的相似之处，因而可以用电系统来模拟各种非电系统，并能获得该实际系统响应的模拟解。系统微分方程的解（输出的瞬态响应），通过示波器将它显示出来。

下面以二阶系统为例，说明二阶常微分方程模拟解的求法。式（15-1）为二阶非齐次微分方程，式中 y 为系统的被控制量，x 为系统的输入量。图 15-1 为式（15-1）的模拟电路图。

$$y'' + a_1 y' + a_0 y = x \qquad (15\text{-}1)$$

由该模拟电路得：

$$u_1 = -\int (\frac{1}{R_{11}C_1}u_i + \frac{1}{R_{12}C_1}u_3 + \frac{1}{R_{13}C_1}u_1)dt = -\int \frac{1}{R_2C_2}u_1dt = -\int K_2u_1dt$$

$$u_2 = -\int \left(K_{11}u_i + K_{12}u_2 + K_{13}u_1\right)dt \tag{15-2}$$

$$u_3 = -\frac{R_{32}}{R_{31}}u_2 = -K_3u_2$$

上述三式经整理后为：

$$\frac{du_2^2}{dt^2} + K_{13}\frac{du_2}{dt} + K_{12}K_2K_3u_2 = K_{11}K_2u_i \tag{15-3}$$

式中，$K_{12} = \frac{1}{R_{12}C_1}$、$K_{11} = \frac{1}{R_{11}C_1}$、$K_2 = \frac{1}{R_2C_2}$、$K_{13} = \frac{1}{R_{13}C_1}$、$K_3 = \frac{R_{32}}{R_{31}}$。

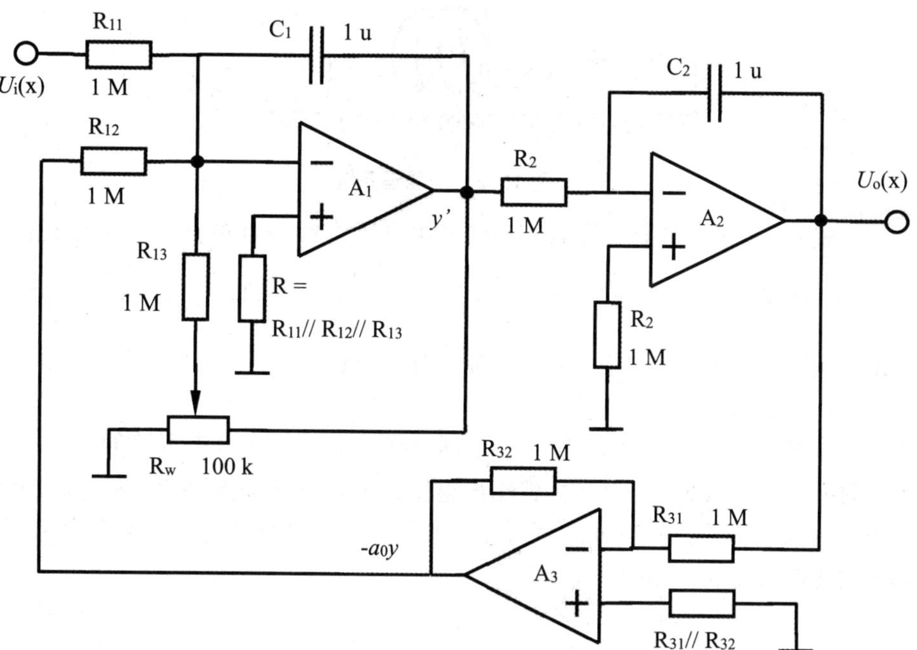

图 15-1　二阶系统的模拟电路

式（15-3）与式（15-1）相比得：

$$\begin{cases} K_{13} = a_1 \\ K_{12}K_2K_3 = a_0 \\ K_{11}K_2 = b \end{cases} \tag{15-4}$$

一物理系统如图 15-2 所示，摩擦系数 μ=0.2，弹簧的倔强系数（或弹簧刚度）k=100 牛/米（N/m），物体质量 M=1kg，令物体离开静止位置的距离为 y，且 $y(0)$=1cm，列出 y 变化的方程式（提示：用 $F=ma$ 列方程）。显然，只要适当地选取模拟装置的元件参数，就能使模拟方程和实际系统的微分方程完全相同。若令式（15-1）中的 x=0，a_1=0.2，则式（15-1）改写为

$$\frac{dy^2}{dt^2}+0.2\frac{dy}{dt}+y=0 \tag{15-4}$$

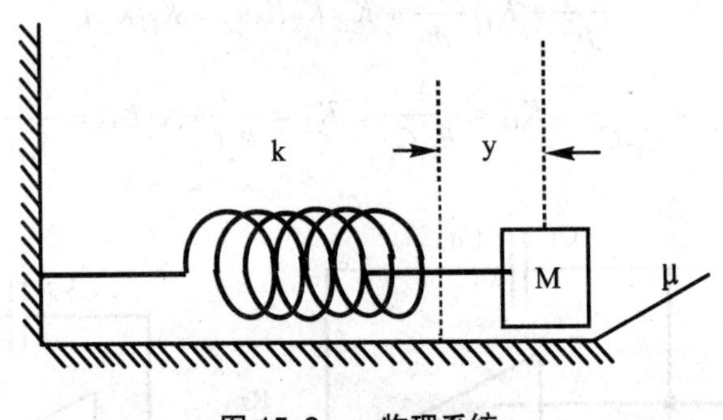

图 15-2　一物理系统

式中，y 表示位移，在式（15-3）中只要输入 u_i=0 就能实现（将 R_{11} 接地），并令 K_{13}=0.2，$K_{12}K_2K_3$=1 即可。$\frac{1}{R_{13}C_1}R_W=0.2$，可选 C_1=1μF、$R_{13}=R_{12}=R_{11}$= 1MΩ，并在 R_{13} 之前加一分压电位器 R_W 可使系数等于 0.2，且 $K_2=K_{12}=K_3=1$。

②模拟量比例尺的确定，考虑到实际系统响应的变化范围可能很大，持续时间也可能很长，运算放大器输出电压在正负 10 伏之间变化。积分时间受 RC 元件数值的限制也不可能太大，因此要合理地选择变量的比例尺度 M_y 和时间比例尺度 M_t，使得

$$U_0=M_y y \tag{15-6}$$

$$t_m=M_t t$$

式中，y 和 t 为实际系统方程中的变量和时间，U_0 和 t_m 为模拟方程中的变量和时间。对式（15-5），如选 M_y=10V/cm、M_t=1，则模拟解的 10V 代表位移 1cm，模拟解的时间与实际时间相同。如选 M_t=10，则表示模拟解第 10 秒相当于实际时间的 1s。

③我们知道求解二阶微分方程时，需要了解系统的初始状态 y（0）和 y'

（0）。同样，在求二阶微分方程的模拟解时，也需假设二个初始条件，如设式（15-5）的初始条件为：y（0）=1cm；y'（0）=0。

按选定的比例尺度可知：U_2（0）=$M_y \cdot y$（0）=10V，V_1（0）=$M_y \cdot y'$（0）=0V。它们分别对应于图 15-1 中二个积分器的电容 C_2 充电到 10V，C_1 保持 0V。初始电压的建立如图 15-3 所示。

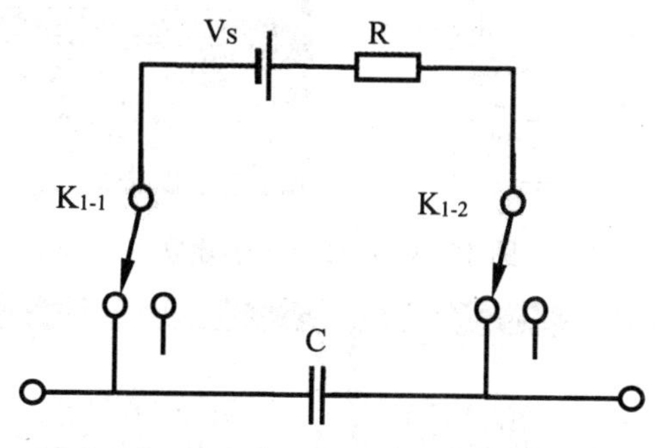

图 15-3　初始电压的建立

（2）实际电路实验

①利用面包板或试验箱搭建图 15-1 所示的电路。

②参照图 15-3 所示的电路给电容充电，建立方程的初始条件。

③观察模拟装置的响应波形，即模拟方程的解。按照比例尺度可以得到实际系统的响应。

④改变电位器 R_W 和 R_4 与 R_3 的比值，以及初始电压的大小和极性，观察响应的变化。

⑤模拟系统的零状态响应（即 R_{11} 不接地，而初始状态都为零），在 R_{11} 处输入阶跃信号，观察其响应。

（3）Multisim14 仿真实验

①在 Multisim 平台上设置图 15-1 所示的系统，如图 15-4 所示，注意其中两个电容值应修改为 0.001。在运行前 S1 处于闭合状态，点击“运行”按钮后立即将 S1 断开，此后所观察到系统运行给定的初始状态的“解”(图 15-5)。图 15-6 是没有设定初始状态的结果。

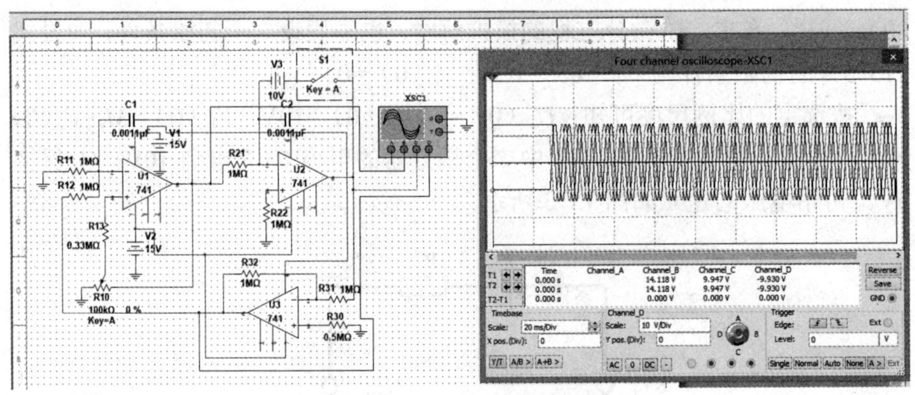

图 15-4　初始电压的建立

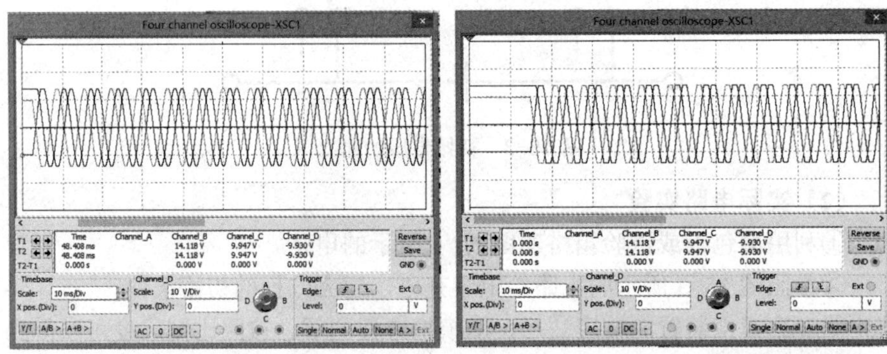

（a）Rw 为 0%的模拟运算结果

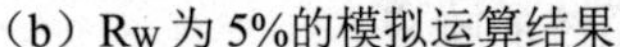

（b）Rw 为 5%的模拟运算结果

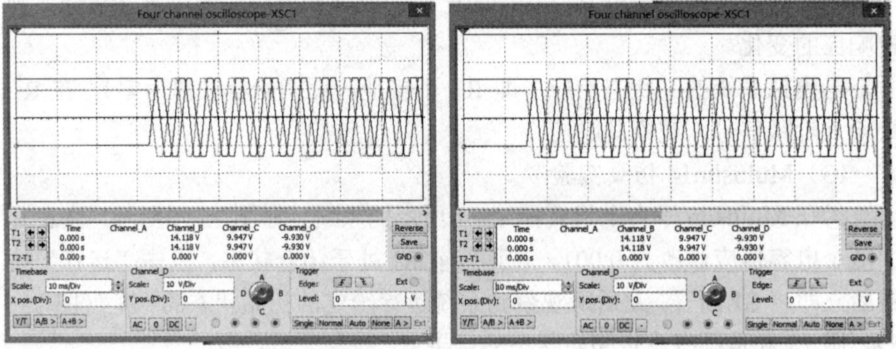

（c）Rw 为 10%的模拟运算结果　　（d）Rw 为 20%的模拟运算结果

图 15-5　图 15-1 所示的系统在 R_W 比率不同时的运行结果

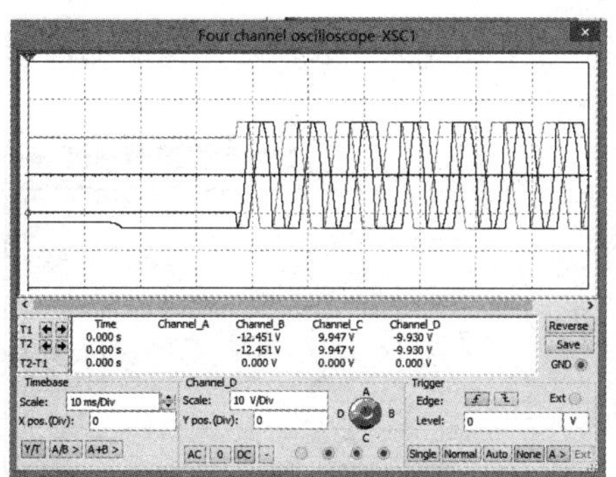

（e）Rw 为 40%的模拟运算结果

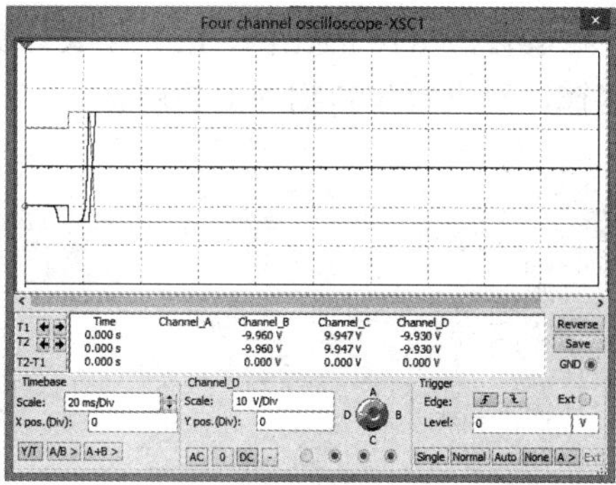

（f）Rw 为 50%的模拟运算结果

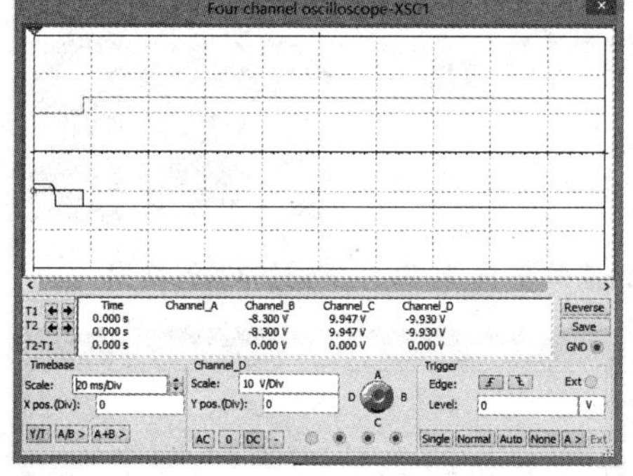

（g）Rw 为 60%的模拟运算结果

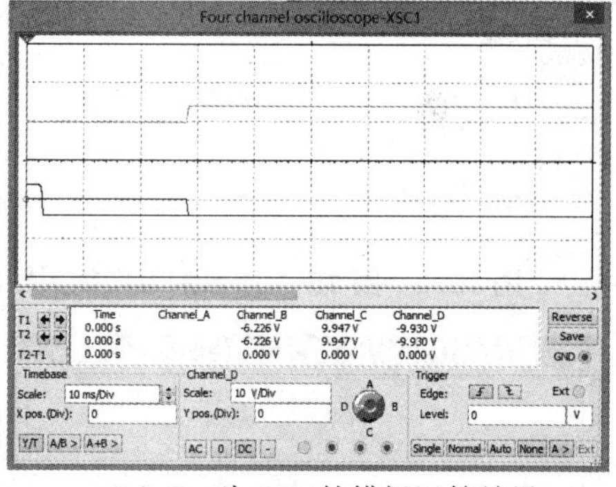

（h）Rw 为 80%的模拟运算结果

图 15-5　图 15-1 所示的系统在 R_W 比率不同时的运行结果（续）

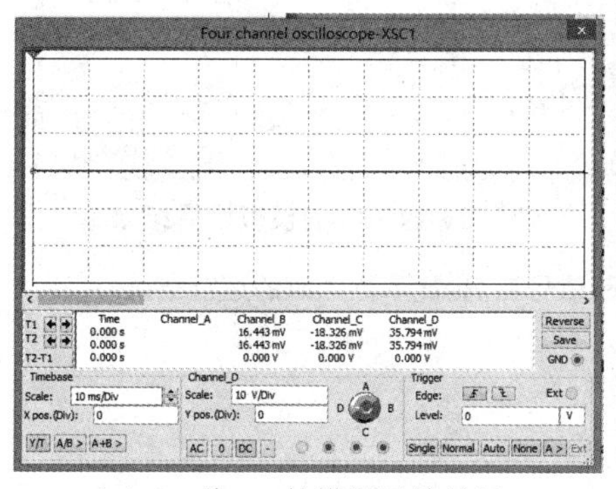

（a）Rw 为 0%的模拟运算结果

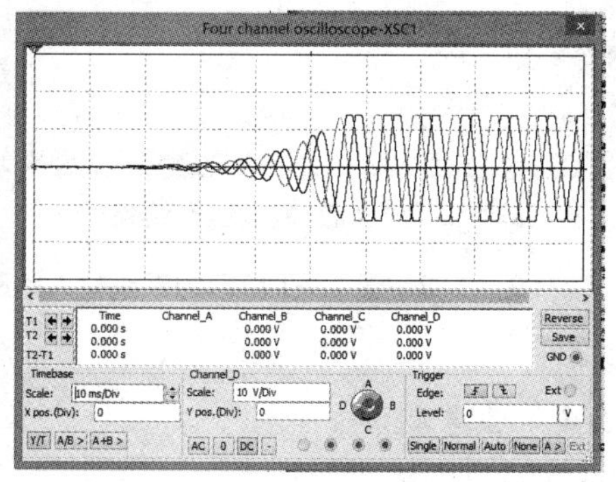

（b）Rw 为 10%的模拟运算结果

图 15-6　图 15-1 所示的系统没有设置初始状态在 R_W 比率不同时的运行结果

②观察图 15-1 所示的模拟系统的零状态响应，即 R_{11} 不接地，而初始状态都为零（图 15-7），在 R_{11} 处输入阶跃信号，观察其响应。图 15-8 为 R_W 比率不同时的运行结果。

③修改 R10 的比例、R32 和 R31 的比例，从结果中发现这组实验的内在规律，给出数学和物理上的解释。

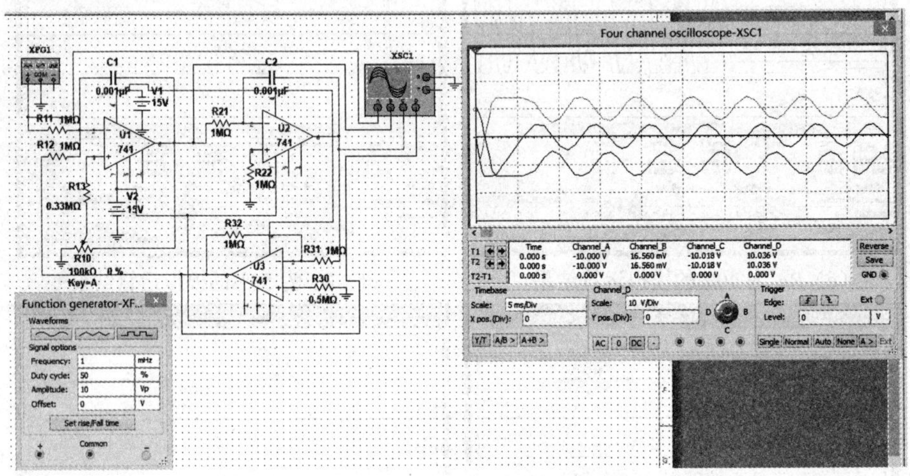

图 15-7　图 15-1 所示的系统输入阶跃信号在 Rw 比率为 0%时的运行结果

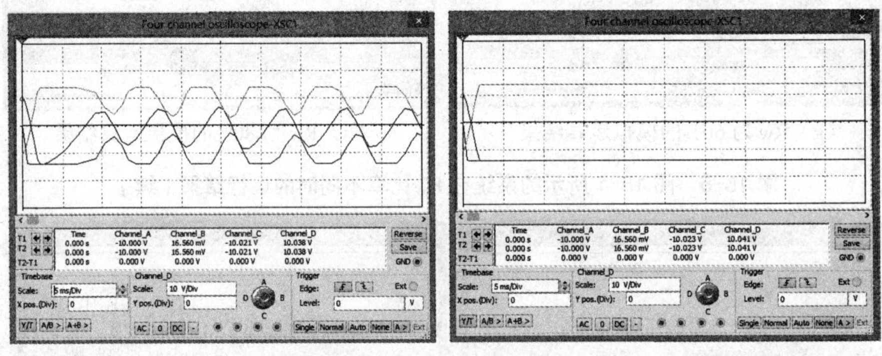

（a）Rw 为 10%的模拟运算结果　　（b）Rw 为 20%的模拟运算结果

图 15-8　图 15-1 所示的系统输入阶跃信号在 Rw 比率不同时的运行结果

15.4　思考题

①如何理解电路与其他物理系统（如本实验中的力学系统）相互等效？由本问题体会数学在科学和工程上的作用。

②本实验中的微分方程的“解”与以前初等数学中的解有何不同？

③在 Multisim 平台上进行实验时，将微分方程的参数进行修改，为什么要修改？请以原理中给出的参数试一试。

④接上题，如果同时成比例地修改电路中的阻容参数，方程的“解”会怎样变化？

⑤实验中改变了电位器的比例，即改变了第一个积分器的正反馈系数，实验结果是怎样变化的？为什么？

15.5 实验报告

实验报告包括以下内容：

①绘出所观察到的各种模拟响应的波形，并将零输入响应与微分方程的计算结果相比较。

②归纳和总结用基本运算单元求解系统时域响应的要点。

③回答本实验中所有的思考题。

④写出本实验的心得体会。

第16单元　二阶网络状态轨迹的显示

本实验采用2种方式进行：一是实际电路的实验；二是采用Multisim14进行仿真实验。

16.1　实验目的

①观察RLC网络在不同阻尼比ξ值时的状态轨迹。

②熟悉状态轨迹与相应瞬态响应性能间的关系。

③掌握同时观察两个无公共接地端电信号的方法。

16.2　实验手段（仪器和设备，或者平台）

信号发生器、交流毫伏表、示波器和万用表各一台，电阻和电容若干，运算放大器一枚。安装Multisim14的计算机。

16.3　实验原理、实验内容与步骤

（1）实验原理

①任何变化的物理过程在每一时刻所处的“状态”，都可以概括地用若干个被称为“状态变量”的物理量来描述。例如一辆汽车可以用它在不同时刻的速度和位移来描述它所处的状态。对于电路或控制系统，同样可以用状态变量来表征。例如图16-1所示的RLC电路，基于电路中有两个储能元件，因此该电路独立的状态变量有两个，如选 u_c 和 i_L 为状态变量，则根据该电路的下列回路方程

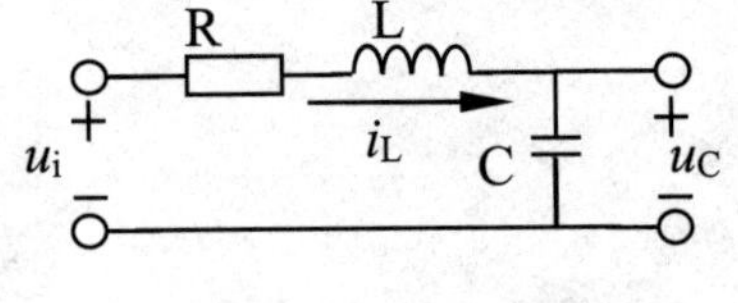

图16-1　RLC电路

$$i_L R + L\frac{di_L}{dt} + u_c = u_i \tag{16-1}$$

求得相应的状态方程为

$$u_c' = \frac{1}{c} i_L$$
$$i_L' = -\frac{1}{L}u_c - \frac{R}{L}i_L + \frac{1}{L}u_i \tag{16-2}$$

不难看出，当已知电路的激励电压 u_i 和初始条件 $i_L(t_0)$、$u_c(t_0)$，就可以确定 $t \geqslant t_0$ 时，该电路的电流和电容两端的电压 u_c。

"状态变量"是能描述系统动态行为的一组相互独立的变量，这组变量的元素称为"状态变量"。由状态变量为分量组成的空间被称为状态空间。如果已知 t_0 时刻的初始状态 $x(t_0)$，在输入量 u_i 的作用下，随着时间的推移，状态向量 $x(t)$的端点将连续地变化，从而在状态空间中形成一条轨迹线，叫状态轨迹。一个 n 阶系统，只能有 n 个状态变量，不能多也不可少。

为便于用双踪示波器直接观察到网络的状态轨迹，本实验仅研究二阶网络，它的状态轨迹可在二维状态平面上显示。

②不同阻尼比 ξ 时，二阶网络的状态轨迹。

将 $i_L = c\dfrac{du_c}{dt}$ 代入式（16-1）中，得

$$LC\frac{d^2u_c}{dt^2} + RC\frac{du_c}{dt} + u_c = u_i$$
$$\frac{d^2u_c}{dt^2} + \frac{R}{L}\frac{du_c}{dt} + \frac{1}{LC}u_c = \frac{1}{LC}u_i \tag{16-3}$$

二阶网络标准化形成的微分方程为

$$\frac{d^2u_c}{dt^2} + 2\xi w_n \frac{du_c}{dt} + w_n^2 u_c = w_n^2 u_i \tag{16-4}$$

比较式（16-3）和式（16-4），得

$$w_n = \frac{1}{\sqrt{LC}}, \xi = \frac{R}{L}\sqrt{\frac{C}{L}} \tag{16-5}$$

由式（16-5）可知，改变 R、L 和 C，使电路分别处于 ξ=0、0<ξ<1 和 ξ>1 三种状态。根据式（16-2），可直接解得 $u_c(t)$和 $i_L(t)$。如果以 t 为参变量，求出 i_L=$f(u_c)$的关系，并把这个关系，画在 u_c－i_L 平面上。显然，后者同样能描述电路的运动情况。图 16-2、图 16-3 和图 16-4 分别画出了过阻尼、欠阻尼和无阻尼三种情况下，$i_L(t)$、$u_c(t)$与 t 的曲线，以及 u_c 与 i_L 的状态轨迹。

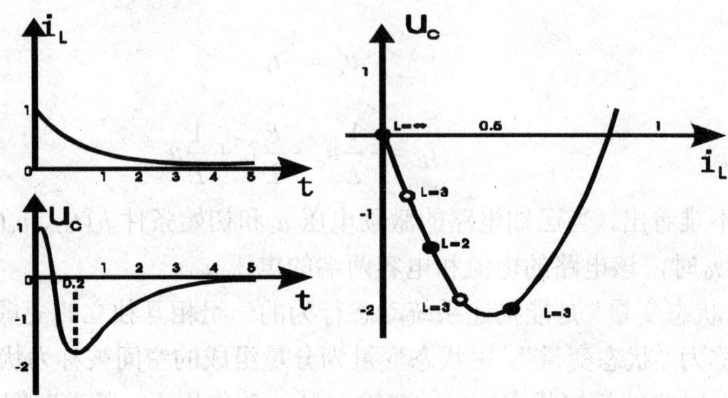

图 16-2　RLC 电路在 $\xi>1$（过阻尼）时的状态轨迹

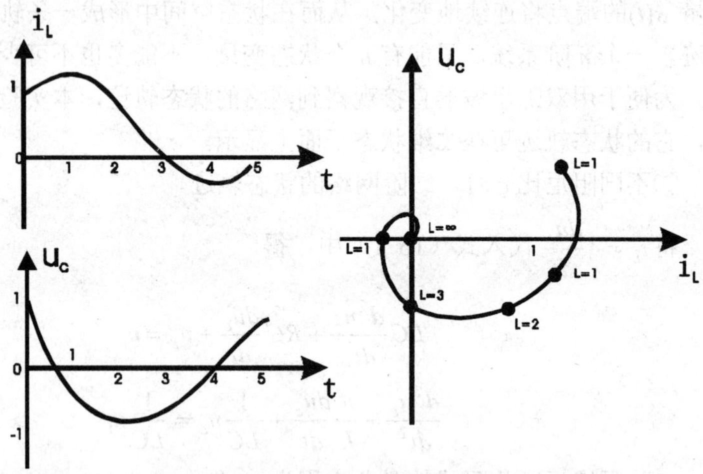

图 16-3　RLC 电路在 $0<\xi<1$ 时（欠阻尼）时的状态轨迹

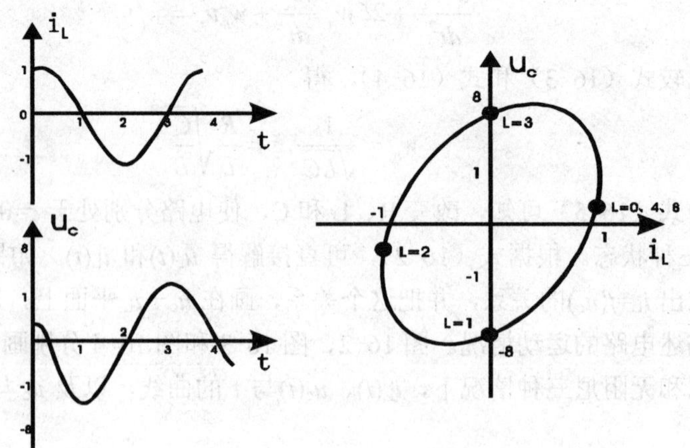

图 16-4　RLC 电路在 $\xi=0$ 时（无阻尼）时的状态轨迹

实验原理线路如图 16-5 所示，U_R 与 U_L 成正比，只要将 U_R 和 U_C 加到示波器的两个输入端，其李萨如图形即为该电路的状态轨迹。但示波器的两个输入有一个共地端，而

$$U_C = U_A - U_B \tag{16-6}$$

式中，U_R 和 U_C 分别为 A 和 B 点的电压。

实现式（16-6）的电路称为基本差动放大器，又称为减法电路，如图 16-6 所示。不难得出：

$$U_0 = U_{i2} - U_{i1} \tag{16-7}$$

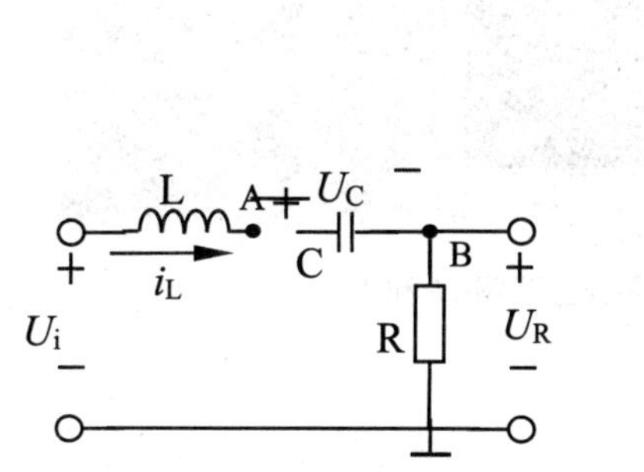

图 16-5 实验原理图

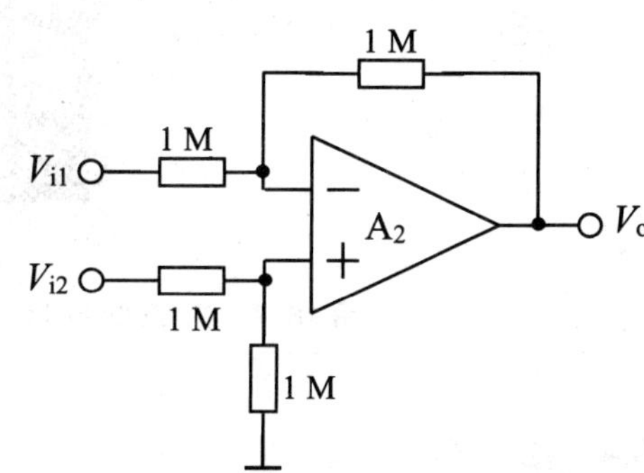

图 16-6 基本差动放大器（减法电路）

U_A 和 U_B 分别连接到基本差动放大器的输入端 V_{i2} 和 V_{i1}，放大器的输出为：

$$V_0 = U_A - U_B = U_C \tag{16-8}$$

这样，电容两端的电压 U_C 和 U_R 有一个公共接地端，从而能用示波器正确地观察该电路的状态轨迹。

（2）实际电路实验

①利用面包板或试验箱搭建图 16-5 和图 16-6 所示的电路。用示波器分别观察各点的电压波形。

②改变不同的输入频率，观察各点的电压波形。

③调节电阻（或电位器）R，观察电路在 $\xi=0$、$0<\xi<1$ 和 $\xi>1$ 三种情况下的状态轨迹。

（3）Multisim14 仿真实验

①在 Multisim14 平台上设置搭建图 16-5 和图 16-6 所示的电路（图 16-7）。用示波器分别观察各点的电压波形。

②改变不同的输入频率，观察各点的电压波形。

③因 Multisim14 平台上的示波器没有 X-Y 显示功能，即无法观察电路在 ξ=0、0<ξ<1 和 ξ>1 三种情况下的状态轨迹。

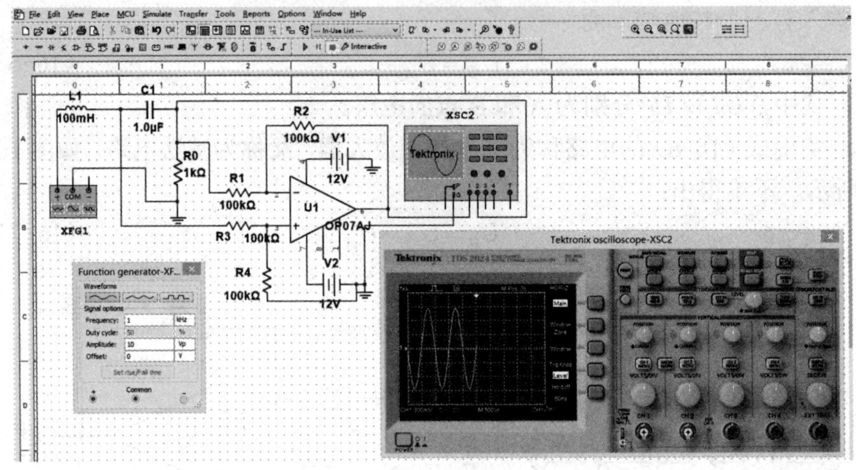

图 16-7　在 Multisim14 平台上观察 U_C 和 U_R

16.4　思考题

①为什么状态轨迹能表征系统（网络）瞬态响应的特征？

②一个 n 阶系统，有几个状态变量？

③一个系统的“阶”数由什么确定？

④什么是系统的瞬态响应？什么是系统的稳态响应？请从物理与数学两个角度说明瞬态响应和稳态响应的意义。

16.5　实验报告

实验报告包括以下内容：

①绘制由实验观察到的 ξ=0、ξ>1 和 0<ξ<1 三种情况下的状态轨迹，并加以分析、归纳与总结。

②回答本实验中所有的思考题。

③写出本实验的心得体会。

第 17 单元　RC 文氏桥与双 T 网络的选频特性测试

本实验采用 2 种方式进行：一是实际电路的实验；二是采用 Multisim14 进行仿真实验。

17.1　实验目的

①熟悉文氏电桥电路与双 T 网络的结构特点及其应用。

②学会测定文氏电桥电路与双 T 网络的幅频特性和相频特性。

17.2　实验手段（仪器和设备，或者平台）

信号发生器、交流毫伏表、示波器和万用表各一台，电阻和电容若干，运算放大器 2 个。安装 Multisim14 的计算机。

17.3　实验原理、实验内容与步骤

（1）实验原理

①文氏电桥电路是一个 RC 串、并联电路，如图 17-1 所示，该电路结构简单，被广泛用于低频振荡电路作为选频环节，可以获得很高纯度的正弦波电压。

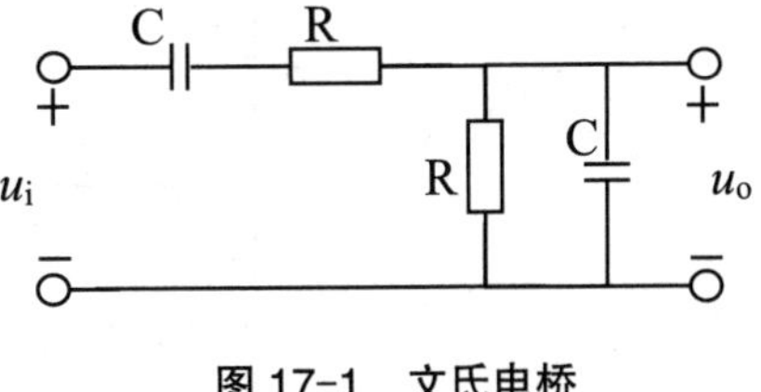

图 17-1　文氏电桥

②用函数信号发生器的正弦输出信号作为图 17-1 的激励信号 u_i，并在保持 u_i 值不变的情况下，改变输入信号的频率 f，用交流毫伏表或示波器测出输出端相应于各个频率点下的输出电压 u_o 值，将这些数据画在以频率 f 为横轴、u_o 为纵轴的坐标纸上，用一条光滑的曲线连接这些点，该曲线就是上述电路的幅频特性曲线。

文氏电桥电路的一个特点是其输出电压幅度不仅会随输入信号的频率

而变，而且还会出现一个输入电压同相位的最大值，如图 17-2（a）所示。

由电路分析得知，该网络的传递函数为：

$$\beta=1/3+j\,(\omega RC-1/\omega RC) \qquad (17\text{-}1)$$

当角频率 $\omega=\omega_o=1/RC$，即 $f=f_o=1/2\pi RC$ 时，$u_o/u_i=1/3$，且此时 u_o 与 u_i 同相位，f_o 称电路固有频率，由图 17-2 可见 RC 串并联电路具有带通特性。

③将上述电路的输入和输出分别接到双踪示波器的 YA 和 YB 两个输入端，改变输入正弦信号的频率，观测相应的输入和输出波形间的时间差及信号的周期 T，则两波形间的相位差为：

$$\varphi=\tau/T\times360°=\varphi_o-\varphi_i\text{（输出相位与输入相位之差）} \qquad (17\text{-}2)$$

将不同频率下的相位差 φ 测出，即可绘出被测电路的相频特性曲线，如图 17-2（b）所示。

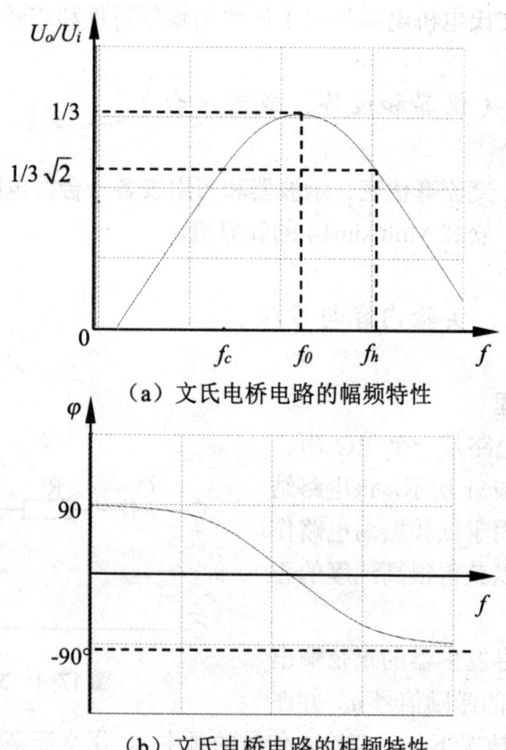

图 17-2　文氏电桥电路的传递特性

④双 T 网络也是选频环节的 RC 串、并联电路，如图 17-3 所示，常用作陷波器（选择性较高的带阻滤波器），由于无源双 T 网络［图 17-3（a）］的

Q 值最高只能达到 1/4，因此，实际应用更多的是有源双 T 网络［图 17-3（b）］，其 Q 值可达到几十甚至上百。

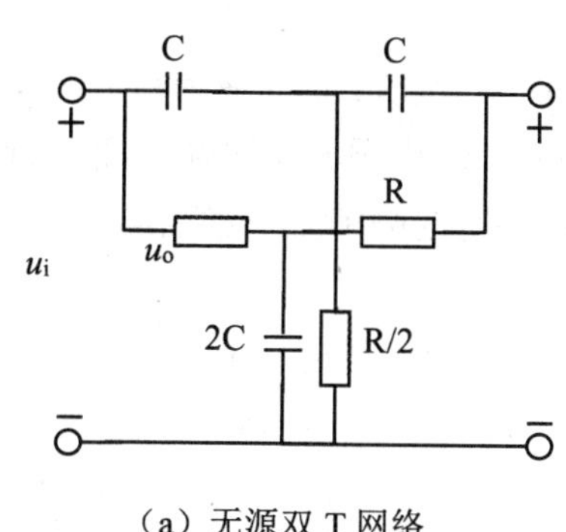

（a）无源双 T 网络

（b）有源双 T 网络

图 17-3　双 T 网络

（2）实际电路实验

①测量文氏电桥电路的幅频特性。

- 在实验板上按图 17-1 电路选取一组参数（如 R=1k，C=0.1）。
- 调节信号源输出电压为 3V 的正弦信号，接入图 17-1 的输入端。
- 改变信号源的频率 f（由频率计读得），并保持 u_i=3V 不变，测量输出电压 u_0。可先测量 β=1/3 时的频率 f_0，然后再在 f_0 左右设置其他频率点测量 u_0。
- 另选一组参数（如令 R=2000，C=2u），重复测量一组数据。

②测量文氏电桥电路的相频特性

按实验原理说明（3）的内容、方法步骤进行，选定两组电路参数进行测量。

③测量无源双 T 网络的幅频特性。

- 在实验板上按图 17-3（a）电路选取一组参数（如 R=1K，P=10K，C=0.1u）搭建无源双 T 网络。
- 调节信号源输出电压为 3V 的正弦信号，接入图 17-3（a）的输入端。
- 改变信号源的频率 f（由频率计读得），并保持 u_i=3V 不变，测量输出电压 u_0。可先测量 u_0 最小时的频率 f_0，然后再在 f_0 左右设置其他频率点测量 u_0。
- 测量无源双 T 网络的相频特性，按实验原理说明③的内容、方法步骤进行。
- 另选一组参数（如令 R=2k，C=2u），重复测量一组数据。

④测量有源双 T 网络的幅频特性。

- 在实验板上按图 17-3（b）电路选取一组参数（如 R=1K，P=10K，C=0.1u）搭建无源双 T 网络。
- 设置 P 处于中间位置，调节信号源输出电压为 3V 的正弦信号，接入图 17-3（a）的输入。
- 改变信号源的频率 f（由频率计读得），并保持 u_i=3V 不变，测量输出电压 u_0。可先测量 u_0 最小时的频率 f_0，然后再在 f_0 左右设置其他频率点测量 u_0。
- 调整 P 的位置重新进行（D），直到电路不会产生自激（输出 u_0 的频率与输入 u_i 的频率不同，且幅值不受输入的影响）为止，记录数据。
- 测量无源双 T 网络的相频特性，按实验原理说明③的内容、方法步骤进行。
- 另选一组参数（如令 R=2k，C=2u），重复测量一组数据。

（3）Multisim14 仿真实验

①在 Multisim14 平台上测量文氏电桥电路的幅频特性与相频特性。

- 设置图 17-1 所示的电路(图 17-4)，选取一组参数(如 R=1K，C=0.1u)。
- 调节信号源输出电压为 3V 的正弦信号，接入图 17-1 的输入。

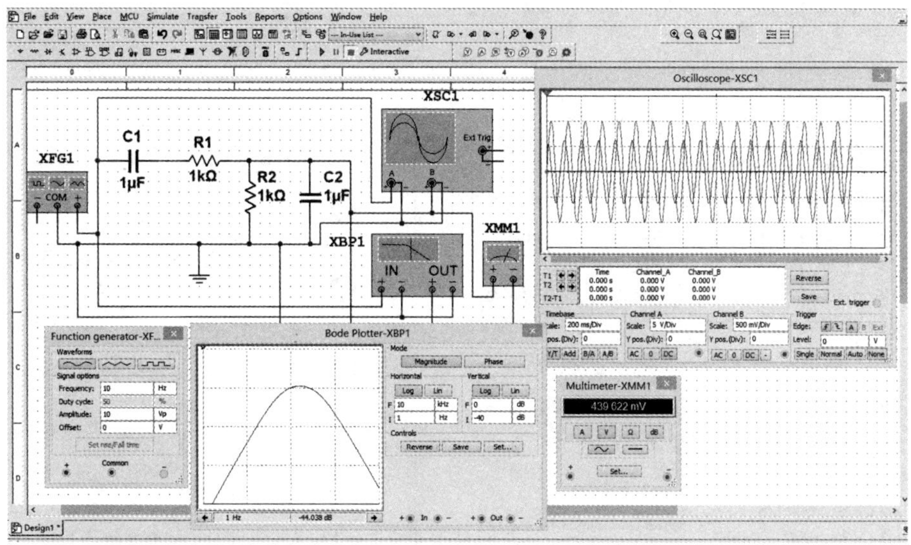

图 17-4　在 Multisim14 平台测量文氏电桥电路的幅频特性与相频特性

● 改变信号源的频率 f（由频率计读得），并保持 u_i=3V 不变，测量输出电压 u_0。可先测量 u_0 最小时的频率 f_0，然后再在 f_0 左右设置其他频率点测量 u_0。

● 测量文氏电桥电路的相频特性，按实验原理说明③的内容、方法步骤进行。

● 也可以直接用波德图进行测量文氏电桥电路的幅频特性与相频特性。

● 另选一组参数（如令 R=2k，C=2u），重复测量一组数据。

②在 Multisim14 平台上测量无源双 T 网络的幅频特性与相频特性。

● 设置图 17-3（a）所示的电路（图 17-5），选取一组参数（如 R=1K，C=0.1u）。

● 调节信号源输出电压为 3V 的正弦信号，接入图 17-3（a）的输入。

● 改变信号源的频率 f（由频率计读得），并保持 u_i=3V 不变，测量输出电压 u_0。可先测量 u_0 最小时的频率 f_0，然后再在 f_0 左右设置其他频率点测量 u_0。

● 测量无源双 T 网络的相频特性，按实验原理说明③的内容、方法步骤进行。

● 也可以直接用波德图进行测量。

● 另选一组参数（如令 R=2k，C=2u），重复测量一组数据。

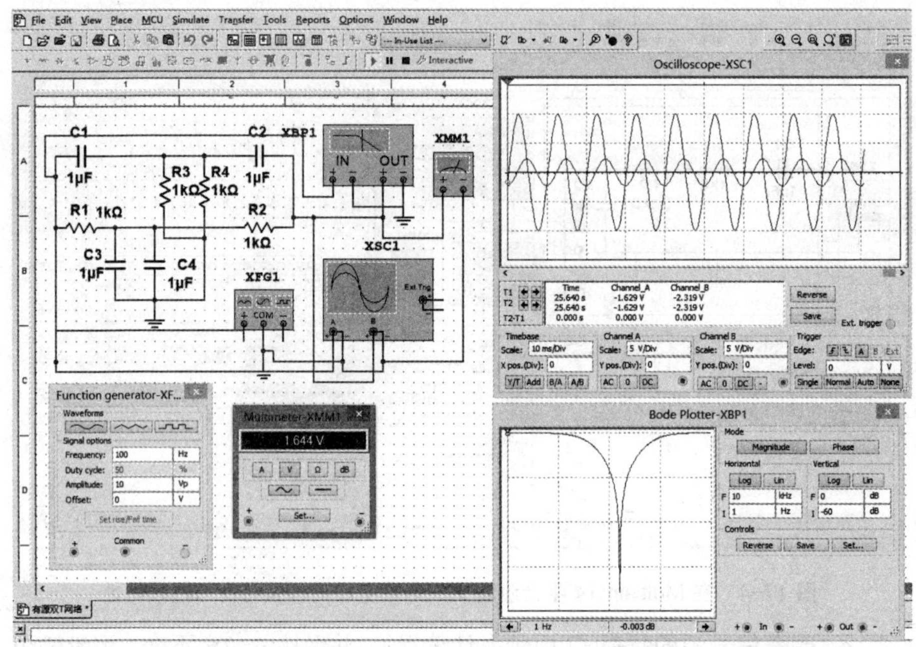

图 17-5 在 Multisim14 平台测量无源双 T 网络的幅频特性与相频特性

③在 Multisim14 平台测量有源双 T 网络的幅频特性与相频特性。

- 在实验板上按图 17-3（b）电路选取一组参数（如 R=1K，P=10K，C=0.1u）搭建无源双 T 网络。
- 设置 P 处于中间位置，调节信号源输出电压为 3V 的正弦信号，接入图 17-3（a）的输入端。
- 改变信号源的频率 f（由频率计读得）并保持 u_i=3V 不变，测量输出电压 u_0。可先测量 u_0 最小时的频率 f_0，然后再在 f_0 左右设置其他频率点测量 u_0。
- 调整 P 的位置重新进行（D），直到电路不会产生自激（输出 u_0 的频率与输入 u_i 的频率不同，且幅值不受输入的影响）为止，记录数据。
- 测量无源双 T 网络的相频特性，按实验原理说明③的内容、方法步骤进行。
- 也可以直接用波德图进行测量。
- 另选一组参数（如令 R=2k，C=2u），重复测量一组数据。

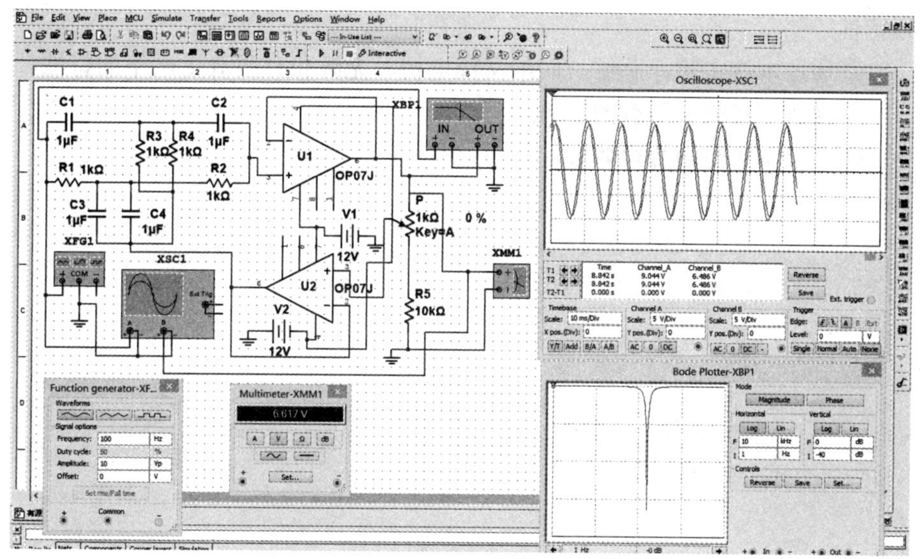

图 17-6　在 Multisim14 平台测量有源双 T 网络的幅频特性与相频特性

17.4　思考题

①什么是选频网络？在振荡电路和滤波电路各有何应用？

②文氏电桥和双 T 网络的传输特性（幅频特性与相频特性）有何不同？

③无源和有源双 T 网络在传输特性（幅频特性与相频特性）有何不同？相比于无源双 T 网络，有源双 T 网络有哪些优秀的特性？

④在图 17-5 和图 17-6 中采用并联电阻和电容的形式得到 2C 和 R/2，这样做的好处是什么？

⑤做实际电路的测试，然后与 Multisim14 的仿真实验进行对比，你得到的收获是什么？

⑥做有源双 T 网络的实际电路测试时，如何保证有源双 T 网络的幅频特性最接近所设计（理想）的特性？（提示：做到才说明学到！）

17.5　实验报告

实验报告包括以下内容：

①根据测量数据，绘出文氏电桥、无源和有源双 T 网络的幅频特性与相

频特性。

②通过本次实验，总结、归纳文氏电桥、无源和有源双 T 网络的特性。

③回答本实验中所有的思考题。

④写出本实验的心得体会。

第 18 单元　RLC 串联谐振电路

本实验采用 3 种方式进行：一是实际电路的实验；二是采用 Multisim14 进行仿真实验；三是采用 TI-Tina 进行仿真实验。

18.1　实验目的

①学习用实验方法测试 RLC 串联谐振电路的幅频特性曲线。

②加深理解电路发生谐振的条件、特点，掌握电路品质因数的物理意义及其测定方法。

18.2　实验手段（仪器和设备，或者平台）

信号发生器、交流毫伏表、示波器和万用表各一台，电感、电阻和电容若干。安装 Multisim14 的计算机。

18.3　实验原理、实验内容与步骤

（1）实验原理

①在图 18-1 所示的 RLC 串联电路中，当正弦交流信号的频率 f 改变时，电路中的感抗、容抗随之而变，电路中的电流也随 f 而变。取电路电流 I 作为响应，当输入电压 u_i 维持不变时，不同信号频率的激励下，测出电阻 R 两端电压 u_R 之值，则 $I=u_R/R$，然后以 f 为横坐标，以 I 为纵坐标，绘出光滑的曲线，此即为幅频特性，亦称电流谐振曲线，如图 18-2 所示。

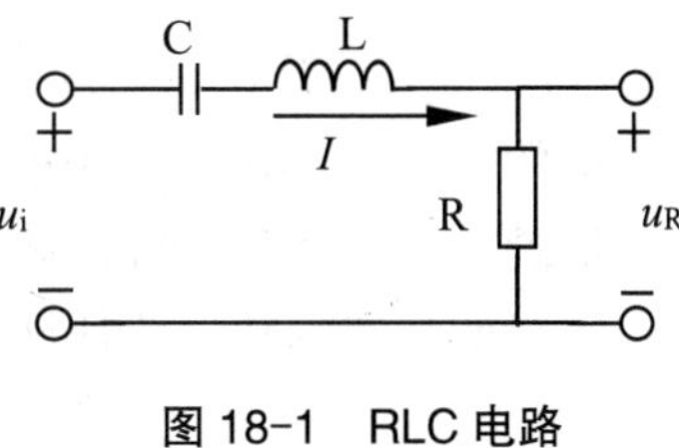

图 18-1　RLC 电路

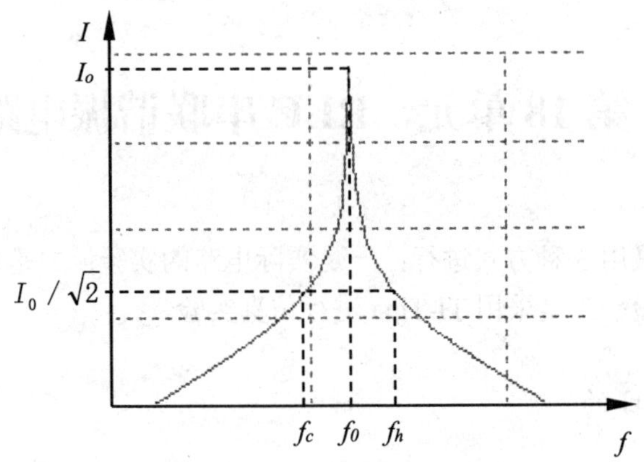

图 18-2　RLC 电路幅频特性（电流谐振曲线）

②在 $f = f_0 = \dfrac{1}{2\pi\sqrt{LC}}$ 处（$X_L = 2\pi FL = X_C = 1/2\pi fC$），即幅频特性曲线尖峰所在的频率点，称该频率为谐振频率，此时电路呈纯阻性，电路阻抗的模为最小。在输入电压 u_i 为定值时，电路中的电流 I_o 达到最大值，且与输入电压 u_i 同相位。从理论上讲，此时

$$u_i = u_{R0} = u_0, u_{L0} = u_{c0} = Qu_i \tag{18-1}$$

式中的 Q 称为电路的品质因数。

③电路品质因数 Q 值的两种测量方法：

一是根据公式测量：

$$Q = u_{L0} / u_i = u_{c0} / u_i \tag{18-1}$$

测定 u_{C0} 与 u_{L0} 分别为谐振时电容器 C 和电感线圈 L 上的电压。

另一方法是通过测量谐振曲线的通频带宽度 $\Delta f = f_h - f_e$ 和 $Q = f_0 / (f_h - f_e)$ 求出 Q 值。式中 f_0 为谐振频率，f_h 和 f_e 是失谐时，幅度下降到最大值的 $1/\sqrt{2}$ （=0.707）倍时的上、下频率点。

Q 值越大，曲线越尖锐，通频带越窄，电路的选择性越好，在恒压源供电时，电路的品质因数、选择性与通频带只决定于电路本身的参数，而与信号源无关。

（2）实际电路实验

①按图 18-3 电路接线，取 R=510Ω、L=1mH、C=1u，调节信号源输出电压为 1V 正弦信号并在整个实验过程中保持不变。

②找出电路的谐振频率 f_0，其方法是将交流毫伏表跨接在电阻 R 两端，

令信号源的频率由小逐渐变大（注意要维持信号源的输出幅度不变），当 u_0 的读数为最大时，读得频率计上的频率值即为电路的谐振频率 f_0，并测量 $u_{R0}(u_0)$、u_{L0}、u_{C0} 之值（注意及时更换毫伏表的量限），记入表 18-1 中。

表 18-1　测量 Q 值用表之一

R	f_0	u_0	u_{L0}	u_{C0}	I_0	Q
510						
1.5 k						

③在谐振点两侧，先测出下限频率 f_e 和上限频率 f_h 及相对应的 u_0 值，然后再逐点测出不同频率下 u_0 值，记入表 18-2 中。

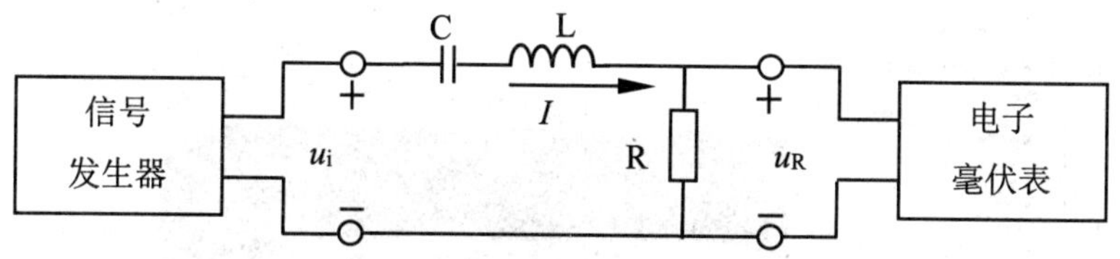

图 18-3　实验用 RLC 电路

表 18-2　测量 Q 值用表之一

R		f_0			
510	f				
	u_0				
	I				
1.5 k	f				
	u_0				
	I				

（3）Multisim14 仿真实验

①在 Multisim14 平台上设置图 18-3 所示的电路（图 18-4）。取 R=510Ω、L=1mH、C=1u，调节信号源输出电压为 10V 正弦信号并在整个实验过程中保持不变。

②找出电路的谐振频率 f_0，其方法是将万用表（DMM，数字万用表的英文缩写）跨接在电阻 R 两端，令信号源的频率由小逐渐变大（注意要维持信

号源的输出幅度不变）。当 u_0 的读数为最大时，读得频率计上的频率值即为电路的谐振频率 f_0（直接用信号发生器上的设定值也可），并测量 $u_{R0}(u_0)$、u_{L0}、u_{C0} 之值，记入表 18-1 中。

③在谐振点两侧，应先测出下限频率 f_e 和上限频率 f_h 及相对应的 u_0 值，然后再逐点测出不同频率下 u_0 值，记入表 18-2 中。

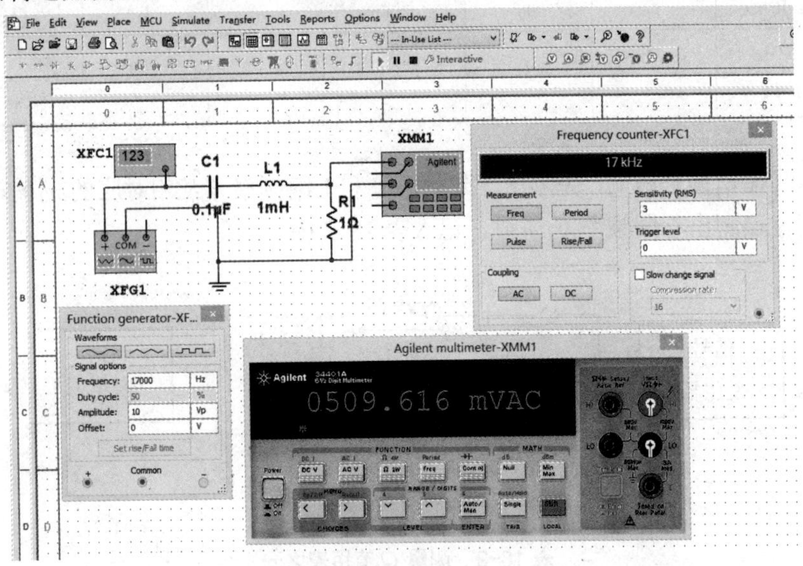

图 18-4　在 Multisim14 平台测量 RLC 电路的谐振频率与 Q 值

④在 Multisim14 平台用波德图测量 RLC 的谐振频率与 Q 值（图 18-5）。

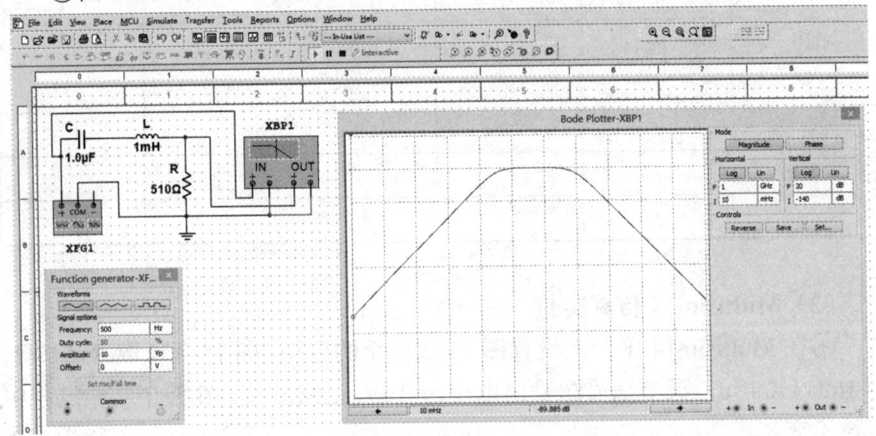

图 18-5　在 Multisim14 平台用波德图测量 RLC 电路的谐振频率与 Q 值

18.4　思考题

①什么是电路的品质因数？什么是电路的选择性？什么是电路的通频带？什么样的电路才有这些参数？这些参数之间有何关系？

②如何理解“在恒压源供电时，电路的品质因数，选择性与通频带只决定于电路本身的参数，而与信号源无关”这句话？既然“与信号源无关”，为何还需要信号源来测试电路的品质因数，选择性与通频带等参数？

③计算 RLC 电路 Q 值的公式如下：

$$Q = u_{L0} / u_i = u_{c0} / u_i$$

$$Q = f_0 / (f_h - f_e)$$

$$Q = 2\pi f_0 L / R = 1 / 2\pi f_0 CR = \frac{1}{R}\sqrt{\frac{L}{C}}$$

试证明上述公式之间等同关系，说明每个公式的物理含义。

④在 Multisim14 平台和 TI-Tina 平台上进行仿真实验有何不同？它们与实际电路实验又有何不同？

⑤本实验给出的是 RLC 串联谐振电路，尝试 RLC 并联谐振电路并测量其 Q 值。

18.5　实验报告

实验报告包括以下内容：

①根据测量数据，绘出不同 Q 值时两条幅频特性曲线。

②计算出通频带和 Q 值，说明不同 R 值时对电路通频带与品质因数的影响。

③对两种不同的测 Q 值的方法进行比较，分析误差原因。

④通过本次实验，总结、归纳串联谐振电路的特性。

⑤回答本实验中所有的思考题。

⑥写出本实验的心得体会。

关于课程思政的思考：

RLC 串联电路实现谐振，要求精确的电路参数设计和细致的电路调试，这种精益求精和追求卓越的工匠精神是工程师需要不断追求的品质。

第 19 单元　采样/保持电路

本实验采用 2 种方式进行：一是实际电路的实验；二是采用 Multisim14 进行仿真实验。

19.1　实验目的

①了解电信号的采样方法与过程，以及信号恢复的方法。

②验证抽样定理。

③初步了解采样/保持电路的工作原理。

④初步了解信号的采样与重建。

19.2　实验手段（仪器和设备，或者平台）

信号发生器两台、示波器和万用表各一台，电阻和电容若干，运算放大器 2 个，CD4066 模拟开关（集成电路）一块，NPN 和 PNP 小功率开关管（或普通三极管）各一只。安装 Multisim14 的计算机。

19.3　实验原理、实验内容与步骤

（1）实验原理

①离散时间信号可以从离散信号源获得，也可以从连续时间信号抽样而得。抽样信号 $f_s(t)$可以看成连续信号 $f(t)$和一组开关函数 $S(t)$的乘积。$S(t)$是一组周期性窄脉冲，见实验图 19-1，T_S 称为抽样周期，其倒数 $f_s=1/T_S$ 称抽样频率。

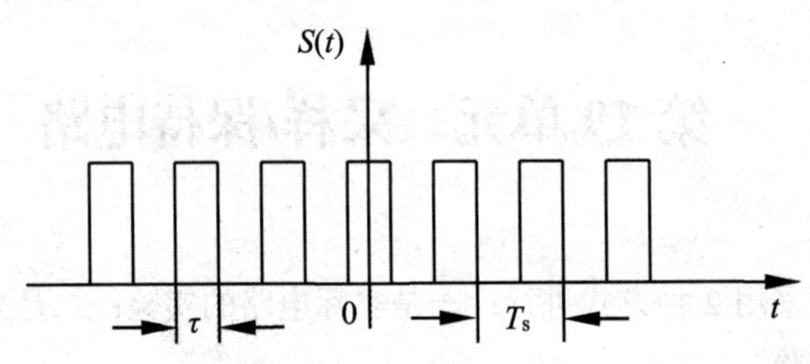

图 19-1 矩形抽样脉冲

对抽样信号进行傅立叶分析可知，抽样信号的频率包括了原连续信号以及无限个经过平移的原信号频率。平移的频率等于抽样频率 fs 及其谐波频率 2 f_s、3 f_s…。当抽样信号是周期性窄脉冲时，平移后的频率幅度按（sin$x$）/x 规律衰减。抽样信号的频谱是原信号频谱周期的延拓，它占有的频带要比原信号频谱宽得多。

②正如测得了足够的实验数据以后，可以在坐标纸上把一系列数据点连起来，得到一条光滑的曲线，抽样信号在一定条件下也可以恢复到原信号。只要用一截止频率等于原信号频谱中最高频率 f_n 的低通滤波器，滤除高频分量，经滤波后得到的信号包含了原信号频谱的全部内容，故在低通滤波器输出可以得到恢复后的原信号。

③但原信号得以恢复的条件是 $f_s \geqslant 2B$，其中 f_s 为抽样频率，B 为原信号占有的频带宽度。而 f_{min}=2 B 为最低抽样频率，又称“奈奎斯特抽样率”。当 f_s＜2 B 时，抽样信号的频谱会发生混叠，从发生混叠后的频谱中我们无法用低通滤波器获得原信号频谱的全部内容。在实际使用中，仅包含有限频率的信号是极少的，因此即使 f_s=2 B，恢复后的信号失真还是难免的。

图 19-2 画出了当抽样频率 f_s > 2B（不混叠时）及 f_s＜2B（混叠时）两种情况下冲激抽样信号的频谱。

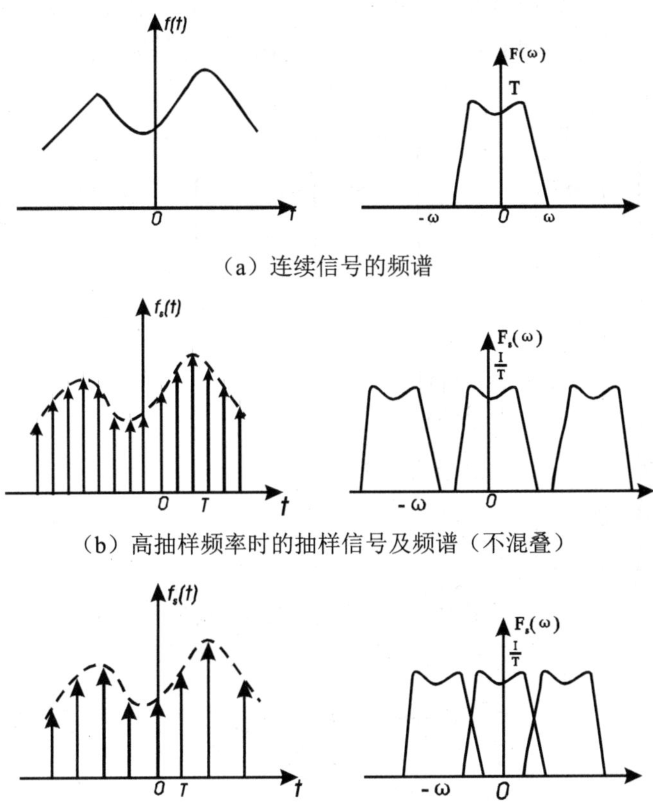

图 19-2　冲激抽样信号的频谱

实验中选用 $f_s<2B$、$f_s=2B$、$f_s>2B$ 三种抽样频率对连续信号进行抽样，以验证抽样定理——要使信号采样后能不失真地还原，抽样频率 f_s 必须大于信号频谱中最高频率的两倍。

（4）为了实现对连续信号的抽样和抽样信号的复原，可用实验原理框图图 19-3 的方案。除选用足够高的抽样频率外，常采用前置低通滤波器来防止原信号频谱过宽而造成抽样后信号频谱的混叠，但这也会造成失真。如实验选用的信号频带较窄，则可不设前置低通滤波器。本实验就是如此。

（5）实现抽样信号的电路称为“采样/保持”（S/H）电路，原理电路如图 19-4（a）所示。当开关 S 闭合时，电容 C 跟随输入信号电压 u_i，也就是电容 C 上的电压等于 u_i，即 $u_o=u_i$，这是“采样/保持”（S/H）电路的“采样阶段”。当开关 S 断开时，电容 C 保持“采样阶段”最后时刻的输入信号电压 u_i，这是“采样/保持”（S/H）电路的“保持阶段”。当采样阶段的时间很短，几乎是瞬时完成时（这就是抽样脉冲——δ脉冲的由来），u_o与u_i之间的关系（“采样/保持”电路的输出/输入关系）如图 19-5 所示。

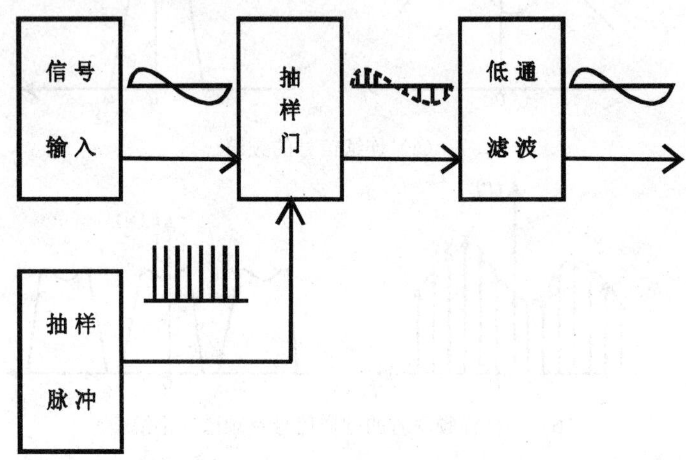

图 19-3　抽样定理实验方框图

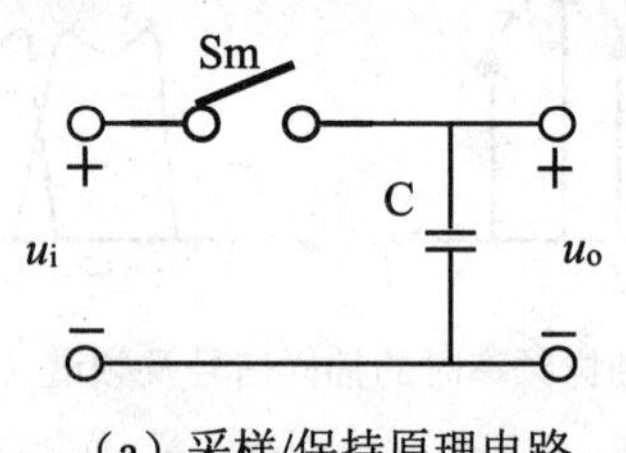

（a）采样/保持原理电路

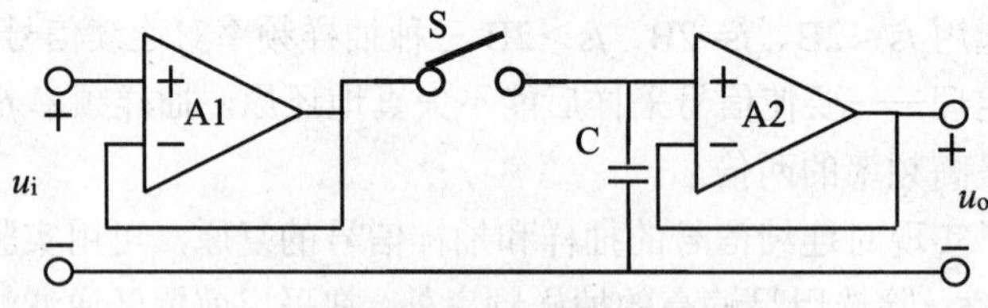

（b）接近实用的采样/保持电路

图 19-4　采样/保持电路

由于实际应用时，采样/保持电路的前级电路驱动能力有限，即很难在极短的时间给电容充电以使其等于输入电压 u_i，因为需要前级电路极低的输出阻抗和极大的电流输出能力和极高的“压摆率”（输出电压上升或下降的速度），为满足上述要求，可在采样/保持原理电路前面加上一个跟随器。

另一方面，如果采样/保持电路的后级电路输入电阻不够高，则采样电容与后级电路输入电阻在信号保持期间构成一个阻容放电回路，将产生很大的误差。为了降低这种误差，在采样/保持电路的后面也加上一个高输入电阻的跟随器，从而形成图 19-4（b）所示的“接近实用的采样/保持电路”。之所以称之为“接近实用的采样/保持电路”，是由于一个真正“实用的采样/保持电路”需要考虑的因素很多：开关 S 的速度及其理想的“开关”特性（极高的开路电阻和极低的短路电阻）、电容的特性及其容值的选择、前后缓冲放大器的选择、更巧妙的电路结构等，有兴趣可以参考有关书籍：《生物医学电子学》（电子工业出版社）或《测控电路》（北京航空航天大学出版社）。

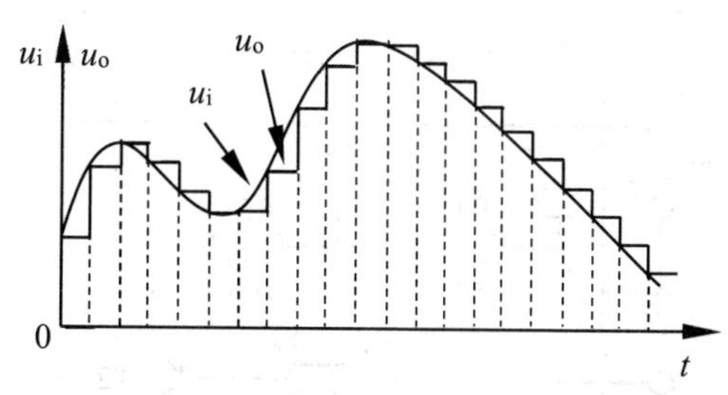

图 19-5　采样/保持电路的工作波形

所谓“模拟开关”是这样一种器件或电路：它没有常规的机械开关那样的触点和机械运动，因而寿命远远超过普通的机械开关，同时它的工作（开关）速度很高，可以达到几兆赫兹，甚至几千兆赫兹，而且可以用电信号控制，通常是逻辑电平控制。当然，模拟开关也有很多不足的地方：

①闭合时的导通电阻较大，从几十毫欧姆到一百欧姆，断开时的电阻小于 1GΩ。

②除电力电子领域用到的大功率电子开关外，信号检测与处理用模拟开关的电压和电流最大分别不超过 18V 和 10 mA。多数情况下用于更小的（电压和电流）信号的开关。

③需要在一定的电源电压下工作，且对控制开关导通与否的控制电压也有幅值上较严格的要求。

由于晶体三极管是很常见的电子器件，采用三极管实现模拟开关很容易做到，且可以加深对三极管的理解，因而给出由三极管构成的模拟开关电路如图 19-6 中虚线框中所示。

采用三极管实现模拟开关有很多不足的地方，主要如下：

三极管实际是“单向”导电的，即图 19-6 中的 T1 只能在高于 C1 上的电压时进入“导通”状态，反之，T1 的 be 结处于反偏而截止。为了防止这种情况的出现，在电路中加上 R5 作为放电电阻，勉强使得电路能够表现出“抽样”的现象。

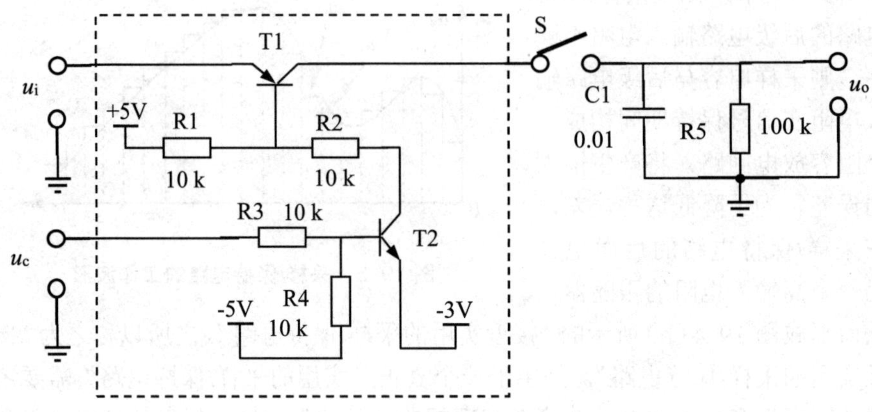

图 19-6　三极管构成的模拟开关电路

为了使电路中的三极管能够处于较完美的“开关”状态，为电路设置了 3 种工作电压，当然，为简化电源可以由-5V 中分压出来-3V。但同样增加了电路的复杂性。

加上开关 S 的作用是方便观察有无 C1 和 R5 时 T1 集电极的电压表现，以体会抽样电路和采样/保持电路、理想与实际电路的差别。

图 19-7 给出了模拟开关集成电路 CD4066 的引脚图和其中一个模拟开关（一片 CD4066 共有 4 个相互独立的模拟开关）的原理图。图中，D 和 S 是一对模拟输入/输出端，没有方向性，即不论 D 或 S 都可以作为输入端，另外的作为输出端。IN 是控制端。

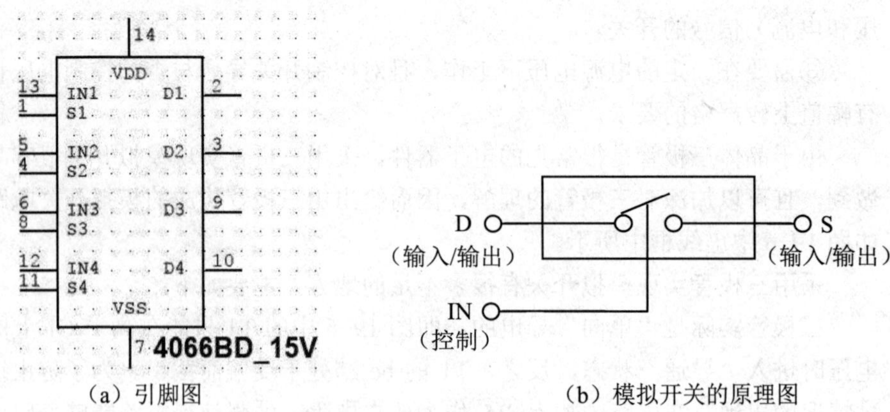

（a）引脚图　　　　（b）模拟开关的原理图

图 19-7　模拟开关集成电路 CD4066

（2）实际电路实验

①采用三极管的模拟开关电路

● 在面包板或试验箱搭建图 19-6 所示的电路。

● 假设连续时间信号取频率为 200Hz～300Hz 的正弦波，计算其有效的频带宽度。该信号经频率为 f_s 的周期脉冲抽样后，若希望通过低通滤波后的信号失真较小，则抽样频率和低通滤波器的截止频率应取多大，试设计满足上述要求的低通滤波器。

● 在图 19-6 所示电路的输入端 u_i 加上 200Hz～300Hz、峰峰值为 0.5V、偏移+2.5V 电平的正弦波，在控制端 u_c 加上幅值为 10V、频率为 f_s（10 倍以上连续信号的频率）的周期脉冲抽样后，闭合 S 用示波器观察电路输出信号并记录。注意观察 C1 和 R5 的各种组合（有无、阻值和容值的大小不同）。

● 加上所设计的低通滤波器后，重新做上一步的实验。

● 改变不同的抽样脉冲的宽度，重新观察模拟开关的输出和整个抽样电路的输出。

②采用模拟开关集成电路 CD4066

● 在面包板或试验箱搭建模拟开关集成电路 CD4066 和所设计的低通滤波器组成的抽样电路。CD4066 的 VDD=+5V，VSS=−5V。

● 在电路的输入端 u_i 加上 200Hz～300Hz、峰峰值为 3V 的正弦波，在控制端 u_c 加上幅值为 0～5V、频率为 f_s 的周期脉冲抽样后，观察模拟开关的输出和整个抽样电路的输出。

● 改变不同的抽样脉冲 f_s 的宽度，重新观察模拟开关的输出和整个抽样电路的输出。

（3）Multisim14 仿真实验

①在 Multisim14 平台上采用三极管的模拟开关电路进行模拟信号的抽样实验。

● 在 Multisim14 平台上设置电路如图 19-8 所示，按此图所示设置信号发生器、示波器等参数进行实验。

● 改变信号发生器输出幅值与频率（包括抽样频率和占空比）、R4 和 C1，以及 S1 的闭合与否，观察模拟开关的输出和滤波器的输出。记录波形留待分析。

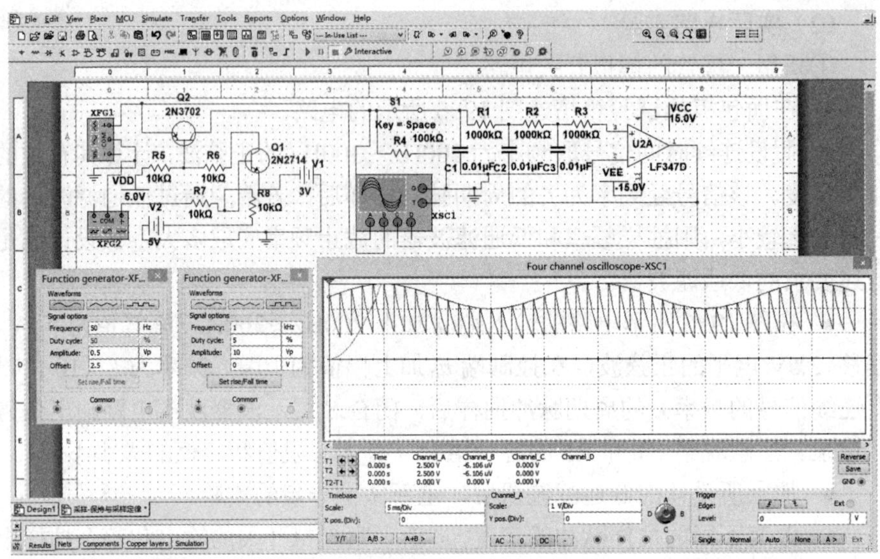

图 19-8　在 Multisim14 平台采用三极管的模拟开关电路进行模拟信号的抽样实验

②在 Multisim14 平台上采用模拟开关集成电路 CD4066 进行模拟信号的抽样实验。

- 在 Multisim14 平台上设置电路如图 19-9 所示，按此图所示设置信号发生器、示波器等参数进行实验。

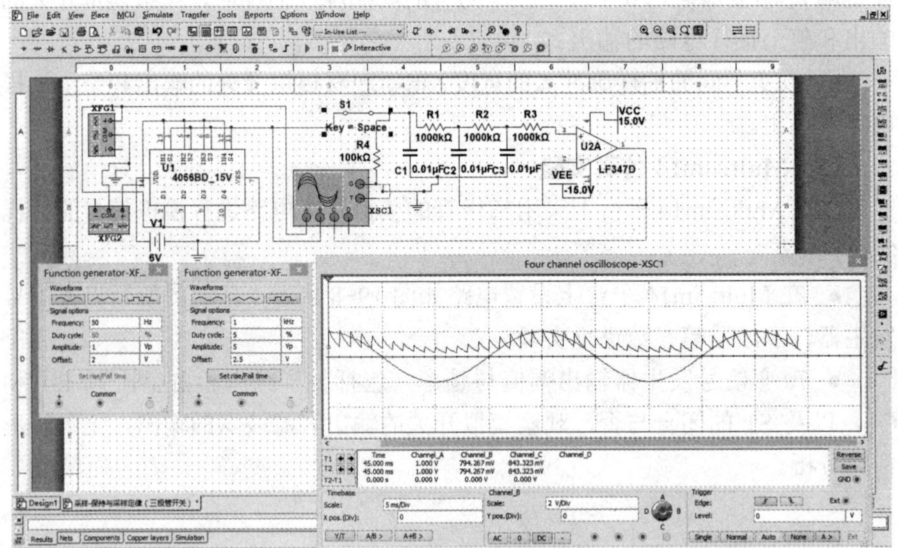

图 19-9　在 Multisim14 平台采用模拟开关集成电路 CD4066 进行模拟信号的抽样实验

● 改变信号发生器输出幅值与频率（包括抽样频率和占空比）、R4 和 C1，以及 S1 的闭合与否，观察模拟开关的输出和滤波器的输出。记录波形留待分析。

● 断开 S1 并在其前端（CD4066 的 S 引出端）加接 1 只 100k 的电阻，观察到如图 19-10 所示的理想“抽样”波形（使采样脉冲的占空比尽可能小）。

● 继续加上缓冲放大器，如图 19-11 所示，可以观察到图 19-12 所示的波形，且采样脉冲的宽度仅能改变图 19-12 上部波形（缓冲放大器的输出）的台阶宽度，基本上不改变低通滤波器输出的幅值。可通过实验验证。

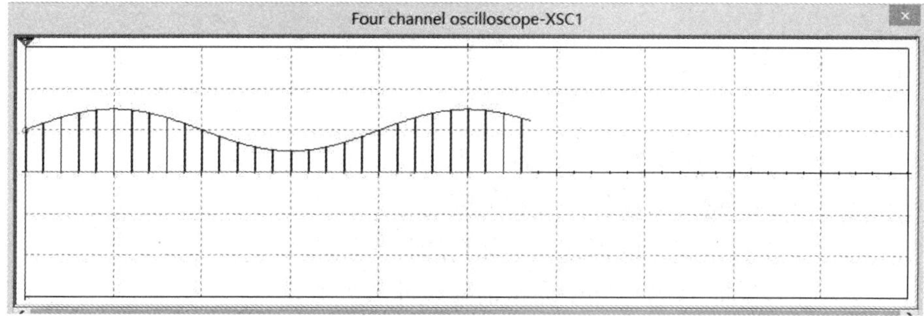

图 19-10　采用模拟开关集成电路 CD4066 无保持电容时模拟开关的输出波形

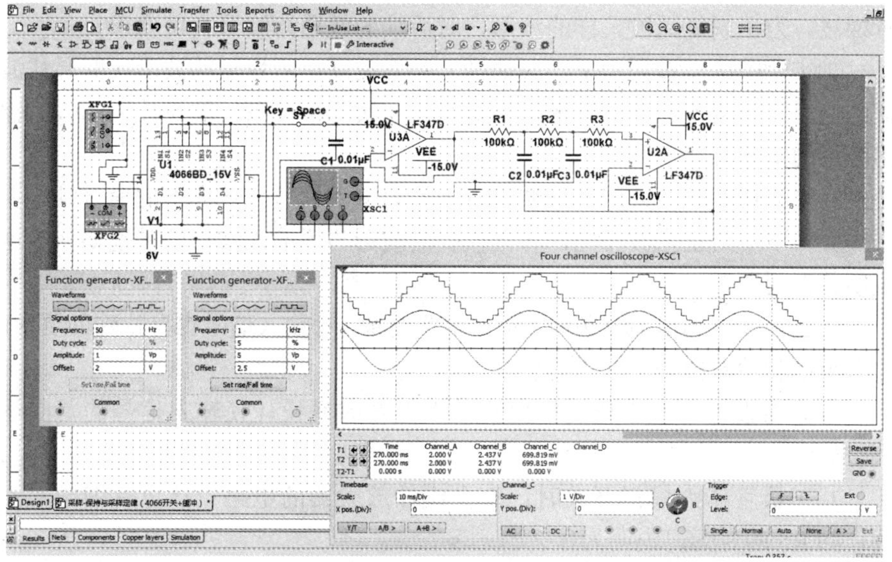

图 19-11　采用 CD4066 且有保持电容和缓冲放大器的电路

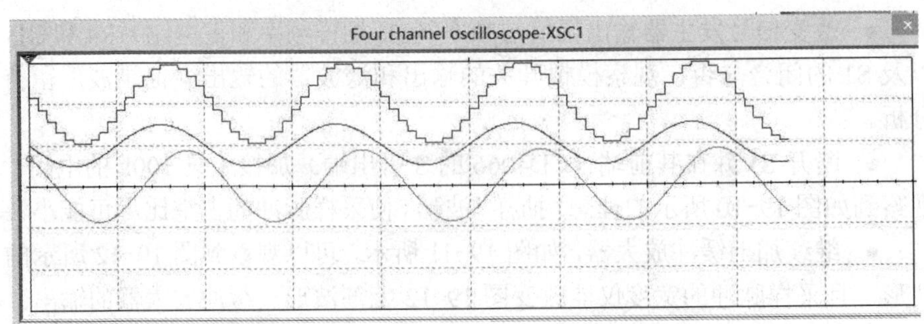

图 19-12　采用 CD4066 且有保持电容和缓冲放大器时各点的输出波形

19.4　思考题

①理论上的“抽样”与实际的“采样/保持电路”有何异同？

②采样/保持电路对模拟开关有何要求？

③采样/保持电路中的保持电容如何选择？

④为什么采样/保持电路中通常需要缓冲放大器？

⑤为什么抽样电路前面需要抗混叠滤波器？

⑥可以说，DAC（数字模拟转换器）的输出与采样电路的输出是一样的阶梯波，为了恢复原被采样的波形，对后续的低通滤波器有何要求？

⑦实验中可以看到，采样（抽样）频率越高，所恢复的波形（低通滤波器的输出）越接近原采样波形，这对我们在实际采样系统的设计和 DAC 输出波形的重建有何提示？

⑧如果在实验中采用三角波或方波作为输入信号，在同样的信号频率和采样频率下，与正弦波相比，各自恢复的波形与原输入波形的差别如何？这说明什么问题？

⑨三极管作为模拟开关时，不仅电路复杂，对输入信号也有特殊的要求：输入范围和抬高电平。这是为什么？

⑩如何设计三极管作为模拟开关？能否改变设计使输入信号的范围达到±3V？

⑪三极管作为模拟开关时，有无缓冲放大器的电路设计也有细微的不同，如 R5 的有无，说明为什么？

⑫仔细观察 R5 阻值的大小与电容 C1 上的波形，R5 的阻值大小取值范围在多少（及受何因素的影响）？取值大小对滤波器的输出或滤波器的设计

有何影响？

⑬对实际电路设计，如何选择采样脉冲频率的高低和滤波器的截止频率及其阶数？

⑭采样脉冲的占空比又如何影响模拟开关电路和滤波器电路的设计？

19.5　实验报告

实验报告包括以下内容：

①根据测量数据，讨论被采样信号的频率、采样信号频率和占空比、低通滤波器的截止频率有什么样的关系。

②通过本次实验，总结归纳文氏电桥、无源和有源双 T 网络的特性。

③回答本实验中所有的思考题。

④写出本实验的心得体会。

关于课程思政的思考：

采样电路实现模拟信号和数字信号的转换，看似不同的两类信号之间存在着相互关联并可以进行转化，告诉我们生活中要采用联系和转换的观点分析认识事物。

第 20 单元　八阶巴特沃斯低通滤波器

本实验采用 2 种方式进行：一是实际电路的实验；二是采用 Multisim14 进行仿真实验。

20.1　实验目的

①进一步熟悉低通滤波器。

②掌握用高阶因果递归系统获得理想滤波特性的近似方法。

20.2　实验手段（仪器和设备，或者平台）

信号发生器、示波器和万用表各一台，电阻和电容若干，运算放大器 2 个。安装 Multisim14 的计算机。

20.3　实验原理、实验内容与步骤

（1）实验原理

巴特沃斯滤波器是一因果稳定递归滤波器，它是将多个同类型的一阶或二阶递归滤波器级联或并联组成，若把 N 个相同的一阶 RC 低通滤波器级联，其幅频响应$|B(\omega)|$具有如下形式：

$$|B(\omega)| = \frac{1}{\sqrt{1+(\omega/\omega_c)^{2N}}} \tag{20-1}$$

其中，$\omega = 1/RC$，N 为滤波器的阶数，ω_c 是相应理想低通滤波器的 3dB 截止频率。对于任何阶数 N，通带内有平坦的幅频增益，带外呈单调衰减特性，故巴特沃斯滤波特性又称作“最大平坦幅频特性”；当阶数 N 增加时，幅频特性越接近理想的矩形特性，带外的衰减越陡峭，如图 20-1 所示给出了 4 个 2 阶巴特沃思低通滤波器串接成 8 阶巴特沃思低通滤波器的示例。当 N 足够大时，可以获得一个近似理想低通滤波特性。但须指出，随着 N 的增加，级联后的通带也越来越窄。图 20-2 分别给出了 2 阶、4 阶、6 阶和 8 阶巴特

沃思低通滤波器的幅频特性曲线。

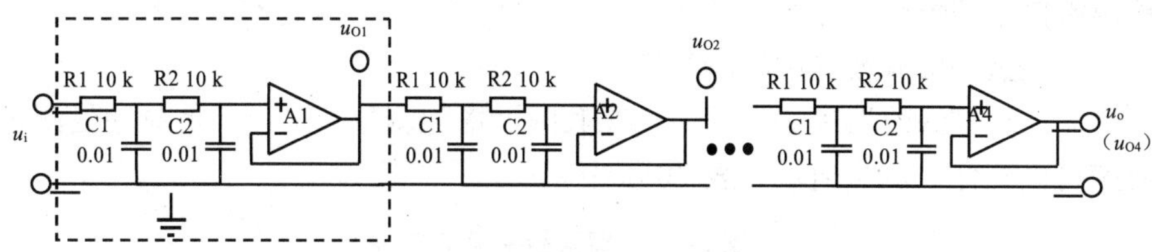

图 20-1　8 阶巴特沃思低通滤波器

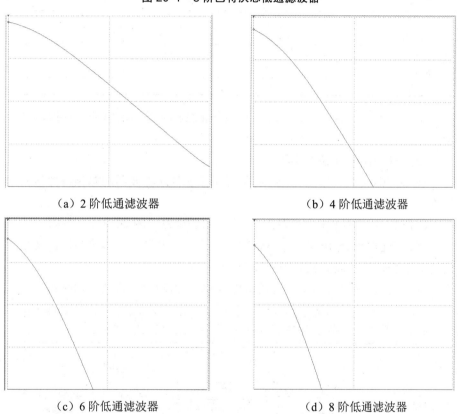

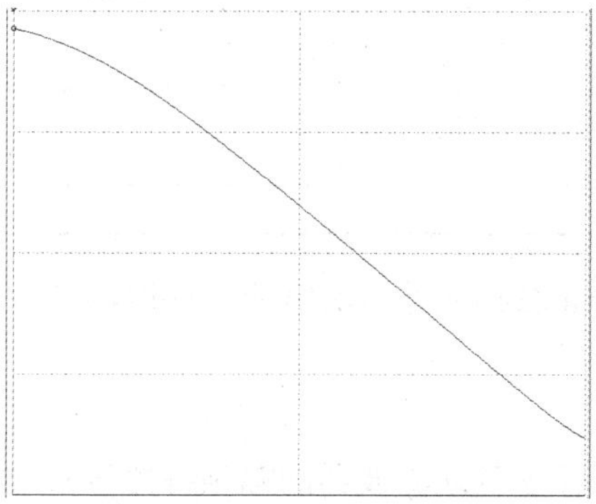

（a）2 阶低通滤波器

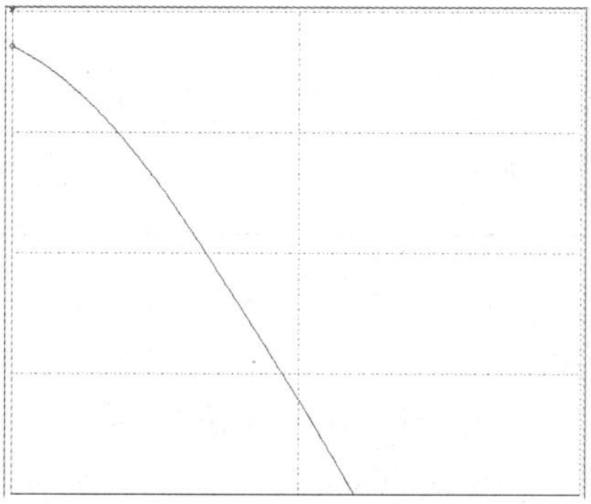

（b）4 阶低通滤波器

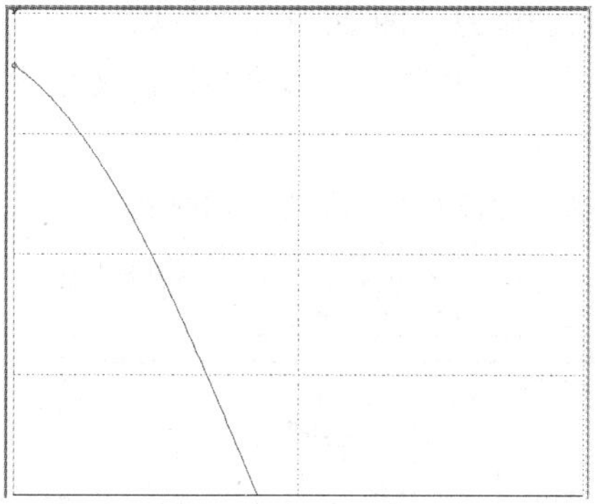

（c）6 阶低通滤波器

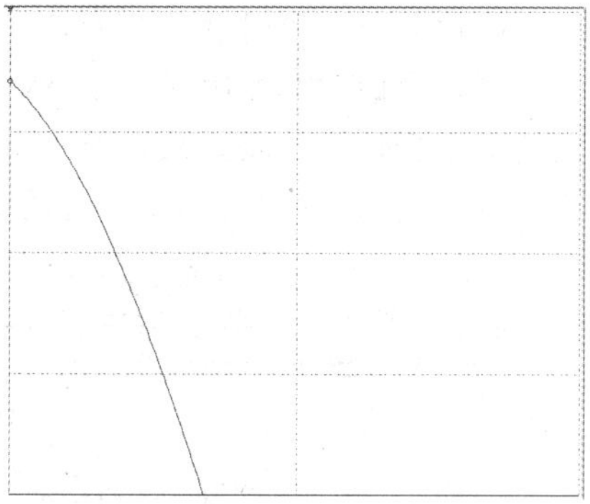

（d）8 阶低通滤波器

图 20-2　巴特沃思低通滤波器的幅频特性

离散时间巴特沃斯滤波特性与连续时间巴特沃斯特性相类似，也具有最大平坦幅频特性；且 3dB 截止频率 ω_c 与 N 值无关；当 N 很大时，它也逼近理想的矩形特性。

（2）实际电路实验

①在面包板或试验箱搭建如图 20-1 所示的电路。

②滤波器的输入端接正弦函数信号发生器或扫频电源的输出，滤波器的输出端接示波器或交流数字毫伏表。

③测试每级滤波器的幅频特性。

先计算该滤波器理论上的值，在其附近增加测量密度，其他频率处测量密度可以降低，测量值填入表 20-1 中。

表 20-1　实验结果记录表

电压	频率						
u_i(V)							
u_{o1}(V)							
u_{o2}(V)							
u_{o3}(V)							
u_{o4}(V)							

④研究此滤波器对方波信号或其他非正弦信号输入的响应（选做，实验步骤自拟）。

（3）Multisim14 仿真实验

在 Multisim14 平台上测量 8 阶巴特沃思低通滤波器的幅频特性与相频特性。

①在 Multisim14 平台设置图 20-1 所示的电路（图 20-3）。

②调节信号源输出电压为 3V 的正弦信号，滤波器的输出端接示波器或交流数字毫伏表。测量数据填入表 20-1 中。

③采用波德图获得 8 阶巴特沃思低通滤波器的幅频特性与相频特性。

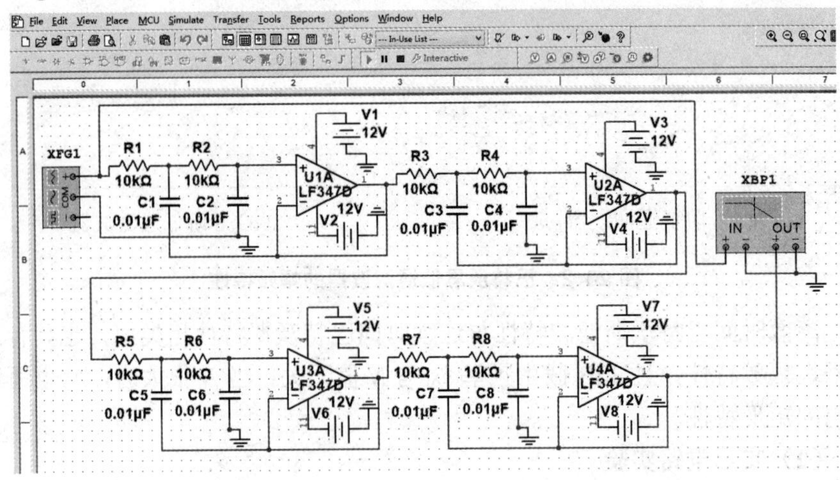

图 20-3　在 Multisim14 平台测量 8 阶巴特沃思低通滤波器的幅频特性与相频特性

20.4　思考题

①除巴特沃思（逼近）滤波器外，还有哪些常用的滤波器（逼近）？它们各有何特点？如何选用？

②巴特沃思滤波器在通带内真是“平坦”的吗？

③滤波器的通带平坦与阻带的快速衰减总是一对矛盾，在电路实际上需要如何处理这一对矛盾？

④尝试测试一下高通滤波器，或切比雪夫、巴塞耳滤波器的幅频特性与相频特性。

20.5　实验报告

实验报告包括以下内容：

①根据测量数据，绘出 8 阶巴特沃思低通滤波器的幅频特性与相频特性。

②通过本次实验，总结、归纳高阶的低通、高通滤波器的特性。

③回答本实验中所有的思考题。

④写出本实验的心得体会。

第21单元　常用信号的MATLAB语言实现

既为了扎实掌握信号与系统的理论和应用，也为了进一步学习数字信号处理（Digital Signal Processing, DSP），从本实验开始采用MATLAB软件进行实验。

21.1　实验目的

①了解连续时间信号和离散时间信号的特点；

②掌握连续时间信号和离散时间信号的向量法和符号法；

③熟悉MATLAB语言PLOT函数和STEM函数的应用；

④会用MATLAB语言表示常用基本连续时间信号和离散时间信号。

21.2　实验手段（仪器和设备，或者平台）

安装MATLAB的计算机。

21.3　实验原理、实验内容与步骤

（1）实验原理

信号是随着时间变化的数字量。其本质是时间的函数。由时域法和频域法进行描述。按照特性的不同，信号有不同的分类方法：确定信号和随机信号、连续信号与离散信号、周期信号与非周期信号、能量信号与功率信号、奇信号与偶信号。

连续信号是除若干个不连续的时间点外，每个时间点T上都有对应的数值的信号。离散信号是只在某些不连续的时间点上有数值，其他时间点上信号没有定义的信号。离散信号一般可以利用模数转换由连续信号得到。

涉及的MATLAB函数如下：

①plot函数；

②ezplot函数；

③sym 函数；

④subplot 函数；

⑤stem 函数。

（2）在 MATLAB 平台上的实验

在 MATLAB 中输入程序，验证实验结果并将实验结果存入优盘。

①连续时间信号

连续时间信号的表示有两种：符号推理法与数值法。即连续信号的表示既可以用 MATLAB 提供的用于符号推理的符号数学工具箱表示，也可将连续信号离散化后加以表示，常用的连续信号有直流信号、正弦信号、单位阶跃信号、单位门信号、单位冲激信号、抽样信号等。

A.　直流信号 $f(t)=A$

（a）符号推理法生成直流信号

```
t=-10:0.01:10;
f=sym('4');                    %将信号的大小定义为符号变量
ezplot (f,[-16,16]);           %绘制范围在[-16,16]上 f 的图形
title('直流信号'); xlabel('时间(t)'); ylabel('幅值(f)');
```

（b）数值法生成直流信号

```
t= -10:0.01:10;
[r,c]=size(t);   a1=6*ones(1,c);      %信号的大小
plot (t,a1,'b');   title('直流信号');
xlabel('时间(t)');   ylabel('幅值(f)');
```

B.　正弦信号 $y=A*\cos(\omega_0 t+\psi)$

```
%program2 sinuoidal signal
A=1;
w0=2*pi;
phi=pi/6;
t=0:0.001:8;
ft=A*sin(w0*t+phi);
plot(t,ft)
```

其仿真结果如图 21−1 所示。

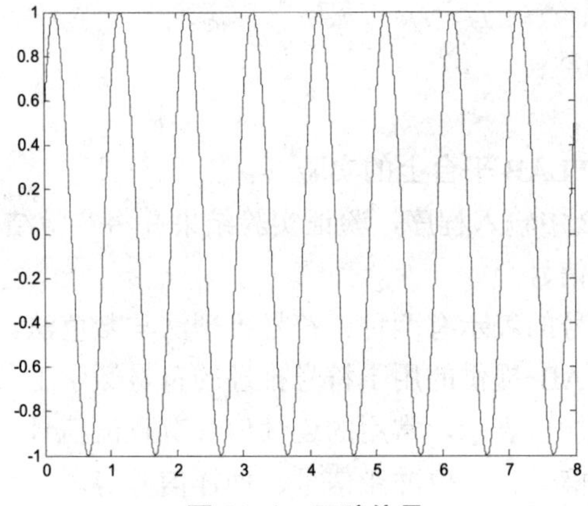

图 21-1　正弦信号

C.　单位阶跃信号 $f(t)=\varepsilon(t)$

MATLAB 程序:

```
t0=0;t1=-1;t2=3;
dt=0.01;
t=t1:dt:-t0;
n=length(t);
t3=-t0:dt:t2;
n3=length(t3);
u=zeros(1,n);
u3=ones(1,n3);
plot(t,u);
hold on;
plot(t3,u3);
plot([-t0,-t0],[0,1]);
hold off;
axis([t1,t2,-0.2,1.5]);
xlabel('时间(t)');ylabel('幅值(f)');title('单位阶跃信号');
```

D.　单位冲激信号 $f(t)=\delta(t)$

MATLAB 程序：

```
t0=0;t1=-1;t2=5;dt=0.1;
t=t1:dt:t2;
n=length(t);
```

```
x=zeros(1,n);
x(1,(t0-t1)/dt+1)=1/dt;
stairs(t,x);
axis([t1,t2,0,1/dt]);
xlabel('时间(t)');ylabel('幅值(f)');title('单位冲激信号');
```

E.　符号信号 $f(t)=\mathrm{sgn}(t)$

MATLAB 程序:

```
t1=-1;t2=5;dt=0.1;   %可将精度调高，即 d=0.01 或 0.001
t=t1:dt:t2;
n=sign(t);
plot(t,n);
axis([t1,t2,-1.5,1.5]);
xlabel('时间(t)');ylabel('幅值(f)');title('符号信号');
```

F.　斜坡信号 $f(t)=t\varepsilon(t)$

```
clear
t1=-1; t2=5; dt=0.01;
t=t1:dt:t2;
a1=5;       %斜率
n=a1*t;   plot(t,n);
axis ([t1,t2,-1.5,20]);     %横坐标及纵坐标的范围
xlabel('时间(t)'); ylabel('幅值(f)');   title('斜坡信号');
```

G.　指数信号　　y=A*exp(a*t)

```
%program2_1decaying exponential signal
A=1;a=-0.4;
t=0:0.01:10;
ft=a*exp(a*t);
plot(t,ft)
```

其仿真结果如图 21-2 所示。

H.　抽样信号 $\sin c(t)=\sin(\pi t)/(\pi t)$

```
%program sample function
t=-3*pi:pi/100:3*pi;
ft=sinc(t/pi);
plot(t,ft)
```

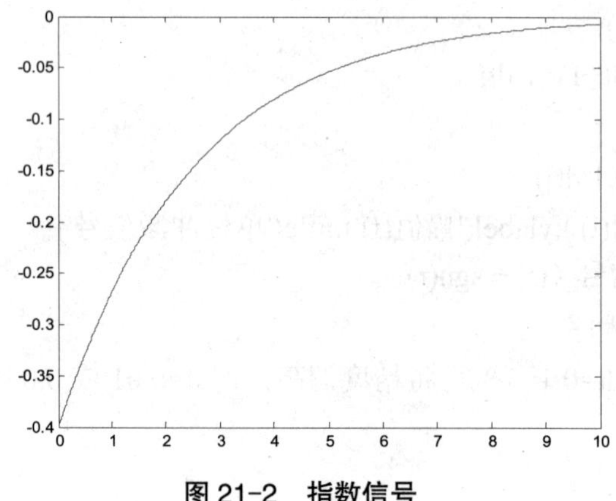

图 21-2 指数信号

其仿真结果如图 21-3 所示。

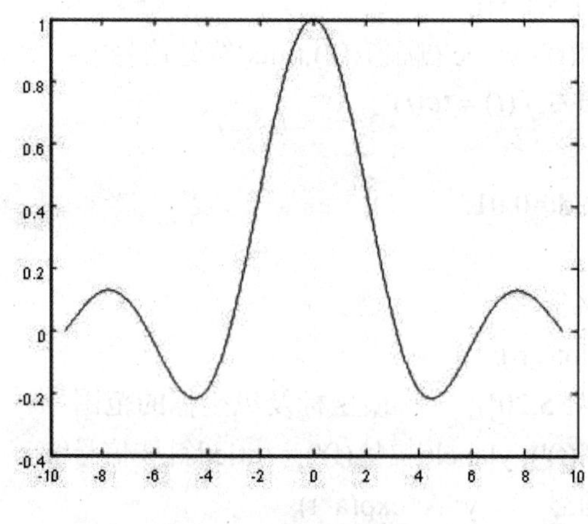

图 21-3 抽样信号

I. 周期方波信号

```
t=(0:0.0001:1);
y=square(2*pi*15*t);    %产生方波
plot(t,y);   axis([0,1,-1.5,1.5]);
title('周期方波'); xlabel('时间(t)'); ylabel('幅值(f)');
```

J. 周期锯齿波信号

```
t=(0:0.001:2.5);
y=sawtooth(2*pi*30*t);
plot(t,y); axis([0,0.2,-1,1]);
title('周期锯齿波'); xlabel('时间(t)'); ylabel('幅值(f)');
```

②离散时间信号

常用的离散时间信号有正弦信号序列、单位阶跃序列、单位门序列、单位冲激信号序列、斜坡序列等。

A.　离散时间信号

```
k1=-3; k2=3; k=k1:k2;
f=[1,3,-3,2,3,-4,1];
stem(k,f,'filled');
axis([-4,4,-5,5]);
title('离散时间信号');
xlabel('时间(k)'); ylabel('幅值 f(k)');
```

B.　单位脉冲序列

$$\delta[k]=\begin{cases}1 & k=0\\0 & \mathrm{k}\neq 0\end{cases}$$

```
% unit impuls sequence
k=-50:50;
delta=[zeros(1,50),1,zeros(1,50)];
stem(k,delta)
```

其仿真结果如图 21-4 所示。

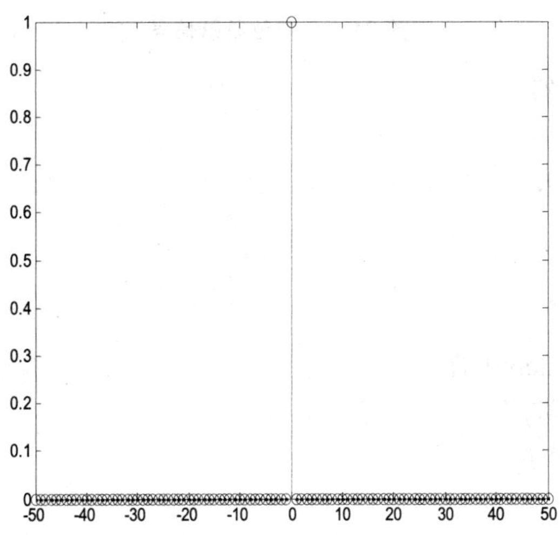

图 21-4　单位脉冲信号

C.　单位阶跃序列

$$u[k]=\begin{cases}1 & k\geqslant 0\\ 0 & k<0\end{cases}$$

```
% unit step sequence
k=-50:50;
uk=[zeros(1,50), ones(1,51)];
stem(k,uk)
```

其仿真结果如图 21-5 所示。

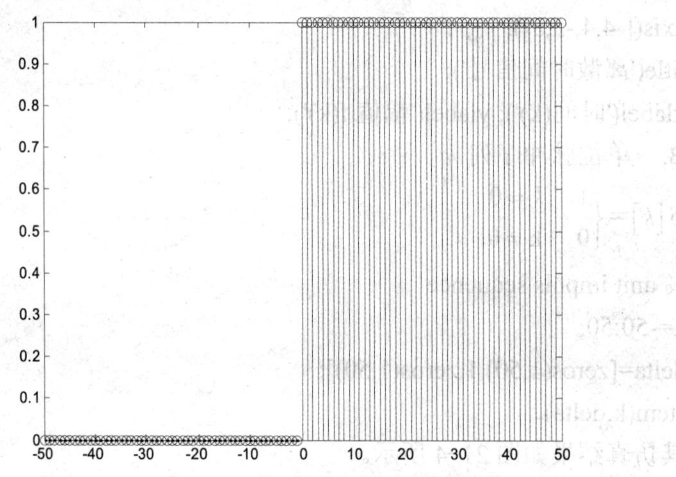

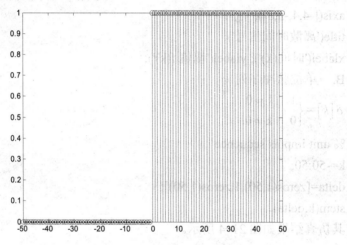

图 21-5　单位阶跃信号

D.　指数序列

```
clf;
k1=-1; k2=10;
k=k1:k2;
a=-0.6
A=1;
f=A*a.^k;   stem(k,f)
```

E.　单位斜坡序列

MATLAB 程序:

```
clf;
k1=-1;k2=20;
k0=0;
n=[k1:k2];
```

```
if k0>=k2
    x=zeros(1,length(n));
else if(k0<k2&k0>k1)
    x=[zeros(1,k0-k1),[0:k2-k0]];
else
    x=(k1-k0)+[0:k2-k1];
end
stem(n,x);
xlabel('时间(k)');ylabel('幅值(k)');
```

21.4　思考题

①冲激信号与阶跃信号各有什么特性？
②如何利用基本信号表示方波、三角波等信号？
③单位冲激序列与单位阶跃序列有什么区别？
④连续时间信号与离散信号有什么区别？

21.5　实验报告

实验报告包括以下内容：
①对基本信号的特征与性质进行分析和对比。
②回答本实验中所有的思考题。
③写出本实验的心得体会。

关于课程思政的思考：

开发具有自主知识产权的科学计算工具软件，推动科技领域“根技术”的突破和创新，实现科技自强自立，提高我国在国际竞争中的地位。

第 22 单元　信号的基本运算

本实验采用 MATLAB 软件进行。

22.1　实验目的

①掌握连续时间信号和离散时间信号时域运算的基本实现方法。

②掌握相关函数的调用格式及作用。

③掌握连续信号和离散信号的基本运算。

④掌握信号的分解，会将任意离散信号分解为单位脉冲信号的线性组合。

22.2　实验手段（仪器和设备，或者平台）

安装 MATLAB 的计算机。

22.3　实验原理、实验内容与步骤

（1）实验原理

信号的基本运算包括信号的相加（减）和相乘（除）。信号的时域变换包括信号的平移、翻转、倒相及尺度变换。这里要介绍的信号处理之所以要强调“基本运算”，是为了与后面将要介绍的信号的卷积、相关等复杂的处理方法相区别。

涉及的 MATLAB 函数如下：

①stepfun 函数；

②diff 函数；

③int 函数；

④fliplr 函数。

（2）在 MATLAB 平台上的实验

①连续时间信号的时域基本运算

A. 相加

实现两个连续信号的相加，即 $f(t)=f_1(t)+f_2(t)$ 。

MATLAB 程序：

```
clear all;
t=0:0.0001:3;
b=3;
t0=1;u=stepfun(t,t0);
n=length(t);
for i=1:n
    u(i)=b*u(i)*(t(i)-t0);
end
y=sin(2*pi*t);
f=y+u;
plot(t,f);
xlabel('时间（t）');ylabel('幅值'); title('连续信号的相加');
```

B. 相乘

实现两个连续信号的相加，即 $f(t)=f_1(t)\times f_2(t)$ 。

MATLAB 程序：

```
clear all;
t=0:0.0001: 5;
b=3;
t0=1;u=stepfun(t,t0);
n=length(t);
for i=1:n
    u(i)=b*u(i)*(t(i)-t0);
end
y=sin(2*pi*t);
f=y.*u;
plot(t,f);
xlabel('时间（t）');ylabel('幅值'); title('连续信号的相乘');
```

C. 移位

实现两个连续信号的移位，即 $f(t-t_0)$ 或者 $f(t+t_0)$ 常数 $t_0>0$ 。

MATLAB 程序：

```
clear all;
t=0:0.0001: 2;
y=sin(2*pi*(t));
y1= sin(2*pi*(t-0.2));
plot(t,y, '-',t, y1, '--');
ylabel('f(t)'); xlabel('t');title('信号的移位');
```

D. 翻转

信号的翻转就是将信号的波形以纵轴为对称轴翻转 180^0，将信号 $f(t)$ 中的自变量 t 替换为 $-t$ 即可得到其翻转信号。

MATLAB 程序：

```
clear all;
T=0:0.02:1;
t1= -1:0.02:0;
G1=3*T;
G2=3*(-t1);
Grid on;
plot(T,G1, '--',t1,G2);
xlabel('t');ylabel('g(t)');
title('信号的反折');
```

E. 尺度变换

将信号 $f(t)$ 中的自变量 t 替换为 at 。

MATLAB 程序：

```
clear all;
t=0:0.001: 1;
a=2;
y=sin(2*pi*t);
y1= sin(2*a* pi*t);
subplot(211)
plot(t,y);
ylabel('f(t)'); xlabel('t');
title('尺度变换');
subplot(212)
plot(t,y1);
```

```
ylabel('y1(t)'); xlabel('t');
```

F. 微分

求信号的一阶导数。

MATLAB 程序：

```
clear all;
t= -1:0.02:1;
g=t.*t;
d=diff(g);
subplot(211);
plot(t,g, '-');
xlabel('t');ylabel('g(t)'); title('微分');
subplot(212)
plot(d, '--'); xlabel('t');ylabel('d(t)');
```

G. 积分

求信号 $f(t)$ 在区间 $(-\infty, t)$ 内的一次积分。

MATLAB 程序：

```
clear all;
t= -1:0.2:1;syms t
g=t*t;
d=int(g);
subplot(211);
ezplot(g);
xlabel('t');ylabel('g(t)'); title('积分');
subplot(211)
ezplot(d); xlabel('t′');ylabel('d(t)');
```

H. 复合运算

已知信号 $f(t)=(1+\frac{t}{2})\times[\varepsilon(t+2)-\varepsilon(t-2)]$，分别求出下列信号的数学表达式并绘制其时域波形：$f(t+2)$； $f(t-2)$； $f(-t)$； $f(2t)$； $-f(t)$。

MATLAB 程序：

```
syms t
f=sym('(t/2+1)*(Heaviside(t+2)-Heaviside(t-2))');
subplot(2,3,1); ezplot(f,[-3,3]);
```

```
y1=subs(f, t, t+2); subplot(2, 3, 2); ezplot(y1,[-5,1]);
y2= subs(f, t, t-2); subplot(2, 3, 3); ezplot(y2,[-1,5]);
y3= subs(f, t,-t); subplot(2, 3, 4); ezplot(y3,[-3,3]);
y4= subs(f, t,2*t); subplot(2, 3, 5); ezplot(y4,[-2,2]);
y5= -f; subplot(2, 3,6); ezplot(y5,[-3,3]);
```

②离散时间信号的基本运算

A. 序列相加

MATLAB 程序：

```
x1= -2:2;
k1= -2:2;    x2=[1, -1,1];
k2= -1:1;    k=min([k1,k2]): max([k1,k2]);
f1=zeros(1,length(k)); f2=zeros(1,length(k));
f1(find((k>=min(k1))&(k<=max(k1))==1))=x1;
f2(find((k>=min(k2))&(k<=max(k2))==1))=x2;
f=f1+f2; stem(k,f, 'filled');
axis([  (min(min(k1),min(k2))-1)    (max  (max(k1),max(k2))+1)    (min(f)-0.5) (max(f)+0.5)]);
```

B. 序列的相乘

MATLAB 程序：

```
x1= -2:2;
k1= -2:2;
x2=[1, -1,1];
k2= -1:1;    k=min([k1,k2]): max([k1,k2]);
f1=zeros(1,length(k)); f2=zeros(1,length(k));
f1(find((k>=min(k1))&(k<=max(k1))==1))=x1;
f2(find((k>=min(k2))&(k<=max(k2))==1))=x2;
f=f1.*f2; stem(k,f, 'filled');
axis([(min(min(k1),min(k2))-1)  (max  (max(k1),max(k2))+1)  (min(f)  -0.5) (max(f)+0.5)]);
```

C. 序列翻转

MATLAB 程序：

```
x1= -2:2;
k1= -2:2;
```

```
k= -fliplr(k1);
f= fliplr(x1);
stem(k,f, 'filled');
axis([(min(k) -1) (max(k)+1) (min(f) -0.5) (max(f) +0.5)]);
```

D. 序列的平移

MATLAB 程序：

```
x1= -2:2;
k1= -2:2; k0=2;
k=k1+k0; f =x1;
stem(k,f, 'filled');
axis([(min(k) -1) (max(k)+1) (min(f) -0.5) (max(f) +0.5)]);
```

（3）在 MATLAB 中实验

在 MATLAB 中输入程序，验证实验结果，并将实验结果存入 U 盘。

22.4　思考题

①什么是信号的平移、翻转、尺度变换？

②能否将信号 $f(2t+2)$ 先平移后尺度变换得到信号 $f(t)$？

③将信号分解为冲激信号序列有何实际意义？

22.5　实验报告

实验报告包括以下内容：

①对信号的基本运算有哪些？连续时间信号与离散信号的基本运算中哪些是相同的？哪些是有差别的？

②回答本实验中所有的思考题。

③写出本实验的心得体会。

第 23 单元　信号的卷积运算

本实验采用 MATLAB 软件进行。

23.1　实验目的

①熟悉连续时间信号卷积和离散时间信号卷积的定义、表示及卷积的结果。

②掌握利用计算机进行连续时间信号卷积运算和离散时间信号卷积运算的原理和方法。

③熟悉连续信号卷积运算函数 conv 和离散时间信号卷积运算函数 conv 和 deconv 的应用。

23.2　实验手段（仪器和设备，或者平台）

安装 MATLAB 的计算机。

23.3　实验原理、实验内容与步骤

（1）实验原理

信号的基本运算包括信号的相加（减）和相乘（除）。信号的时域变换包括信号的平移、翻转、倒相及尺度变换。这里要介绍的信号处理之所以要强调“基本运算”，是为了与后面将要介绍的信号的卷积、相关等复杂的处理方法相区别。

①卷积的定义

连续时间信号：$f(t)=f_1(t)*f_2(t)=\int_{-\infty}^{\infty} f_1(\tau)f_2(t-\tau)\mathrm{d}\tau$

连续时间信号：$f_1[k]*f_2[k]=\sum\limits_{n=-\infty}^{\infty} f_1[n]f_2[k-n]$

②卷积计算的几何解法

卷积积分的计算从几何上可以分为四个步骤：翻转、平移、相乘、叠加（积分）。

③卷积积分的应用

卷积积分是信号与系统时域分析的基本手段，主要用于求系统零状态响应，它避开了经典分析方法中求解方程时需要求系统初始值的问题。

涉及的 MATLAB 函数如下：conv 函数；deconv 函数。

（2）在 MATLAB 平台上的实验

在 MATLAB 中输入程序，验证实验结果，并将实验结果存入 U 盘。

①连续函数卷积

A. 若 $f_1(t)=\delta(t)$、$f_2(t)=u(t)$，试利用给出的参考程序，计算 $f(t)=f_1(t)*f_2(t)$、$f(t)=f_1(t)*f_1(t)$、$f(t)=f_2(t)*f_2(t)$。

MATLAB 程序：

```
%连续函数卷积计算
a=1000;
t1= -5: 1/a:5;
f1=stepfun(t1, 0);
f2=stepfun(t1,-1/a) -stepfun(t1, 1/a);
subplot(231);
plot(t1,f1); axis([-5,5,0,1.2]);
ylabel('f1(t)'); title('单位阶跃函数');
subplot(232);
plot(t1,f2); ylabel('f2(t)');
title('单位冲激函数');
y=conv(f1, f2); r =2*length(t1) -1; t= -10:1/a:10;
subplot(233); plot(t, y); axis([-5, 5, 0,1.2]);
title('f1 与 f2 的卷积');
ylabel('y(t)');
f11=conv(f1, f1); f22=conv(f2,f2);
subplot(234); plot(t,f11); title('f1  与 f1 的卷积');
ylabel('f11(t)'); axis([-5, 5, 0, 5000]);
subplot(235); plot(t,f22); title('f2 与 f2 的卷积'); ylabel('f22(t)');
```

B. 连续函数卷积计算（不用 conv 函数）。

MATLAB 程序：

%f 为第一个信号的样值序列， h 为第二个信号的样值序列，T 为采样间隔

```
clear all;
T =0.1 ; t =0: T:10; f=sin(t);
h=0.5*(exp(-t)+exp(-3*t)); Lf=length(f); Lh=length(h);
for k=1: Lf+Lh-1
    y(k)=0;
    for i=max(1,k-(Lh-1)): min(k,Lf)
        y(k) =y(k) +f(i)*h(k-i+1);
    end
    yzsappr(k)=T*y(k);
end
subplot(3,1,1); %f(t)的波形
plot(t, f); title('f(t) ');
subplot(3,1,2); %h(t)的波形
plot(t,h); title('h(t) ');
subplot(3,1,3); %卷积近似计算结果的波形
plot(t,yzsappr(1:length(t))); title('卷积近似计算结果'); xlabel('时间');
```

②离散信号的卷积和

A. x[k]={1,2,3,4;k=0,1,2,3},y[k]={1,1,1,1,1;k=0,1,2,3,4}，计算 x[k]*y[k]并画出卷积结果。

MATLAB 程序：

```
%program3_5 sequence convolution
x=[1,2,3,4];
y=[1,1,1,1,1];
z=conv(x,y);
N=length(z);
stem(0:N-1,z);
```

计算结果如图 23-1 所示。

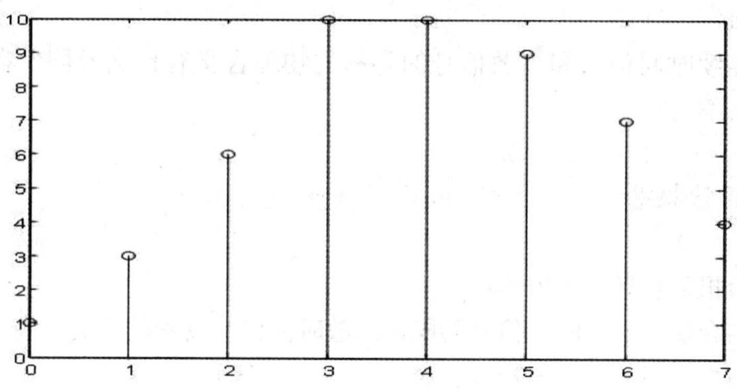

图 23-1　离散卷积结果

B. 计算样值向量 $f_1[k]$ 与 $f_2[k]$ 的卷积积分。

MATLAB 程序：

```
%f: f(k)的样值向量
%k:f(k)对应的时间向量
f1=[1,2,1]; %输入样值序列及其特征
k1=[-1,0,1];
f2=ones(1,5);
k2= -2:2;
f=conv(f1,f2);
k0=k1(1)+k2(1);
k3=length(f1)+length(f2)-2;
k=k0:k0+k3;
subplot(3, 1, 1);
stem(k1, f1); title('f1(k)');
subplot(3 ,1, 2);
stem(k2,f2); title('f2(k)');
subplot(3,1,3);
stem(k,f); title('f(k)');
```

23.4　思考题

①用 conv 函数求卷积，只能求有限长序列的卷积，那么如何求无限长序

列的卷积？

②连续时间信号和离散信号的卷积的物理含义有什么异同？在计算上又有什么不同？

23.5　实验报告

实验报告包括以下内容：

①结合说明连续时间信号卷积和离散时间信号卷积的定义、表示及卷积的结果。

②结合说明连续时间信号卷积运算和离散时间信号卷积运算的原理和方法。

③回答本实验中所有的思考题。

④写出本实验的心得体会。

关于课程思政的思考：

卷积计算是系统时域分析的有效方法，表明只有激励信号不断输入，才能保证系统输出响应不会衰减，充分体现了共产党人“不忘初心、牢记使命、永远奋斗”的信念。

第 24 单元　LTI 系统的时域分析

本实验采用 MATLAB 软件进行实验。

24.1　实验目的

①熟悉连续 LTI 系统在典型激励信号下的响应及特征。
②掌握连续 LTI 系统单位冲激响应的求解方法。
③重点掌握用卷积法计算连续时间系统的零状态响应。
④熟悉 MATLAB 相关函数的调用格式及作用。
⑤会用 MATLAB 对系统进行时域分析。

24.2　实验手段（仪器和设备，或者平台）

安装 MATLAB 的计算机。

24.3　实验原理、实验内容与步骤

（1）实验原理

连续时间线性非时变系统（LTI）可以用如下的线性常系数微分方程来描述：$y^{(n)}(t)+a_{n-1}y^{(n-1)}(t)+\cdots+a_1y'(t)+a_0y(t)=b_mx^{(m)}(t)+b_{m-1}x^{(m-1)}(t)+\cdots+b_1x'(t)+b_0x(t)$ 。其中，$n\geqslant m$，系统的初始条件为 $y(0-)$，$y(0-)$，$y(0-)$，…，$y^{(n-1)}(0-)$。

系统的响应一般包括两个部分，即由当前输入所产生的响应（零状态响应）和由历史输入（初始状态）所产生的响应（零输入响应）。对于低阶系统，一般可以通过解析的方法得到响应。但是，对于高阶系统，手工计算就比较困难，这时 MATLAB 强大的计算功能就能比较容易地确定系统的各种响应，如冲激响应、阶跃响应、零输入响应、零状态响应、全响应等。

①直接求解法

涉及的 MATLAB 函数有：impulse（冲激响应）、step（阶跃响应）、initial

（零输入响应）、lsim（零状态响应）等。在 MATLAB 中，要求以系数向量的形式输入系统的微分方程，因此，在使用前必须对系统的微分方程进行变换，得到其传递函数。其分别用向量 a 和 b 表示分母多项式和分子多项式的系数。

②卷积计算法

根据系统的单位冲激响应，利用卷积计算的方法，也可以计算任意输入状态下系统的零状态响应。设一个线性零状态系统，已知系统的单位冲激响应为 $h(t)$，当系统的激励信号为 $f(t)$ 时，系统的零状态响应为 $y(t)=f(t)*h(t)=\int_{-\infty}^{\infty}f(\tau)h(t-\tau)\mathrm{d}\tau$。

由于计算机采用的是数值计算，因此系统的零状态响应也可通知离散序列卷积和近似为 $y_{zs}[k]=\sum_{n=-\infty}^{\infty}f[n]h[k-n]T=f[k]*h[k]$。

涉及的 MATLAB 函数如下：impulse 函数；step 函数；lsim 函数；conv 函数。

（2）在 MATLAB 平台上的实验

在 MATLAB 中输入程序，验证实验结果，并将实验结果存入 U 盘。

①求系统 $\frac{d^2y(t)}{dt^2}+2\frac{dy(t)}{dt}+100y(t)=10x(t)$ 的冲激响应

MATLAB 程序：

```
%programe3_1 Solution of differential equation
ts=0;te=5;dt=0.01;
sys=tf([10],[1 2 100]);
t=ts:dt:te;
y=impulse(sys,t);
plot(t,y);
xlabel('Time(sec)')
ylabel('y(t)')
```

实验结果如图 24-1 所示。

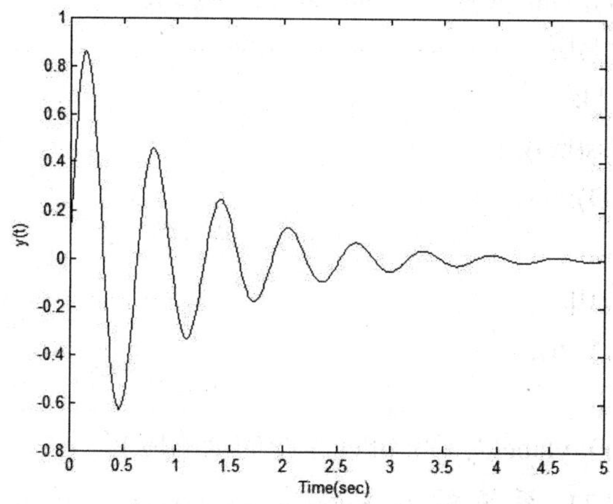

图 24-1　实验 1 的计算结果

②求系统 $\frac{d^2y(t)}{dt^2}+2\frac{dy(t)}{dt}+100y(t)=10x(t)$ 的阶跃响应

MATLAB 程序：

```
ts=0;te=5;dt=0.01;
sys=tf([10],[1 2 100]);
t=ts:dt:te;
y=step (sys,t);
plot(t,y);
xlabel('Time(sec)')
ylabel('y(t)')
```

③求系统 $\frac{d^2y(t)}{dt^2}+y(t)=\cos tu(t), y(0+)=y^{(1)}(0+)=0$ 的全响应

MATLAB 程序：

```
%求系统在正弦激励下的零状态响应
b=[1]; a=[ 1 0 1];
sys=tf(b,a);
t=0:0.1:10;
x=cos(t);
y=lsim(sys, x, t);
figure;plot(t,y);
```

```
xlabel('时间(t)'); ylabel('y(t)'); title('零状态响应');
%求系统的全响应
b=[1]; a=[ 1 0 1];
[A B C D]=tf2ss(b,a);
sys=ss(A,B,C,D);
t=0:0.1:10;
X=cos(t);zi=[0 0];
Y=lsim(sys, x, t, zi);
figure;plot(t,Y);
xlabel('时间(t)'); ylabel('y(t)'); title('系统的全响应');
```

④已知某 LTI 系统的激励为 $f_1 = \sin t\varepsilon(t)$，单位冲激响应为 $h(t) = e^{-2t}t\varepsilon(t)$，试给出系统零状态响应 $y_f(t)$ 的数学表达式

MATLAB 程序：

A.

```
clear all;
T=0.1 ; t=0:T:10;f =3*t.*sin(t);h=t.*exp(-2*t);
Lf =length(f); Lh =length (h);
for k =1: Lf +Lh -1
    y(k) =0;
    for i= max ( 1, k -(Lh-1)): min (k, Lf)
        y(k) =y(k) +f(i) *h(k-i+1);
    end
    yzsappr(k) =T*y(k);
end
subplot(3,1,1);
plot(t,f):title ('f(t)');
subplot(3,1,2);
plot(t,h):title ('h(t)');
subplot(3,1,3);
plot(t,yzsappr(1:length(t))); title('零状态响应近似结果'); xlabel('时间');
```

B.

```
clear all;
```

```
T=0.1 ; t=0:T:10;
f =3*t.*sin(t);
h=t.*exp(-2*t);
y=conv(f,h)*T;
plot(t,y(1:length(t))); title('零状态响应结果'); xlabel('时间');
```

24.4　思考题

①连续时间系统的数学模型有哪些？

②线性时不变系统零状态响应为输入信号与冲激响应的卷积，其根据是什么？

24.5　实验报告

实验报告包括以下内容：

①用自己的语言描述连续 LTI 系统在典型激励信号下的响应及特征。

②表述连续 LTI 系统单位冲激响应的求解方法。

③说明系统的零状态响应数学与物理意义，用自己的语言描述用卷积法计算连续时间系统的零状态响应的方法。

④说明 MATLAB 相关函数的调用格式及作用。

⑤回答本实验中所有的思考题。

⑥写出本实验的心得体会。

第 25 单元　连续 LTI 系统的频域分析

本实验采用 MATLAB 软件进行实验。

25.1　实验目的

①掌握连续时间信号傅里叶变换和傅里叶逆变换的实现方法，以及傅里叶变换的时移特性、傅里叶变换的频移特性的实现方法。

②了解傅里叶变换的特点及其应用。

③掌握函数 fourier 和函数 ifourier 的调用格式及作用。

④掌握傅里叶变换的数值计算方法，以及绘制信号频率谱图的方法。

25.2　实验手段（仪器和设备，或者平台）

安装 MATLAB 的计算机。

25.3　实验原理、实验内容与步骤

（1）实验原理

①连续时间线性非时变系统（LTI）

连续时间 LTI 可以用如下的线性常系数微分方程来描述：

$$y^{(n)}(t)+a_{n-1}y^{(n-1)}(t)+\cdots+a_1y'(t)+a_0y(t)=b_mx^{(m)}(t)+b_{m-1}x^{(m-1)}(t)+\cdots+b_1x'(t)+b_0x(t) \tag{25-1}$$

其中，$n\geqslant m$，系统的初始条件为 $y(0-)$，$y'(0-)$，$y''(0-)$，…，$y^{(n-1)}(0-)$。

也可以把式（25-1）改写成频率响应 $H(j\omega)$：

$$H(j\omega)=\frac{B(j\omega)}{A(j\omega)}=\frac{b(1)(j\omega)^N+b(2)(j\omega)^{N-1}+\cdots+b(N+1)}{a(1)(j\omega)^M+a(2)(j\omega)^{M-1}+\cdots+a(M+1)} \tag{25-2}$$

或写为 $H(s)$ 的形式：

$$H(s)=\frac{B(s)}{A(s)}=\frac{b(1)(s)^{N}+b(2)(s)^{N-1}+\cdots+b(N+1)}{a(1)(s)^{M}+a(2)(s)^{M-1}+\cdots+a(M+1)} \quad (25\text{-}3)$$

MATLAB 信号处理工具箱提供的 freqs 函数可直接计算系统的频率响应，其一般调用形式为：$H = freqs(b,a,\omega)$。

式中，b 为 $H(j\omega)$ 有理多项式中分子多项式的系数向量；

a 为分母多项式的系数向量；

ω 为需计算的 $H(j\omega)$ 的频率抽样点向量（ω 中至少需包含 2 个频率点，ω 的单位为 rad/s）。如果没有输出参数，直接调用 $freqs(b,a,\omega)$，则 MATLAB 会在当前绘图窗口中自动画出幅频和相频响应曲线图形。

例 25.1：三阶归一化的 Butterworth 低通滤波器的频率响应为

$$H(j\omega)=\frac{1}{(j\omega)^{3}+2(j\omega)^{2}+2(j\omega)+1} \quad (25\text{-}4)$$

利用 MATLAB 绘出该系统的幅频响应 $|H(j\omega)|$ 和相频响应 $\phi(\omega)$（图 25-1）。源程序如下：

```
clc,clear
w=linspace(-5,5,200);
b=[1];a=[1 2 2 1];
H=freqs(b,a,w);
subplot(2,1,1);
plot(w,abs(H));
set(gca,'ytick',[0 0.4 0.707 1]);
axis([-5 5 0 1.1])
xlabel('\omega(rad/s)');
ylabel('|H(j\omega)|');
title('Butterworth 低通滤波器的幅频特性及相频特性');
grid on;
subplot(2,1,2);
plot(w,angle(H));
set(gca,'ytick',[-pi 0 pi]);
```

```
xlabel('\omega(rad/s)'); ylabel('\phi(\omega)');
grid on;
```

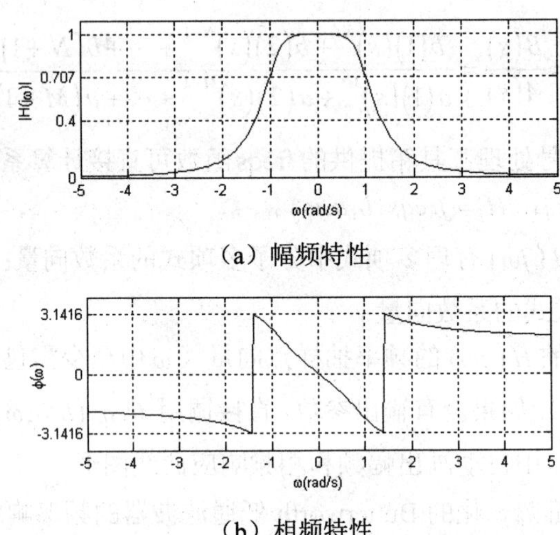

（a）幅频特性

（b）相频特性

图 25-1　Butterworth 低通滤波器的频响特性

②周期信号通过二阶低通滤波器的响应

例 25.2：求门宽为τ =2，周期为 T=4，幅度为 A=1 的周期矩形波通过如图 25-2（b）所示二阶低通滤波器（$R=\sqrt{\dfrac{L}{2C}}$，令截止频率为）系统的响应。

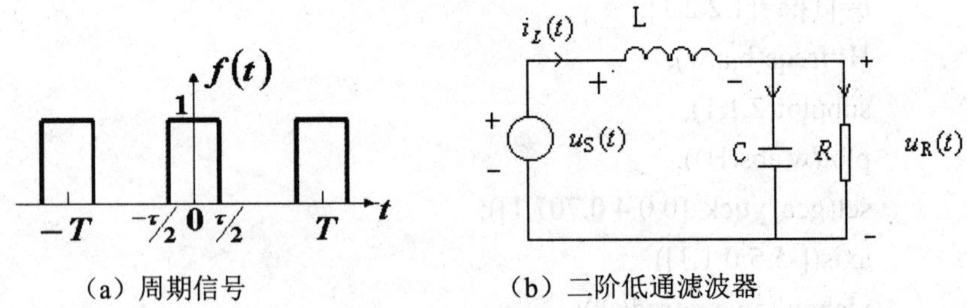

（a）周期信号　（b）二阶低通滤波器

图 25-2　周期信号及二阶低通滤波器

利用正余弦响应法求解周期信号通过滤波器的响应。二阶滤波器系统的频率响应函数：

$$H(j\omega)=\frac{U_R(j\omega)}{U_s(j\omega)}=\frac{1/(1/R+j\omega c)}{j\omega L+1/(1/R+j\omega c)}$$
$$=\frac{1}{(1/\omega_c^2)(j\omega)^2+(\sqrt{2}/\omega_c)(j\omega)+1} \quad (25-5)$$

因周期信号可展开成三角形式的傅立叶级数，所以周期信号通过系统的响应可利用正余弦响应法：$\cos(\omega_0 t)$或$\sin(\omega_0 t)$作用于频率响应为$H(j\omega)$的系统，所产生的响应为：$|H(j\omega_0)|\cdot\cos\left[\omega_0 t+\varphi(\omega_0)\right]$或$|H(j\omega_0)|\cdot\sin\left[\omega_0 t+\varphi(\omega_0)\right]$。

因门宽为$\tau=2$，周期为T=4，幅度为A=1 的周期矩形波$f_T(t)$为偶函数，故：

$$b_n=0$$

$$a_n=\frac{2}{T}\int_{-\frac{T}{2}}^{\frac{T}{2}}f_T(t)\cos(n\omega_0 t)dt=\frac{2}{T}\int_{-\frac{\tau}{2}}^{\frac{\tau}{2}}1\cdot\cos(n\omega_0 t)dt$$
$$=\frac{2}{n\pi}\sin\left(\frac{n\omega_0\tau}{2}\right)=\frac{2}{n\pi}\sin\left(\frac{n\pi}{2}\right)=Sa\left(\frac{n\pi}{2}\right),n=1,2,3\cdots$$

给定的周期矩形脉冲三角形式傅立叶展开式为：

$$f_T(t)=\frac{1}{2}+\sum_{n=1}^{\infty}Sa\left(\frac{n\pi}{2}\right)\cos(n\omega_0 t)=\frac{1}{2}+\sum_{n=1}^{\infty}Sa\left(\frac{n\pi}{2}\right)\cos(n\omega_0 t) \quad (25-6)$$

系统的响应为：$y(t)=\frac{1}{2}+\sum_{n=1}^{\infty}Sa\left(\frac{n\pi}{2}\right)\cdot|H(jn\omega_0)|\cdot\cos\left[n\omega_0 t+\varphi(n\omega_0)\right]$。

系统的响应程序及运行结果如图 25-3 所示。

```
clc,clear
T=4;w0=2*pi/T;wc=100;
N=floor(wc/w0); %允许通过的周期矩形波的最大谐波次数
t=-6:0.01:6;c0=0.5;
xN=c0*ones(1,length(t)); %dc 直流成分
for n=1:N   %或 n=1:2:N,因 sinc(n*0.5)在偶次 even harmonics are zero
    H=abs(1/((1/wc^2)*(j*w0*n)^2+(sqrt(2)/wc)*j*w0*n+1));
    phi=angle(1/((1/wc^2)*(j*w0*n)^2+(sqrt(2)/wc)*j*w0*n+1));
    xN=xN+H*cos(w0*n*t+phi)*sinc(n*0.5);
end
```

```
plot(t,xN);    xlabel('t 轴');grid;
title(['截止角频率  Wc=',num2str(wc),'时' '周期矩形波通过二阶低通滤波器的响应'])
set(gca,'xtick',[-5 -3 -1 0 1 3 5]);
```

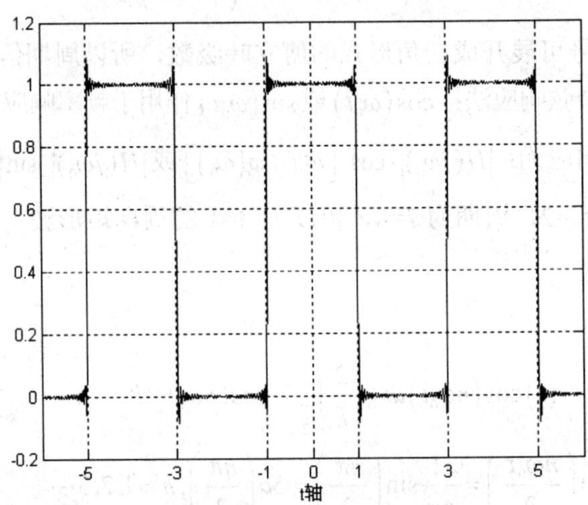

图 25-3　周期信号通过二阶低通滤波器的响应

（2）在 MATLAB 平台上的实验

在 MATLAB 中完成以下实验，并将实验结果存入 U 盘。

①验证实验原理中所述的相关程序，比较例 25.2 中试用ω_c=10 及ω_c=1000 的运行结果，并说明原因。

②若例 25.2 中二阶低通滤波器系统的激励为图示的锯齿波（图 25-4），计算系统的输出响应，画出响应曲线。选择失真较小的截止频率ω_c，使滤出信号为角频率为$\omega = 2\pi$的谐波分量或直流分量。三角波的三角形式展开式可查阅常用周期信号的傅里叶系数表或自行计算。

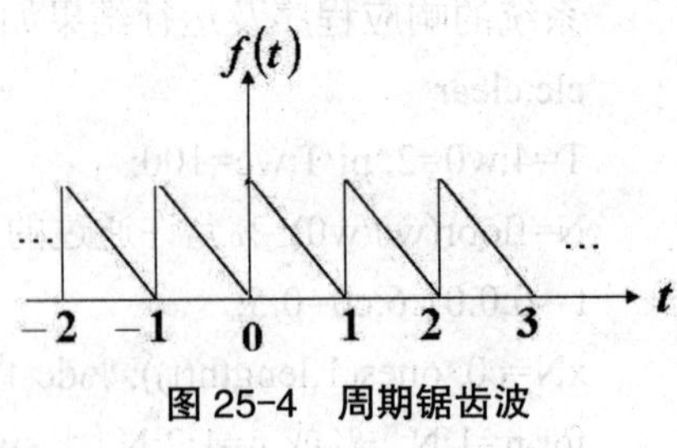

图 25-4　周期锯齿波

③LTI 系统的微分方程为：$y''(t)+2y'(t)+100y(t)=f(t)$。

- 写出系统频响$H(j\omega)$的表达式；
- 利用正余弦响应法计算$f(t)=10\sin(2\pi t)$经过系统后的系统响应

$y(t)$，并用 MATLAB 的 subplot 画出系统的幅频响应 $|H(j\omega)|$、相频响应 $\phi(\omega)$、$f(t)=10\sin(2\pi t)$、$y(t)$四个图；

- 根据结果说明输入信号经系统传输后有无失真及原因。

25.4　思考题

①如何从周期信号中取出所需的频率信号？如何选择失真较小的滤波器截止频率 ω_c？

②系统无失真传输条件是什么？

③物理可实现的低通滤波器无失真传输条件是什么？

25.5　实验报告

实验报告包括以下内容：

①给出实验内容所要求的手工计算过程、相应的 MATLAB 源程序、图形。

②回答本实验中所有的思考题。

③写出本实验的心得体会。

第 26 单元　信号的频域分析及应用

本实验采用 MATLAB 软件进行。

26.1　实验目的

①熟悉连续周期信号频谱及连续非周期信号频谱的特点。

②根据信号频谱图，求解信号的带宽。

③熟悉调制信号功率谱的计算及调制过程的频谱搬移现象。

④观察多路调制信号的时域与频域的波形，熟悉 FDMA 频分多路复用的特点。

26.2　实验手段（仪器和设备，或者平台）

安装 MATLAB 的计算机。

26.3　实验原理、实验内容与步骤

（1）实验原理

①周期信号频谱的特点及 MATLAB 实现

任何一个周期为 T_1 的正弦周期信号 $f(t)$，只要满足狄利克利条件，就可以展开成傅里叶级数。三角傅里叶级数为：

$$f(t)=\frac{A_0}{2}+\sum_{n=1}^{\infty}A_n\cos(n\Omega t+\varphi_n)=\sum_{n=-\infty}^{\infty}F_n e^{jn\Omega t} \qquad (26\text{-}1)$$

其中，$\Omega=\frac{2\pi}{T_1}$，称为信号的基本角频率，A_n、φ_n 为合并同频率项之后各正弦谐波分量的幅度和初相位，它们都是频率 $n\Omega$ 的函数，绘制出它们与 $n\Omega$ 之间的图像，称为信号的频谱图（简称“频谱”），$A_n-n\Omega$ 图像为幅度谱，$\varphi_n-n\Omega$ 图像为相位谱。

傅里叶系数 Fn（频谱）一般为复数，可分别利用 abs 和 angle 函数获得

其幅频特性和相频特性。其调用格式分别为：

```
x=abs(Fn)
y=angle(Fn)
```

周期信号的频谱为离散信号，可以用 stem 画出其频谱图。下面以周期三角波信号的频谱为例介绍信号频谱图的 MATLAB 绘制。

例 26.1：试用 MATLAB 画出周期三角波信号的频谱（图 26-1）。

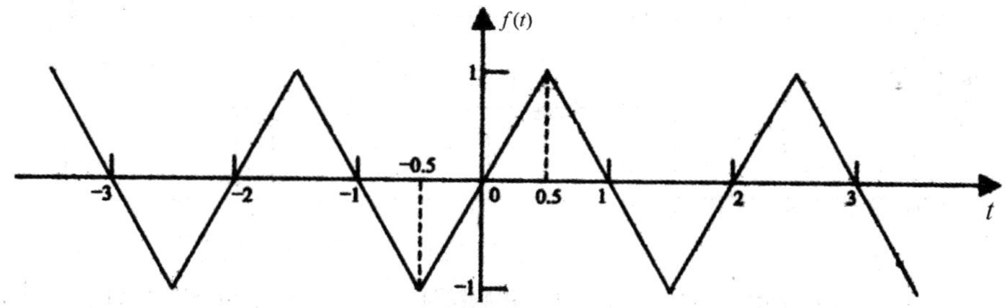

图 26-1　周期三角波信号

图 26-1 所示周期三角波信号的频谱为：

$$F_n = \begin{cases} \dfrac{-4j}{n^2\pi^2}\sin(\dfrac{n\pi}{2}) & n \neq 0 \\ 0 & n = 0 \end{cases}$$

其 MATLAB 程序如下：

```
N=8;
n1=-N:-1; %计算 n=-N 到-1 的 Fourier 系数
f1=-4*j*sin(n1*pi/2)/pi^2./n1.^2;%考虑到 n=0 时，Fn=0
f0=0;
n2=1:N;
f2=-4*j*sin(n2*pi/2)/pi^2./n2.^2;
Fn=[f1 f0 f2];
n=-N:N;
subplot(2,2,1)
stem(n,abs(Fn));
ylabel('Fn 的幅度');
subplot(2,2,2)
% stem(n,abs(Fn));
```

```
stem(n,imag(Fn));
title('周期三角波的频谱');
subplot(2,2,3);
stem(n,angle(Fn));
ylabel('Fn 的相位');xlabel('\omega/\omega0')
```

波形如图 26-2 所示。

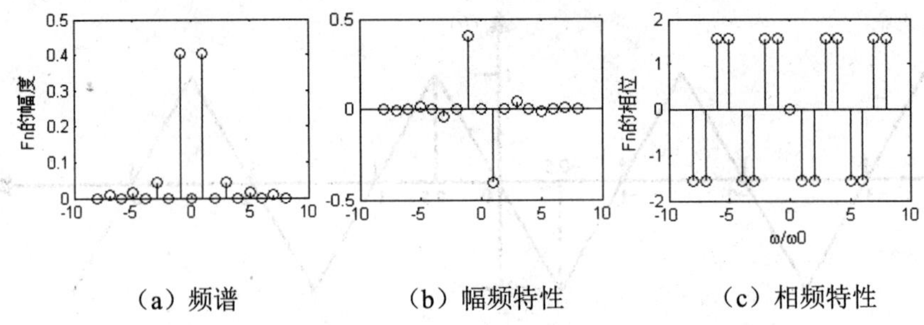

（a）频谱　　（b）幅频特性　　（c）相频特性

图 26-2　周期三角波信号的频谱

②非周期信号频谱的特点及 MATLAB 的实现

非周期信号的频谱可用数值积分的方法来计算，对一个实时间信号取傅氏变换，若变换存在并且为一个 ω 的显函数，就可以画出相应的幅频相频特性曲线。但当信号表达式比较复杂，或只有信号的采集样本时，要求其傅氏变换对信号进行频谱分析，就不那么容易了。这时可以采用数值计算的方法来近似计算，这种方法就是用求和的方法近似积分的计算

$$F(\omega)=\int_{-\infty}^{\infty}x(t)\mathrm{e}^{-jwt}dt\approx\sum_{k=-\infty}^{\infty}x(kt)\mathrm{e}^{-j2\pi f\cdot t(k)}\Delta t \tag{26-2}$$

即：

$$F(f)\approx\sum_{k=-\infty}^{\infty}x(kt)\mathrm{e}^{-j2\pi f\cdot t(k)}\Delta t \tag{26-3}$$

式中，$t(k)$ 称作 t 的第 k 个样本值（时间离散化），相应 $x(kt)$ 称作 $x(t)$ 的第 k 个样本值。Δt 就是 t 的两个相邻样本值的间隔。只要 Δt 足够小，求和就可以使 $F(f)$ 积分有很好的近似。但是还不能直接计算上式的求和，因为它有无穷多项，还须作进一步的近似，就是用有限项代替无穷项求和。

$$F(f)\approx\sum_{k=0}^{N-1}x(kt)\mathrm{e}^{-j2\pi f\cdot t(k)}\Delta t \tag{26-4}$$

只要 N 足够大，Δt 足够小，$x(t)$ 的样本点数足够多，就会有很好的近

似。

但是在画频谱图时，由于横坐标为频率，所以要离散地计算出对应于每个频率点 fm 的 $F(fm)$：

```
function SF=sig_spec(ft,t,dt,f)
%ft 为待计算频谱的时域信号
%t 为时间向量
%dt 为时域信号的采样间隔
%f 为待观察的频率向量
%SF 为频谱值
SF=zeros(1,length(f));
for i=1:length(f)
      for k=1:length(t)
            SF(i)=SF(i)+ft(k)*exp(-
j*2*pi*f(i)*t(k))*dt;
      end
end
```

例 26.2：试用数值积分方法近似计算门宽为 $\tau=1$，幅度为 1 的门函数（矩形脉冲信号）的频谱。

门宽为 $\tau=1$，幅度为 1 的门函数，如图 26-3 所示。

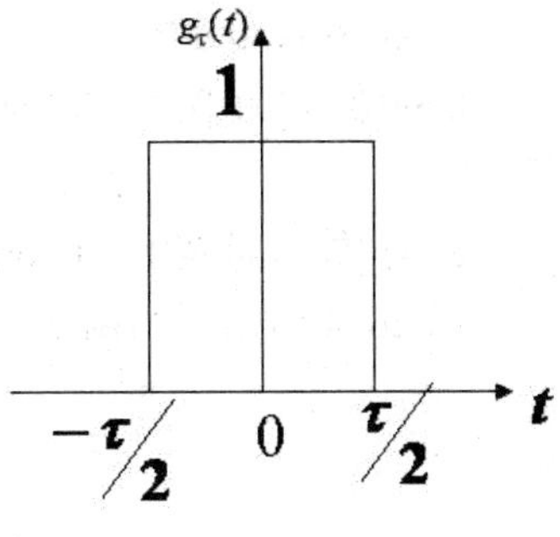

图 26-3　门信号

门函数的频谱理论值为：

$$F(j\omega)=\tau Sa\left(\frac{\omega\tau}{2}\right)=Sa\left(\frac{\omega}{2}\right) \tag{26-5}$$

利用 MATLAB 数值积分的方法计算频谱的程序及运行结果如下：

第一步，编写频谱计算函数 sig_spec；

第二步，用数值积分的方法求解非周期信号的频谱主程序。

```
clc,clear
dt=0.001      %采样时间间隔，即步长；
t=-10:dt:10;
g=1.*((t>=-0.5)-(t>=0.5));      %时限信号 f1(t)的表示
df=0.01; f=-4:df:4;
SF=sig_spec(g,t,dt,f);
```

```
subplot(211),plot(t,g)
axis([-1,1,-0.2,1.2]),grid
subplot(212)
plot(f,SF), grid on
SF_max=max(abs(SF));
title('矩形脉冲的频谱');
xlabel('f'); ylabel('F(f)');
set(gca,'xtick',[-1 0 1]);
%标出第一零点的位置,以 Hz 为单位
set(gca,'ytick',[-0.5 0 0.707 1]);
[x,y]=ginput(1)
line([0 x],[SF_max/sqrt(2) SF_max/sqrt(2)]);
gtext('3dB 带宽')
line([0 1],[0 0]); % 在(0,0)和(1,0)之间加线，用［ ］表示同一 x 或 y 的坐标
gtext('能量带宽'), grid on
```

图 26-4 给出了门函数（信号）及其频谱。

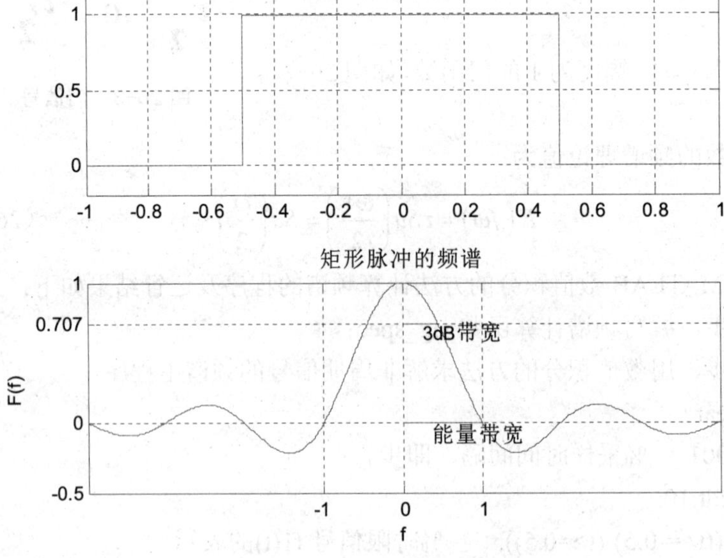

图 26-4　门信号的频谱及带宽

③连续时间信号幅度调制及调制信号的频谱搬移

本实验所介绍的调制方法为抑制载波方式，即已调信号的频谱中不包含载波的频率分量。其执行的算法为：

$$y = x * \cos(\omega_c t) = x * \cos(2 * pi * F_c * t) \tag{26-6}$$

其中，x 为调制信号，F_c 为载波频率，y 为已调制信号，t 为信号时间向量。

抑制载波的幅度调制中，若调制信号的频谱如图 26-5（a）所示，则已调信号的频谱如图 26-5（b）所示。

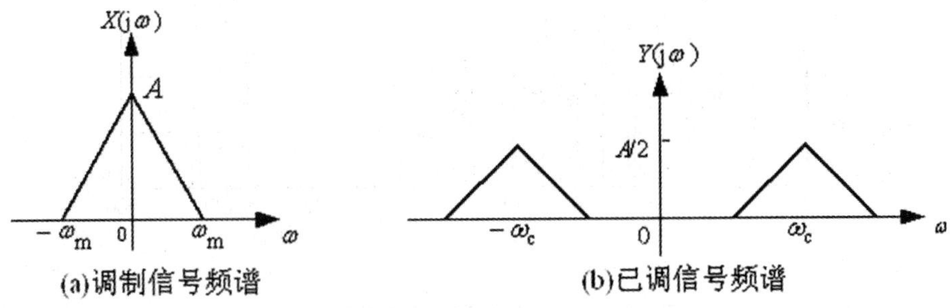

图 26-5　调制信号与已调信号的频谱

本实验调制信号频谱及频谱的搬移，是通过求取信号的功率谱来说明的。周期信号的功率谱计算公式为 $P(\omega) = \lim\limits_{T\to\infty} \dfrac{|F_T(j\omega)|^2}{T}$。其中，$F_T(j\omega)$ 为信号的频谱，T 一般取信号的时长。

下面举例说明如何实现信号的调制及如何计算信号的功率谱。

例 26.3：设信号 $f(t) = \sin(100\pi t)$，载波信号为 400 Hz 的余弦信号。试用 MATLAB 实现调幅信号 $y(t)$，并观察 $f(t)$ 的功率谱和 $y(t)$ 的功率谱，以及两者在频域上的关系。

信号的功率谱是用横坐标表示频率，纵坐标表示功率。如信号 $f(t) = \sin(100\pi t)$ 的功率谱如图 26-6 所示，在频率 50Hz 处的功率。

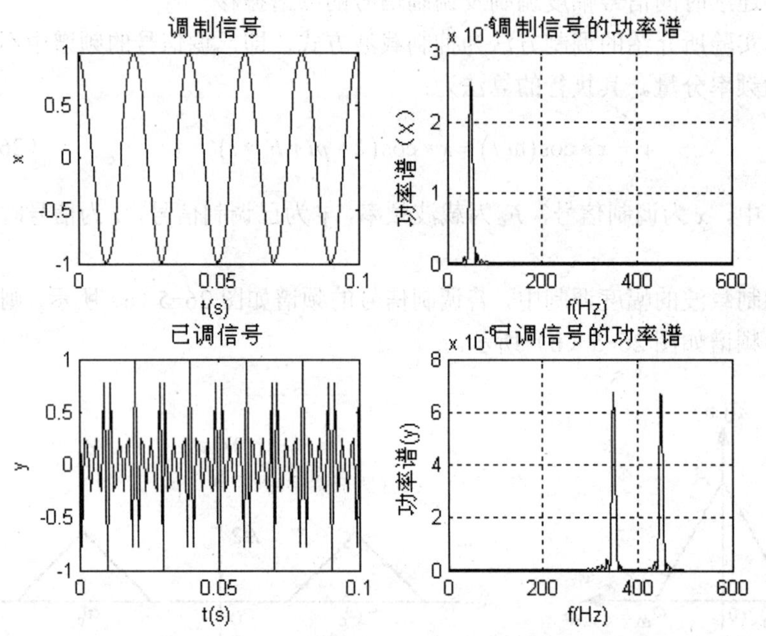

图 26-6　调制信号和已调信号的频谱

MATLAB 程序如下：

```
clc,clear
Fs=1000;
%调制信号 x 的采样频率
Fc=400;
%载波信号的载波频率小于 1/2Fs
dt=0.001;
t=0:dt:100/Fs;
x=sin(2*pi*50*t);     %调制信号
f=0:500;    %频率向量
subplot(221);
plot(t,x); xlabel('t(s)');ylabel('x');title('调制信号');
SF=sig_spec(x,t,dt,f);     %计算调制信号的频谱
subplot(222);
plot(f,abs(SF).^2/length(t));     %绘制调制信号的功率谱
```

```
xlabel('f(Hz)');ylabel('功率谱(x)');title('调制信号的功率谱');grid
%调幅时域表达式
y=x.*cos(2*pi*400*t);
subplot(223);
plot(t,y);xlabel('t(s)');ylabel('y');title('已调信号');
%计算已调信号的频谱及功率谱并绘制功率谱
SF1=sig_spec(y,t,dt,f);    %计算已调信号的频谱
subplot(224);
plot(f,abs(SF1).^2/length(t));
xlabel('f(Hz)');ylabel('功率谱(y)');title('已调信号的功率谱');grid
```

由图 26-5 可见，$y(t)$的功率谱处在以频率f=400Hz 为中心的两侧，偏移值为 50Hz 的双边带。显然，上述结果与理论分析结果完全一致。本例的主要目的是观察调制信号 $x(t)$及已调信号 $y(t)$的谱线在频域上的位置变化关系，验证调制定理。

（2）在 MATLAB 平台上的实验

在 MATLAB 中完成以下实验，并将实验结果存入 U 盘。

①验证实验原理中所述的相关程序。

②用手工方法求出图 26-7 所示周期三角脉冲信号的傅立叶系数，并用 MATLAB 画出其频谱。

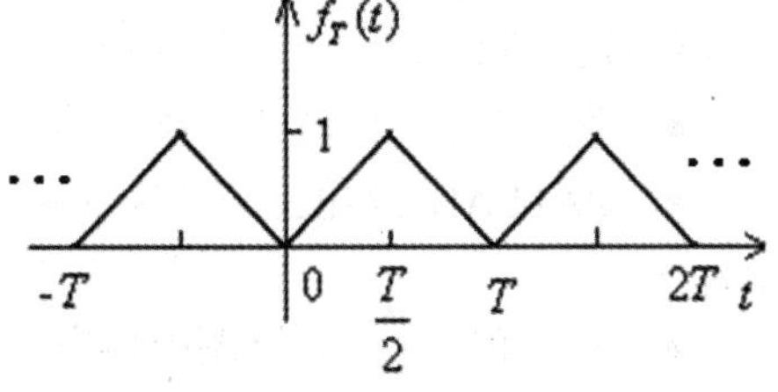

图 26-7　周期三角脉冲信号

MATLAB 程序如下：

```
clc;
clear;
n=-8:8;
Fn=1/2.*sinc(n/2).*sinc(n/2).*exp(-j*n*pi);
subplot(221);
stem(n,Fn);title('周期三角波的频谱');xlabel('\omega');ylabel('Fn');
axis([-10 10 -0.5 0.6 ]);grid on;
subplot(222);
stem(n,abs(Fn));title('周期三角波的幅度谱');xlabel('\omega');ylabel('Fn 的幅度');
axis([-10 10 -0.1 0.6]);grid on;
subplot(223);
```

stem(n,angle(Fn));title('周期三角波的相位谱');xlabel('\omega');ylabel('Fn的相位');

grid on;

周期三角波的频谱、幅度谱、相位谱如图 26-8 所示。

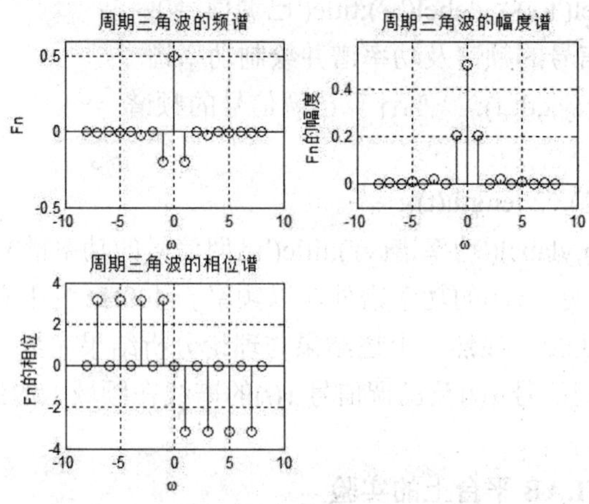

图 26-8　周期三角脉冲信号的频谱、幅度谱、相位谱

③试用数值方法近似计算如图 26-9 所示门宽为$\tau = 2$、幅度为 1 的三角脉冲信号的频谱。

- 手工计算三角波信号频谱的理论值；
- MATLAB 绘出三角脉冲的频谱图，手工计算第一零点的位置并在图中标出；
- 在三角脉冲的频谱图中标出 3dB 带宽，3dB 带宽通常是指幅度谱的最高点下降到$1/\sqrt{2}$（或功率谱密度或能量谱密度的最高点下降到 1/2）时界定的频率范围；
- 观察频谱图，说明其特点。

MATLAB 程序如下：

```
clc,clear
dt=0.001;     %采样时间间隔，即步长；
t=-10:dt:10;
g=tripuls(t,2);        %三角脉冲信号 f(t)的表示
df=0.01; f=-4:df:4;
SF=sig_spec(g,t,dt,f);
```

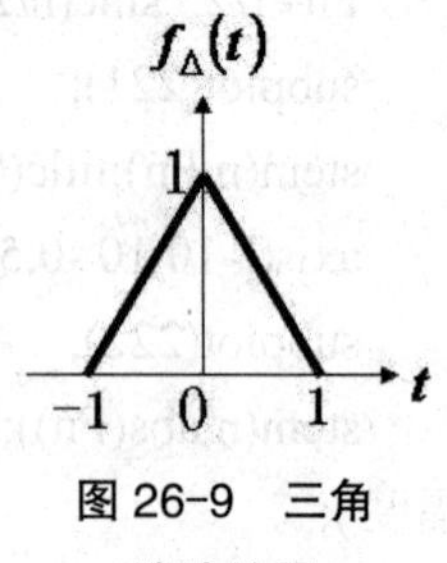

图 26-9　三角脉冲信号

```
subplot(211),plot(t,g);title('三角脉冲信号');
axis([-1,1,-0.2,1.2]),grid
subplot(212)
plot(f,SF), grid on
SF_max=max(abs(SF));
title('三角脉冲的频谱');
xlabel('f'); ylabel('F(f)');
set(gca,'xtick',[-2 -1 0 1 2]);
%标出第一零点的位置,以 Hz 为单位
set(gca,'ytick',[-0.5 0 0.707 1]);
axis([-2 2 -0.5 1]);
[x,y]=ginput(1);
line([0 x],[SF_max/sqrt(2) SF_max/sqrt(2)]);
gtext('3dB 带宽')
line([0 1],[0 0]); % 在(0,0)和(1,0)之间加线，用［ ］表示同一 x 或 y 的坐
标
gtext('能量带宽'), grid on
```

三角脉冲信号及其频谱图如图 26-10 所示。

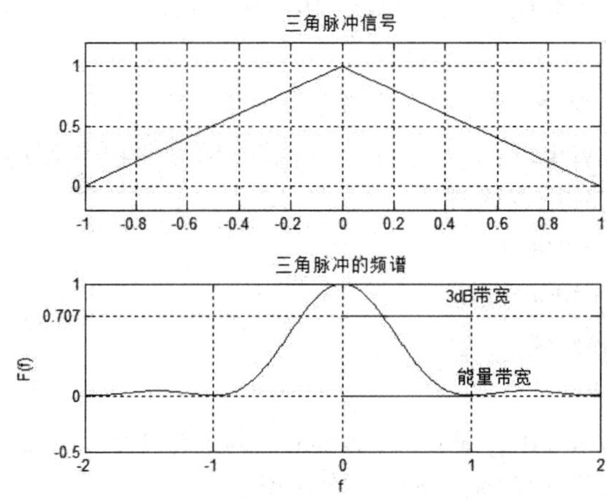

图 26-10　三角脉冲信号及其频谱

④已知调制信号为 $f(t)=\sin(100\pi t)$，试分别用频率为 100Hz、400Hz、800Hz 的余弦作载波信号实现三路信号的调制，并用 MATLAB 画出三路已

调频分复用信号的功率谱。

提示：在计算每路信号的频谱时，为提高运算速度，可视三路调制信号频谱搬移的具体情况，确定频率的起始点；三路信号频分复用功率谱图可用 hold on 完成。

MATLAB 程序如下：

```
clc,clear
Fs=2000;   %调制信号 x 的采样频率
Fc1=100;   %载波信号 1 的载波频率
Fc2=400;   %载波信号 2 的载波频率
Fc3=800;   %载波信号 3 的载波频率
%载波信号的载波频率小于 1/2Fs
dt=1/Fs;
t=0:dt:100/Fs;
x=sin(2*pi*50*t);     %调制信号
f=0:900;    %频率向量
figure;
subplot(421);
plot(t,x); xlabel('t(s)');ylabel('x');title('调制信号');
SF=sig_spec(x,t,dt,f);     %计算调制信号的频谱
subplot(422);
plot(f,abs(SF).^2/length(t));     %绘制调制信号的功率谱
xlabel('f(Hz)');ylabel('功率谱(x)');title('调制信号的功率谱');grid
%调幅信号的时域表达式
y1=x.*cos(2*pi*100*t);
y2=x.*cos(2*pi*400*t);
y3=x.*cos(2*pi*800*t);
subplot(423);
plot(t,y1);xlabel('t(s)');ylabel('y1');title('已调信号 1');
%计算已调信号 1 的频谱及功率谱并绘制功率谱
SF1=sig_spec(y1,t,dt,f);    %计算已调信号 1 的频谱
subplot(424);
plot(f,abs(SF1).^2/length(t));
xlabel('f(Hz)');ylabel('功率谱(y1)');title('已调信号 1 的功率谱');grid
```

```
subplot(425);
plot(t,y2);xlabel('t(s)');ylabel('y2');title('已调信号 2');
%计算已调信号 2 的频谱及功率谱并绘制功率谱
SF2=sig_spec(y2,t,dt,f);     %计算已调信号 2 的频谱
subplot(426);
plot(f,abs(SF2).^2/length(t));
xlabel('f(Hz)');ylabel('功率谱(y2)');title('已调信号 2 的功率谱');grid
subplot(427);
plot(t,y3);xlabel('t(s)');ylabel('y3');title('已调信号 3');
%计算已调信号 3 的频谱及功率谱并绘制功率谱
SF3=sig_spec(y3,t,dt,f);     %计算已调信号 3 的频谱
subplot(428);
plot(f,abs(SF3).^2/length(t));
xlabel('f(Hz)');ylabel('功率谱(y3)');title('已调信号 3 的功率谱');grid
```

已调 3 路频分复用信号的功率谱如图 26-11 所示。

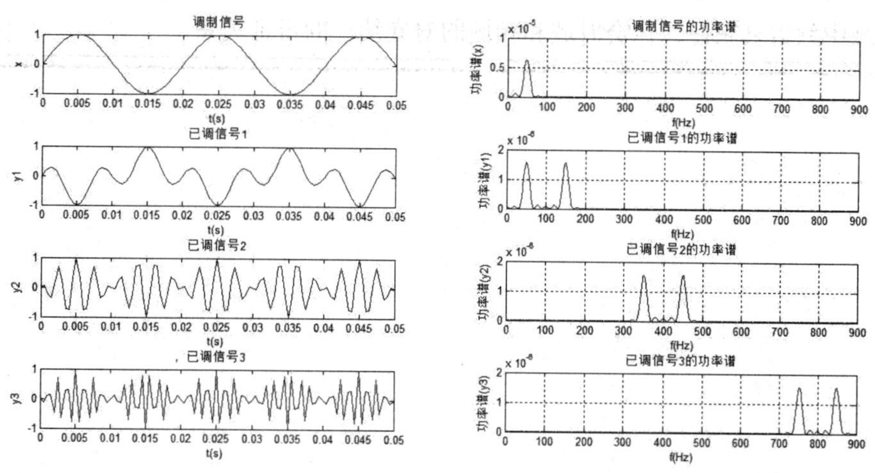

图 26-11　已调 3 路频分复用信号的功率谱

26.4　思考题

①周期信号及非周期信号频谱各有何特点？

②信号的带宽如何定义？

③信号为什么要进行调制？

④频分多路复用信号时域波形和频域功率谱有何特点？

26.5　实验报告

实验报告包括以下内容：

①完成实验相关内容及相应的 MATLAB 源程序。

②回答本实验中所有的思考题。

③写出本实验的心得体会。

关于课程思政的思考：

矩形脉冲波形与频谱的关系，体现信号时域压缩，则频谱展宽，领悟多角度分析问题；方波和三角波信号的频谱，表明时域中信号变化快，频域中频谱衰减慢，体会时域和频域的对立统一的辩证关系。

第27单元　信号采样与重建以及采样定理

前面已有采用硬件电路进行相关内容的实验，但本实验采用MATLAB软件进行实验。

27.1　实验目的

①加深理解连续时间信号的离散化过程中的数学概念和物理概念，掌握时域采样定理的基本内容，观察采样信号的频谱混叠现象。

②了解离散信号频谱的特点。

③掌握由采样序列重建原始连续信号的基本原理与实现方法，理解其工程概念。

27.2　实验手段（仪器和设备，或者平台）

安装MATLAB的计算机。

27.3　实验原理、实验内容与步骤

（1）实验原理

①抽样定理及抽样后信号的频谱

若 $f(t)$ 是带宽为 ω_m 的带限信号，$f(t)$ 经采样后的频谱 $F_s(\omega)$ 是将f(t)的频谱 $F(\omega)$ 在频率轴上以采样频率 ω_s 为间隔进行周期延拓。因此，当 $\omega_s \geqslant 2\omega_m$ 时，不会发生频率混叠；而当 $\omega_s \leqslant 2\omega_m$ 时将发生频率混叠（图27-1）。

选取信号 $f(t)=Sa(t)$ 作为被采样信号（$Sa(t)\leftrightarrow \pi g_2(\omega)$，所以最高截止频率为 $\omega_m=1$），当采样频率 $\omega_s=2\omega_m$ 时，称为临界采样。信号 $f(t)$ 经冲激采样后的信号为 $f_s(t)$，其频谱函数为：

$$F_S(j\omega)=\frac{1}{2\pi}F(j\omega)*\omega_s\sum_{n=-\infty}^{\infty}\delta(\omega-n\omega_s)=\frac{1}{T_s}\sum_{n=-\infty}^{\infty}F\left[j(\omega-n\omega_s)\right] \quad (27\text{-}1)$$

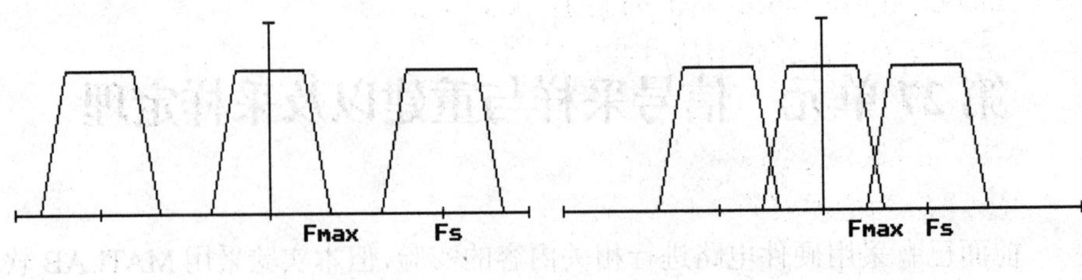

（a）正常采样（过采样）　　（b）欠采样

图 27-1　采样后信号的频谱混叠现象

用 MATLAB 绘出对 $f(t)=Sa(t)$ 冲激取样后的 $F_S(j\omega)$ 的频谱图，程序如下：

```
clc,clear
wm=1; %信号带宽，指模拟角频率
bs=1.5; %采样角频率，欠采样
% bs=2; %2 倍采样角频率，也有误差，所以一般不取奈氏频率
% bs=3;  %采样角频率，大于两倍采样
ws=bs*wm;
Ts=2*pi/ws; %采样间隔
tm=5*Ts;  %使抽样点出现在 nTs 处
Dt=0.01;
t=-tm:Dt:tm;
nTs=-tm:Ts:tm;
ft=sinc(t/pi);
f_nTs=sinc(nTs/pi);
w_guancha=-3*ws:0.01:3*ws;
fnTs_ftf=sig_spec_w(f_nTs,nTs,Ts,w_guancha); %以 rad/s 为单位，求信号频谱
plot(w_guancha,fnTs_ftf);
hold on
ft_ftf=sig_spec_w(ft,t,Dt,w_guancha);
plot(w_guancha,ft_ftf,'r-.');xlabel('\omega(rad/s)');
title([num2str(bs),'倍采样信号与原信号的幅度谱']);
```

```
function sf =sig_spec_w(ft_nTs,nTs,Ts,w_nTs)
%ft_nTs 为待计算频谱的时域信号
%nTs 为时间向量
%Ts 为时域信号的采样间隔
%w_nTs 为待观察的角频率向量
%sf 为频谱值
sf=zeros(1,length(w_nTs));
for i=1:length(w_nTs)
        for k=1:length(nTs)
                sf(i)=sf(i)+ft_nTs(k)*exp(-j*w_nTs(i)*nTs(k))*Ts;
        end
end
end
```

图 27-2 给出了对 Sa(t)的采样后信号的频谱，上部为 1.5 倍采样率的频谱，下部为原信号的频谱。可见信号频谱的混叠现象。

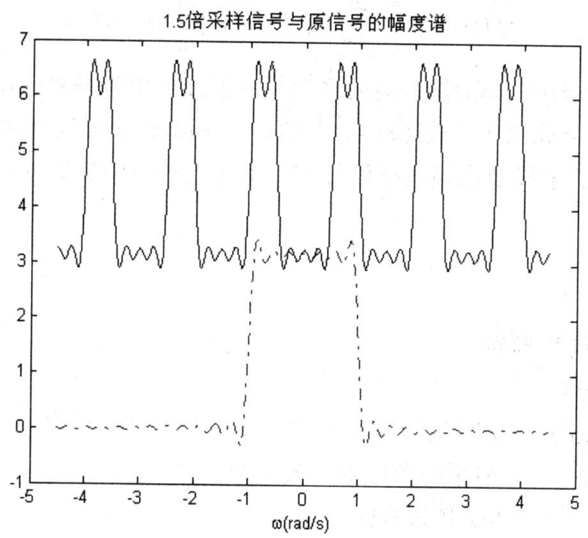

图 27-2　对 Sa(t)的采样后信号的频谱

②信号重建

采样后得到信号 $f_s(t)$，经理想低通 $h(t)$ 则可得到重建信号 $f(t)$，即：

$$f(t)=f_s(t)*h(t) \tag{27-2}$$

其中

$$f_s(t)=f(t)\sum_{-\infty}^{\infty}\delta(t-nT_s)=\sum_{-\infty}^{\infty}f(nT_s)\delta(t-nT_s)$$

$$h(t)=T_s\frac{\omega_c}{\pi}Sa(\omega_c t) \tag{27-3}$$

所以

$$\begin{aligned} f(t)&=f_s(t)*h(t)=\sum_{n=-\infty}^{\infty}f(nT_s)\delta(t-nT_s)*T_s\frac{\omega_c}{\pi}Sa(\omega_c t) \\ &=T_s\frac{\omega_c}{\pi}\sum_{n=-\infty}^{\infty}f(nT_s)Sa[\omega_c(t-nT_s)] \end{aligned} \tag{27-4}$$

上式表明，连续信号可以展开成抽样函数的无穷级数。

利用 MATLAB 中的 $\sin c(t)=\dfrac{\sin(\pi t)}{\pi t}$ 来表示 Sa(t)，有 $Sa(t)=\sin c(\dfrac{t}{\pi})$，所以可以得到在 MATLAB 中由 $f(nT_s)$ 重建 $f(t)$ 的表达式如下：

$$f(t)=T_s\frac{\omega_c}{\pi}\sum_{n=-\infty}^{\infty}f(nT_s)\sin c[\frac{\omega_c}{\pi}(t-nT_s)] \tag{27-5}$$

选取信号 *f*(*t*)= cos(*t*)作为被采样信号（最高频率为 *f*=8Hz），取理想低通的截止频率 $\omega_c=\omega_s/2$（并验证 $\omega_c=\omega_m$ 及 $\omega_c=\omega_s-\omega_m$ 两种截止频率）。实现对信号 *f*(*t*)= cos(*t*)的采样及由该采样信号恢复重建的程序框架如下：

```
clc,clear
dt=0.01;
t=0:dt:1;
f=8;   %信号频率
wm=2*pi*f;
ft=cos(wm*t);   %时域信号
% bs=1.5;          %采样角频率，欠采样
% bs=2;            %2 倍采样角频率
bs=3;              %采样角频率，大于两倍采样
ws=bs*wm;
Ts=2*pi/ws;          %采样间隔
wc=1/2*ws;           %理想低通截止频率
% wc=wm;             %理想低通截止频率
```

```
nTs=0:Ts:1;
f_nTs=cos(wm*nTs); %时域采样信号

y=0;
for m=1:length(nTs)
    y=y+f_nTs(m).*sinc(wc/pi*(t-nTs(m)));
end
ftx=(Ts*wc/pi).*y; %信号重建
error=abs(ft-ftx);    %求重建信号与原信号的误差
subplot(221)
plot(t,ft);xlabel('nTs');ylabel('f(nTs)');
hold on;stem(nTs,f_nTs);
title([num2str(bs),'倍采样频率的采样信号 cos(t)']); grid;

subplot(222)
plot(t,error);xlabel('t');ylabel('error(t)');
title(['\omegac=','1/2ws' '重建信号与原信号的误差 error']); grid on;

subplot(223)
plot(t,ft); hold on;plot(t,ftx,'r--');
xlabel('t');title('原信号与重建信号的比较');grid on;

subplot(224)
f_guancha=0:0.01:12;
fnTs_ftf=sig_spec(f_nTs,nTs,Ts,f_guancha);
psf1=(abs(fnTs_ftf).^2/1);
plot(f_guancha,psf1);
hold on
ftx_ftf=sig_spec(ftx,t,dt,f_guancha);
psf2=(abs(ftx_ftf).^2/1);
```

```
plot(f_guancha,psf2,'r--');xlabel('f(Hz)');
title([num2str(bs),'倍采样信号与重建信号的功率谱']);
set(gca,'xtick',[0 4 8 12]);
```

图 27-3 给出了对 cos(*t*)的采样与重建信号 cos(*t*)波形和频谱情况。

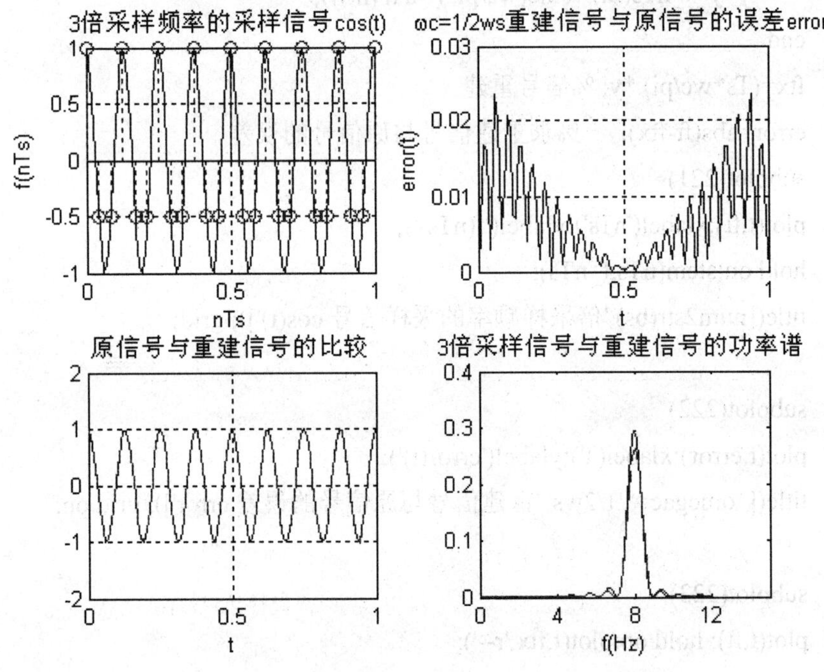

图 27-3　对 cos(*t*)的采样与重建信号 cos(*t*)

为了比较由采样信号恢复后的信号与原信号的误差，也可计算两信号的绝对误差。例如，固定低通滤波器截止角频率 ω_c，调整采样频率为 $\omega_s = 1.5\omega_m$ 欠采样情况，计算误差，用 MATLAB 实现此过程：

```
error=abs(fa-sinc(t/pi));     %求重建信号与原信号的误差
```

由图 27-4 可见，当采样频率为 $\omega_s = 1.5\omega_m$ 时，重建信号与原信号的绝对误差 error 较大，其原因是采样信号频谱发生了混叠。

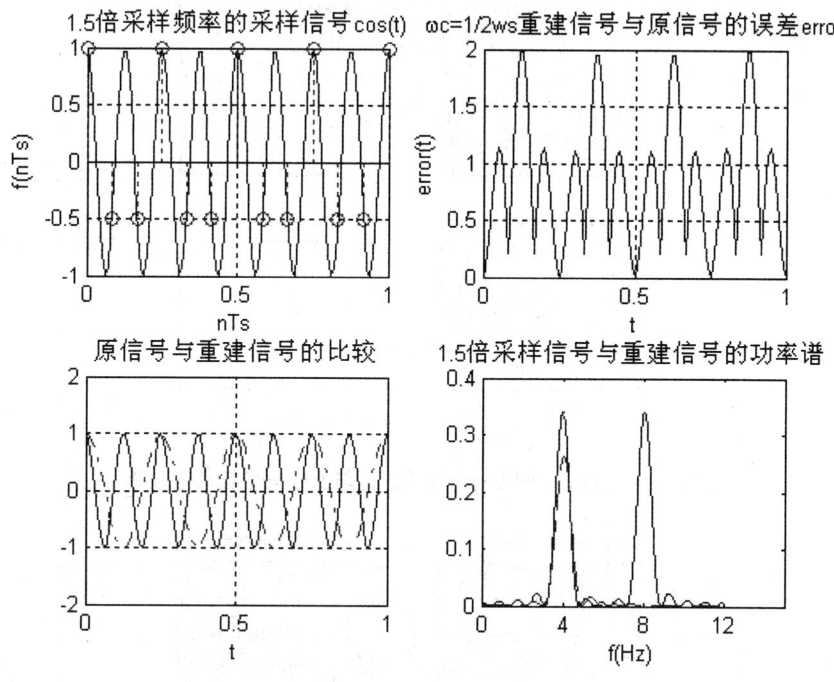

图 27-4　cos(*t*)重建信号与原信号的比较及误差

（2）在 MATLAB 平台上的实验

在 MATLAB 中完成以下实验，并将实验结果存入 U 盘。

①验证实验原理中所述的相关程序；

②选取信号 $f(t)=\cos(t)$ 作为被采样信号（最高频率为 $f=8$Hz），取理想低通的截止频率 $\omega_c=1/2*\omega_s$。实现对信号 $f(t)=\cos(t)$ 的采样及由该采样信号的恢复重建，按要求完成以下内容：

分别令采样角频率 $\omega_s=1.5*\omega_m$ 及 $\omega_s=3*\omega_m$，给出在欠采样及过采样条件下冲激取样后信号的频谱 $F_S(j\omega)$，从而观察频谱的混叠现象。

若抽样角频率取为 ws=3*wm，欲使输出信号与输入信号一致为 cos(*t*)，试根据采样信号恢复信号的误差，确定理想低通滤波器 $H(j\omega)$ 的截止角频率 ω_c 的取值范围应为多大？

当 $\omega_c=\omega_m$ 及 $\omega_c=\omega_s-\omega_m$ 时的重建信号与原信号的比较及误差分别如图 27-5、图 27-6 所示。可得 ω_c 的范围是 $\omega_m<\omega_c<\omega_s-\omega_m$。

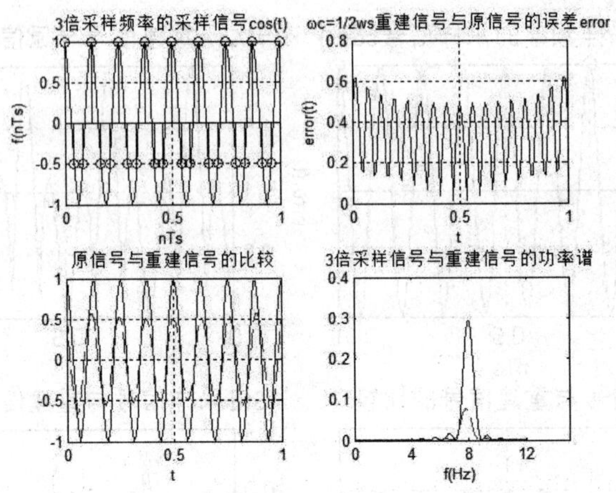

图 27-5　$\omega_c=\omega_m$ 时 cos(t)重建信号与原信号的比较及误差

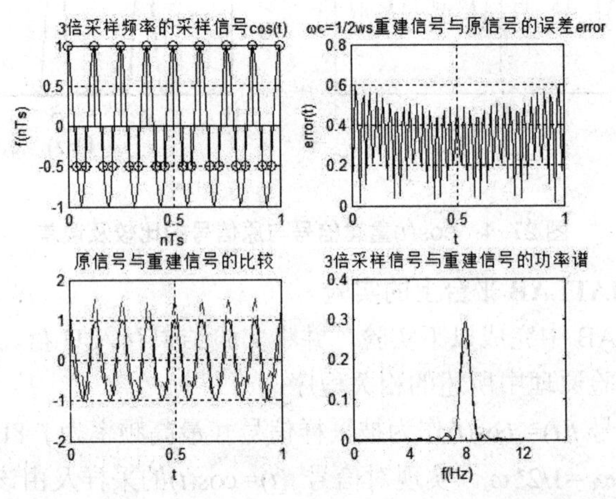

图 27-6　$\omega_c=\omega_s-\omega_m$ 时 cos(t)重建信号与原信号的比较及误差

以 $f(t)$= cos(t)为被抽样信号，以矩形脉冲（门宽 τ =0.5）作为取样信号，取样周期 ω_s =4*ω_m，画出采样后信号的奈奎斯特采样频谱图。

MATLAB 程序如下：

```
clc,clear
wm=1;
bs=4;                %采样角频率，大于两倍采样
ws=bs*wm;
Ts=2*pi/ws;          %采样间隔
```

```
nTs=0:Ts:10;
dw=0.1;
w=-3*ws:dw:3*ws;
dt=0.01;
t=-8:dt:8;
f=sinc(t/pi);%Sa(t)函数

for n=1:length(t)
    b(n)=0;
    for k=1:length(nTs)
        b(n)=b(n)+rectpuls(t(n)+1*(k-1),0.5)+rectpuls(t(n)-1*k,0.5);
    end
end

y=f.*b;%采样后的时域信号
yf1=sig_spec_w(b,t,dt,w);%计算矩形脉冲的频谱
yf2=sig_spec_w(f,t,dt,w);%计算原函数的频谱
yf3=sig_spec_w(y,t,dt,w);%计算采样后信号的频谱
figure;
subplot(221);
plot(t,b); title('矩形脉冲');xlabel('t'); ylabel('b(t)'); ylim([0 ,1.1]);grid on;
subplot(222);
plot(w,yf1); title('矩形脉冲的频谱'); xlabel('ω');ylabel('F(jω)');grid on;
subplot(223);
plot(w,yf2); title('Sa(t)函数的频谱'); xlabel('ω'); ylabel('F(jw)'); grid on;
subplot(224);
plot(w,yf3);title('采样后信号的频谱'); xlabel('ω'); ylabel('F(jw)'); grid on;
```

矩形脉冲、矩形脉冲的频谱、Sa(*t*)函数的频谱、采样后信号的频谱如图 27-7 所示。

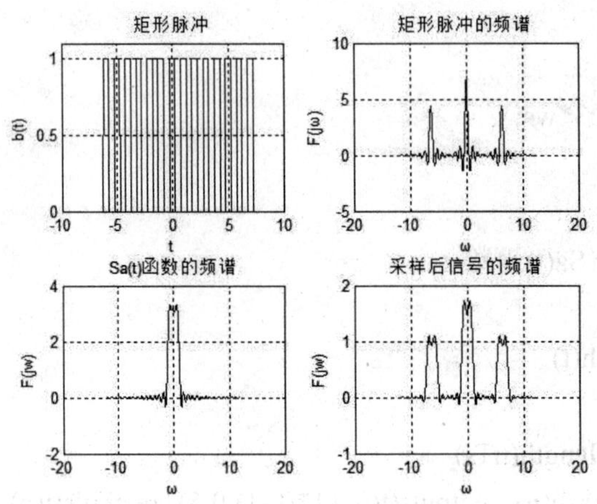

图 27-7　矩形脉冲、矩形脉冲的频谱、Sa(*t*)函数的频谱、采样后信号的频谱图

27.4　思考题

①如何选取抽样频率？

②抽样后信号的频谱与被抽样信号的频谱之间有何关系？

③若从抽样后信号无失真恢复原信号，所使用低通滤波器截止频率要满足什么条件？

④增加抽样序列的长度，能否改善重建信号的质量？

⑤冲激抽样及矩形脉冲抽样后信号的频谱有何不同？

27.5　实验报告

实验报告包括以下内容：

①完成实验内容所述各内容，附上相应的源程序及信号波形曲线图。

②回答本实验中所有的思考题。

③写出本实验的心得体会。

关于课程思政的思考：

采样定理涉及连续时间信号与离散时间信号的无失真采样和重建，需要综合考虑采样精度和采样速度，应树立从整体角度看待问题的系统思维观。

附录1　数字示波器

1.1　实验目的

熟悉数字示波器的原理，掌握示波器的功能与性能参数，能够熟练应用示波器进行电路测量与调试。

1.2　实验手段（仪器和设备，或者平台）

数字示波器一台。

1.3　实验原理、实验内容与步骤

实验前先浏览查阅有关示波器的资料。

实验 1-1　功能检查

目的：做一次快速功能检查，以核实本仪器运行是否正常。

实验步骤：

①接通电源（附录图 1-1），仪器执行所有自检项目，并确认通过自检。

②按 STORAGE 按钮，用菜单操作键从顶部菜单框中选择存储类型，然后调出出厂设置菜单框。

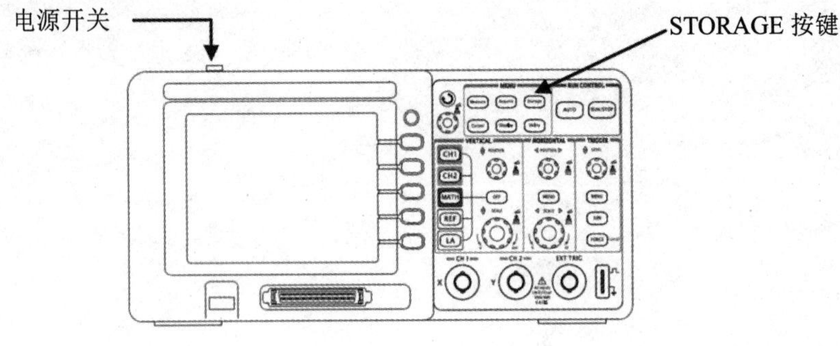

附录图 1-1　通电检查

③接入信号到通道 1（CH1），将输入探头和接地夹接到探头补偿器的连接器上，按 AUTO（自动设置）按钮，几秒钟内，可见到方波显示（1kHz,约 3V，峰峰值）。

④示波器设置探头衰减系数，此衰减系数改变仪器的垂直档位比例，从而使得测量结果正确反映被测信号的电平（默认的探头菜单系数设定值为 10X），设置方法：按 CH1 功能键显示通道 1 的操作菜单，应用与“探头”项目平行的 3 号菜单操作键，选择与使用的探头同比例的衰减系数。

⑤以同样的方法检查通道 2（CH2）。按 OFF 功能按钮以关闭 CH1，按 CH2 功能按钮以打开通道 2，重复步骤③和④。

提示：万一出现异常，可以关闭示波器电源再开机，调出出厂设置，可以恢复正常运行。

如果实验室使用自制电缆，探头衰减系数应设为 1X。

实验 1-2　波形显示的自动设置

目的：学习、掌握使用自动设置的方法。

实验步骤：

①将被测信号（自身校正信号）连接到信号输入通道。

②按下 AUTO 按钮。

③示波器将自动设置垂直、水平和触发控制。

提示：应用自动设置要求被测信号的频率大于或等于 50Hz，占空比大于 1%。

实验 1-3　垂直系统的练习

目的：利用示波器自带校正信号，了解垂直控制区（VERTICAL）的按键旋钮对信号的作用。

实验步骤：

①将“CH1”或“CH2”的输入连线接到探头补偿器的连接器上。

②按下 AUTO 按钮，波形清晰显示于屏幕上。

③转动垂直 POSITION 旋钮，指示通道的标识跟随波形上下移动。

④转动垂直 SCALE 旋钮，改变“Volt/div”垂直档位，可以发现状态栏对应通道的档位显示发生了相应的变化，按下垂直 SCALE 旋钮，可设置输入通道的粗调/细调状态。

⑤按 CH1、CH2、MATH、REF，屏幕显示对应通道的操作菜单、标志、波形和档位状态信息，按 OFF 按键，关闭当前选择的通道。

提示：OFF 按键具备关闭菜单的功能，当菜单未隐藏时，按 OFF 按键可快速关闭菜单，如果在按 CH1 或 CH2 后立即按 OFF，则同时关闭菜单和相应的通道。

实验 1-4 CH1、CH2 通道设置

目的：学习、掌握示波器的通道设置方法，搞清通道耦合对信号显示的影响。

实验步骤：

①在 CH1 接入一含有直流偏置的正弦信号，关闭 CH2 通道。

②按 CH1 功能键，系统显示 CH1 通道的操作菜单。

③按耦合→交流，设置为交流耦合方式，被测信号含有的直流分量被阻隔，波形显示在屏幕中央，波形以零线标记上下对称，屏幕左下方出现"CH1～"交流耦合状态标志。

④按耦合→直流，设置为直流耦合方式，被测信号含有的直流分量和交流分量都可以通过，波形显示偏离屏幕中央，波形不以零线为标记上下对称，屏幕左下方出现直流耦合状态标志"CH1—"。

⑤按耦合→接地，设置为接地方式，被测信号都被阻隔，波形显示为一零直线，左下方出现接地耦合状态标志"CH1⏚"。

提示：每次按 AUTO 按钮，系统默认交流耦合方式，CH2 的设置同样如此。

交流耦合方式便于用更高的灵敏度显示信号的交流分量，常用于观测模电的信号。

直流耦合方式可以通过观察波形与信号地之间的差距来快速测量信号的直流分量，常用于观察信号基线位置和电路的工作区域。

实验 1-5 通道带宽限制的设置

目的：学习、掌握通道带宽限制的设置方法。

实验步骤：

①在 CH1 接入正弦信号，f=1kHz，幅度为几毫伏。

②按 CH1→带宽限制→关闭，设置带宽限制为关闭状态，被测信号含有的高频干扰信号可以通过，波形显示不清晰，比较粗。

③按 CH1→带宽限制→打开，设置带宽限制为打开状态，被测信号含有的大于 20MHz 的高频信号被阻隔，波形显示变得相对清晰，屏幕左下方出现带宽限制标记"B"。

提示：带宽限制打开相当于输入通道接入一 20 MHz 的低通滤波器，对高频干扰起到阻隔作用，在观察小信号或含有高频振荡的信号时常用到。

实验 1-6　探头衰减系数的设置

目的：学习、掌握探头衰减系数的设置。

实验步骤：

①在 CH1 通道接入校正信号。

②按探头改变探头衰减系数分别为 1X、10X、100X、1000X，观察波形幅度的变化。

提示：探头衰减系数的变化，带来屏幕左下方垂直档位的变化，100X 表示观察的信号扩大了 100 倍，依此类推。这一项设置配合输入电缆探头的衰减比例设定要求一致，如探头衰减比例为 10:1，则这里应设成 10X，以避免显示的档位信息和测量的数据发生错误，示波器用开路电缆接入信号，则设为 1X。

实验 1-7　垂直档位灵敏度的设置

目的：学习、掌握档位调节的设置方法。

实验步骤：

①在 CH1 接入校正信号。

②改变档位调节为粗调。

③调节垂直 SCALE 旋钮，观察波形变化情况，粗调是以 1—2—5 方式步进确定垂直档位灵敏度。

④改变档位调节为细调。

⑤调节垂直 SCALE 旋钮，观察波形变化情况。细调是指在当前垂直档位范围内进一步调整。如果输入的波形幅度在当前档位略大于满刻度，而应用下一档位波形显示幅度又稍低，可以应用细调改善波形显示幅度，以利于信号细节的观察。

提示：切换细调/粗调，不但可以通过此菜单操作，更可以通过按下垂直 SCALE 旋钮作为设置输入通道的粗调/细调状态的快捷键。

实验 1-8　波形反相的设置

目的：学习、掌握波形反相的设置方法。

实验步骤：

①CH1、CH2 通道都接入校正信号，并稳定显示于屏幕中。

②按 CH1、CH2 反相→关闭（默认值），比较两波形，应为同相。

③按 CH1 或 CH2 种的一个，反相→打开，比较两波形相位相差 180°。

提示：波形反相是指显示的信号相对地电位翻转 180°，其实质未变，在观察两个信号的相位关系时，要注意这个设置，两通道应选择一致。

实验 1-9　水平系统的练习

目的：学习、掌握水平控制区（HORIZIONTAL）按键、旋钮的使用方法。

实验步骤：

①在 CH1 接入校正信号。

②旋转水平 SCALE 旋钮，改变档位设置，观察屏幕右下方“Time——”的信息变化。

③使用水平 POSITION 旋钮调整信号在波形窗口的水平位置。

④按 MENU 按钮，显示 TIME 菜单，在此菜单下，可以开启/关闭延迟扫描或切换 Y—T、X—T 显示模式，还可以设置水平 POSITION 旋钮的触发位移或触发释抑模式。

提示：转动水平 SCALE 旋钮，改变“s/div”水平档位，可以发现状态栏对应通道的档位显示发生了相应的变化，水平扫描速度以 1—2—5 的形式步进。

水平 POSITION 旋钮控制信号的触发位移，转动水平 POSITION 旋钮时，可以观察到波形随旋钮而水平移动，实际上水平移动了触发点。

触发释抑：指重新启动触发电路的时间间隔。转动水平 POSITION 旋钮，可以设置触发释抑时间。

实验 1-10　触发系统的练习

目的：学习、掌握触发控制区一个旋钮、三个按键的功能。

实验步骤：

①在 CH1 接入校正信号。

②使用 LEVEL 旋钮改变触发电平设置。

使用 LEVEL 旋钮，屏幕上出现一条黑色的触发线及触发标志，随旋钮转动而上下移动，停止转动旋钮，此触发线和触发标志会在几秒后消失，在移动触发线的同时可观察到屏幕上触发电平的数值或百分比显示发生了变化，要波形稳定显示一定要使触发线在信号波形范围内。

③使用 MENU 跳出触发操作菜单，改变触发的设置，一般使用如下设置：“触发类型”为边沿触发；“信源选择”为 CH1；“边沿类型”为上升沿；“触发方式”为自动；“耦合”为直流。

④按 FORCE 按钮，强制产生一触发信号，主要应用于触发方式中的“普通”和“单次模式”。

⑤按 50%按钮，设定触发电平在触发信号幅值的垂直中点。

提示：改变“触发类型”“信源选择”“边沿类型”的设置，会导致屏幕右上角状态栏的变化。

触发可从多种信源得到：输入通道（CH1、CH2）、外部触发[EXT、EXT/5、EXT（50）]、ACline（市电）。最常用的触发信源是输入通道，当 CH1、CH2 都有信号输入时，被选中作为触发信源的通道无论其输入是否被显示都能正常工作。但当只有一路输入时，则要选择有信号输入的那一路，否则波形难以稳定。

外部触发可用于在两个通道上采集数据的同时，在 EXT TRIG 通道上外接触发信号。

ACline 可用于显示信号与动力电之间的关系，示波器采用交流电源（50Hz）作为触发源，触发电平设定为 0V，不可调节。

实验 1-11　“触发方式”的三种功能

目的：学习触发菜单中“触发方式”的三种功能。

实验步骤：

①在通道 1 接入校正信号。

②按“触发方式”为自动。这种触发方式使得示波器即使在没有检测到触发条件的情况下也能采样波形，示波器强制触发显示有波形，但可能不稳定。

③按“触发方式”为普通。在普通触发方式下，只有当触发条件满足时，才能采样到波形；在没有触发时，示波器将显示原有波形而等待触发。

④按“触发方式”为单次。在单次触发方式下，按一次 RUN/STOP 按钮，示波器等待触发，当示波器检测到一次触发时，采样并显示一个波形，采样停止，但随后的信号变化就不能实时反映。

提示：在自动触发时，当强制进行无效触发时，示波器虽然显示波形，但不能使波形同步，显示的波形将不稳定，当有效触发发生时，显示器上的波形才稳定。

实验 1-12　采样系统的设置

目的：学习和掌握采样系统的正确使用。

实验步骤：

①在通道 1 接入几毫伏的正弦信号。

②在 MENU 控制区，按采样设置钮 ACQUIRE。

③在弹出的菜单中，选“获取方式“为普通，则观察到的波形显示含噪声。

④选“获取方式”为平均，并加大平均次数，若为 64 次平均后，则波形

去除噪声影响，明显清晰。

⑤选“获取方式”为模拟，则波形显示接近模拟示波器的效果。

选“获取方式”为峰值检测，则采集采样间隔信号的最大值和最小值，获取此信号好的包络或可能丢失的窄脉冲,包络之间的密集信号用斜线表示。

提示：观察单次信号选用实时采样方式，观察高频周期信号选用等效采样方式，希望观察信号的包络选用峰值检测方式，期望减少所显示信号的随机噪声，选用平均采样方式，观察低频信号，选择滚动模式方式，希望避免波形混淆，打开混淆抑制。

实验 1-13　显示系统的设置

目的：学习、掌握数字式示波器显示系统的设置方法。

实验步骤：

①在 MENU 控制区，按显示系统设置钮 DISPLAY。

②通过菜单控制调整显示方式。

③显示类型为矢量，则采样点之间通过连线的方式显示。一般都采用这种方式。

④显示类型为点，则直接显示采样点。

⑤屏幕网格的选择改变屏幕背景的显示。

⑥屏幕对比度的调节改变显示的清晰度。

实验 1-14　辅助系统功能的设置

目的：学习、掌握数字式示波器辅助功能的设置方法。

实验步骤：

①在 MENU 控制区，按辅助系统设置钮 UTILITY。

②通过菜单控制调整接口设置、声音、语言等。

③进行自校正、自测试、波形录制等。

实验 1-15　迅速显示一未知信号

目的：学习、掌握数字式示波器的基本操作。

实验步骤：

①将探头菜单衰减系数设定为 10X。

②将 CH1 的探头连接到电路被测点。

③按下 AUTO（自动设置）按钮。

④按 CH2—OFF，MATH—OFF，REF—OFF。

⑤示波器将自动设置，使波形显示达到最佳。

在此基础上，可以进一步调节垂直，水平档位，直至波形显示符合要求。

提示：被测信号连接到某一路进行显示，其他应关闭，否则会有一些不相关的信号出现。

实验 1-16　观察幅度较小的正弦信号

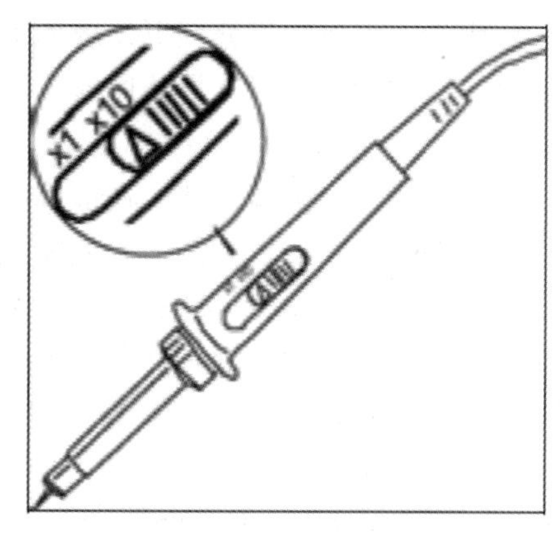

附录图 1-2　设定探头上的系数

目的：学习、掌握数字式示波器观察小信号的方法。

实验步骤：

①将探头菜单衰减系数设定为 10X（附录图 1-2 和附录图 1-3）。

②将 CH1 的探头连接到正弦信号发生器（峰峰值为几毫伏，频率为几千赫兹）。

③按下 AUTO（自动设置）按钮。

④按 CH2—OFF，MATH—OFF，REF—OFF。

⑤按下信源选择，选相应的信源 CH1。

⑥打开带宽限制为 20 MHz。

⑦采样，选“平均采样”。

⑧触发菜单中的耦合选高频抑制。

在此基础上，可以进一步调节垂直，水平档位，直至波形显示符合要求。

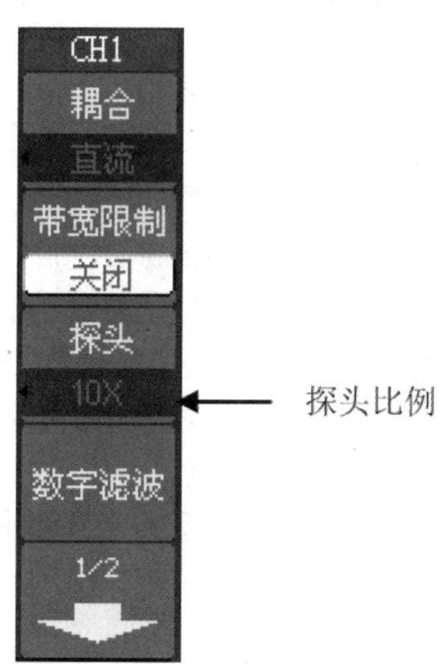

附录图 1-3　设定菜单中的系数

提示：观察小信号时，带宽限制为 20 MHz、高频抑制都是减小高频干扰。平均采样取的是多次采样的平均值，次数越多越清楚，但实时性较差。

实验 1-17　自动测量信号的电压参数

目的：学习、掌握信号的电压参数的测量方法。

实验步骤：

①在通道 1 接入校正信号。

②按下 MEASURE 按钮，以显示自动测量菜单。

③按下信源选择选相应的信源，CH1。

④按下电压测量选择测量类型。

在电压测量类型下，可以进行峰峰值、最大值、最小值、平均值、幅度、顶端值、底端值、均方根值、过冲值、预冲值的自动测量。

提示：电压测量分三页，屏幕下方最多可同时显示三个数据，当显示已满时，新的测量结果会导致原显示左移，从而将原屏幕最左的数据挤出屏幕之外。

按下相应的测量参数，在屏幕的下方就会有显示。

信源选择指设置被测信号的输入通道。

实验 1-18　自动测量信号的时间参数

目的：学习、掌握示波器的时间参数测量方法。

实验步骤：

①在通道 1 接入校正信号。

②按下 MEASURE 按钮，以显示自动测量菜单。

③按下信源选择，选相应的信源 CH1。

④按下时间测量选择测量类型。

在时间测量类型下，可以进行频率、时间、上升时间、下降时间、正脉宽、负脉宽、正占空比、负占空比、延迟 1—2 上升沿、延迟 1—2 下降沿的测量。

提示：时间测量分三页，按下相应的测量参数，在屏幕的下方就会有该显示，延迟 1—2 上升沿是指测量信号在上升沿处的延迟时间，同样，延迟 1—2 下降沿是指测量信号在下降沿处的延迟时间。若显示的数据为“*****”，表明在当前的设置下此参数不可测，或显示的信号超出屏幕之外，需手动调整垂直或水平档位，直到波形显示符合要求。

实验 1-19　获得全部测量数值

目的：学习、掌握用示波器获得全部测量数值的方法。

实验步骤：

①在通道 1 接入校正信号。

②按下 MEASURE 按钮，以显示自动测量菜单。

③按全部测量操作键，设置全部测量状态为“打开”。

18 种测量参数值显示于屏幕中央。

提示：测量结果在屏幕上的显示会因为被测信号的变化而改变。此功能有些型号的示波器不具备。

实验 1-20　观察两不同频率信号

目的：学习、掌握示波器双踪显示的方法。

实验步骤：

①设置探头和示波器通道的探头衰减系数为相同。

②将示波器通道 CH1、CH2 分别与两信号相连。

③按下 AUTO 按钮。

④调整水平、垂直档位直至波形显示满足测试要求。

⑤按 CH1 按钮，选通道 1，旋转垂直（VERTICAL）区域的垂直 POSITION 旋钮，调整通道 1 波形的垂直位置。

⑥按 CH2 按钮，选通道 2，调整通道 2 波形的垂直位置，使通道 1、2 的波形既不重叠在一起，又利于观察比较。

提示：双踪显示时，可采用单次触发，得到稳定的波形，触发源选择长周期信号，或是幅度稍大，信号稳定的那一路。

实验 1-21　用光标手动测量信号的电压参数

目的：学习、掌握用光标测量信号垂直方向参数的方法。

实验步骤：

①接入被测信号，并稳定显示。

②按 CURSOR 选光标模式为手动。

③根据被测信号接入的通道选择相应的信源。

④选择光标类型为电压。

⑤移动光标可以调整光标间的增量。

⑥屏幕显示光标 A、B 的电位值及光标 A、B 间的电压值。

提示：电压光标是指定位在待测电压参数波形某一位置的两条水平光线，用来测量垂直方向上的参数，示波器显示每一光标相对于接地的数据，以及两光标间的电压值。

旋转垂直 POSITION 钮，使光标 A 上下移动；旋转水平 POSITION 钮，使光标 B 上下移动。

实验 1-22　用光标手动测量信号的时间参数

目的：学习、掌握用光标测量信号水平方向参数的方向。

实验步骤：

①接入被测信号并稳定显示。

②按 CURSOR 选光标模式为手动。

③根据被测信号接入的通道选择相应的信源。

④选择光标类型为时间。

⑤移动光标可以改变光标间的增量。

⑥屏幕显示一组光标 A、B 的时间值及光标 A、B 间的时间值。

提示：时间光标是指定位在待测时间参数波形某一位置的两条垂直光线，用来测量水平方向上的参数，示波器根据屏幕水平中心点和这两条直线之间的时间值来显示每个光标的值，以秒为单位。

旋转垂直 POSITION 钮，使光标 A 左右移动；旋转水平 POSITION 钮，使光标 B 左右移动。

实验 1-23　用光标追踪测量信号的参数

目的：学习、掌握光标追踪测量方式的作用。

实验步骤：

①接入被测信号并稳定显示。

②按 CURSOR 选光标模式为追踪。

③根据被测信号接入的通道选择相应的信源。

④移动光标可以改变十字光线的水平位置。

⑤屏幕上显示定位点的水平、垂直光标和两光标间水平、垂直的增量。

提示：光标追踪测量方式是在被测信号波形上显示十字光标，通过移动光标的水平位置光标自动在波形上定位，并显示相应的坐标值，水平坐标以时间值显示，垂直坐标以电压值显示，电压以通道接地点为基准，时间以屏幕水平中心位置为基准。

旋转垂直 POSITION 钮，使光标 A 在波形上水平移动；旋转水平 POSITION 钮，使光标 B 在波形上水平移动。

1.4　思考题

①示波器的工作原理是什么？

②数字示波器与模拟示波器有何异同？

③所用的示波器有哪些功能？

④为什么输入示波器的标准信号时可以不用探头的接地端？

⑤如何用示波器测量添加在很大的高频交流（比如说 10V）上的微弱直流信号（比如说几毫伏或几十毫伏）？

⑥如何用示波器快捷地测量添加在很大的直流（比如说 10V）上的微弱交流信号（比如说几毫伏或几十毫伏）？

⑦有同学为了比较一个单端输入、差动输出电路的输入与输出信号，把一枚探头夹在电路输入端，该探头的接地端也接在电路的地线上；另一枚探

头夹在差动输出的一个输出端，该探头的接地端夹到差动输出的另一个输出端。将会得到什么样的结果？应该如何测量？

1.5　实验报告

总结本次实验的体会，记录实验中遇到的问题（包括尚未获得解答的疑问）。回答本实验中的所有思考题。

1.6　数字示波器简介

示波器是最常用的电子测量仪器，是观察电路工作状态的最好、最有力的手段之一，也是最基本、最需要掌握的工具之一。判断一个电路的正常与否可以用示波器观察其输出或某些关键位置的工作点或波形与预计的是否相符，亦即直流电平（基线位置）、波形的幅值与频率是否与预计的相符。

数字示波器不仅具有多重波形显示、分析和数学运算功能，波形、设置、CSV 和位图文件存储功能，自动光标跟踪测量功能，波形录制和回放功能等，还支持即插即用 USB 存储设备和打印机，并可通过 USB 存储设备进行软件升级等。

1.6.1　数字示波器快速入门

数字示波器前面板各通道标志、旋钮和按键的位置及操作方法与传统示波器类似。现以 DS1000 系列数字示波器（附录图 1-4）为例予以说明。

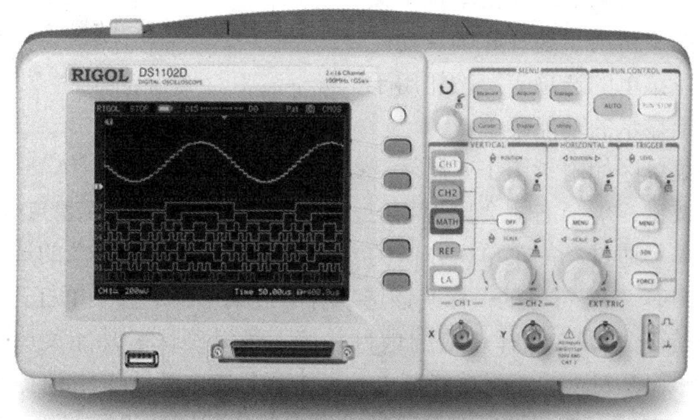

附录图 1-4　TD100O 系列数字示波器

（1）DS1000 系列数字示波器前操作面板简介

DS1000 系列数字示波器前操作面板如附录图 1-5 所示。按功能前面板可分为 8 大区，即液晶显示区、功能菜单操作区、常用菜单区、执行按键区、垂直控制区、水平控制区、触发控制区、信号输入/输出区等。

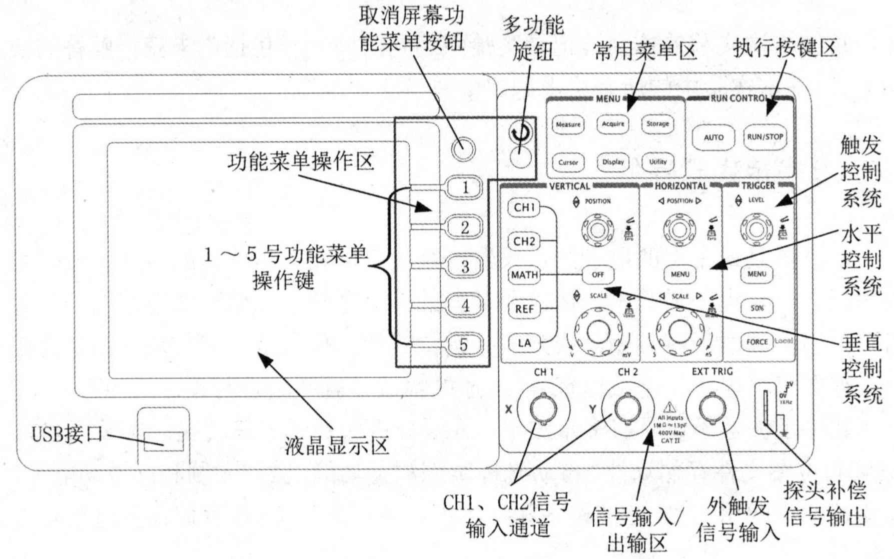

附录图 1-5　DS1000 系列数字示波器前操作面板

功能菜单操作区有 5 个按键、1 个多功能旋钮和 1 个按钮。5 个按键用于操作屏幕右侧的功能菜单及子菜单；多功能旋钮用于选择和确认功能菜单中下拉菜单的选项等；按钮用于取消屏幕上显示的功能菜单。

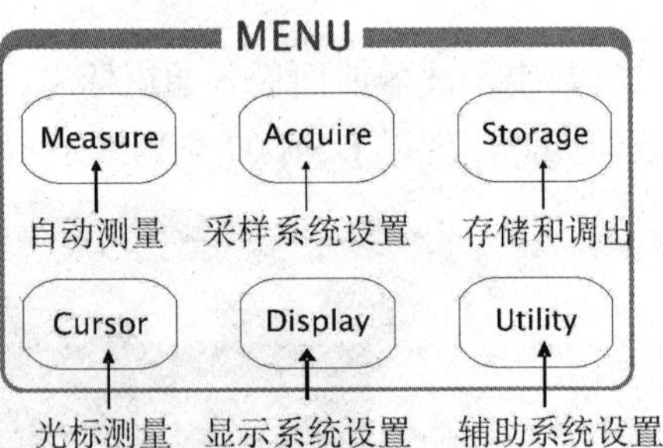

附录图 1-6　前面板常用菜单区

常用菜单区如附录图 1-6 所示。按下任意按键，屏幕右侧会出现相应的功能菜单。通过功能菜单操作区的 5 个按键可选定功能菜单的选项。功能菜单选项中有“◁”符号的，标明该选项有下拉菜单。下拉菜单打开后，可转动多功能旋钮（↻）选择相应的项目并按下予以确认。功能菜单上、下有“⬆”“⬇”符号，表明功能菜单一页未显示完，可操作按键上、下翻页。功能菜单中有↻，表明该项参数可转动多功能旋钮进行设置调整。按下取消功能菜单按钮，显示屏上的功能菜单立即消失。

执行按键区有 AUTO（自动设置）和 RUN/STOP（运行/停止）2 个按键。按下 AUTO 按键，示波器将根据输入的信号，自动设置和调整垂直、水平及触发方式等各项控制值，使波形显示达到最佳适宜观察状态，如需要，还可进行手动调整。按 AUTO 后，菜单显示及功能如附录图 1-7 所示。RUN/STOP 键为运行/停止波形采样按键。运行（波形采样）状态时，按键为黄色；按一下按键，停止波形采样且按键变为红色，有利于绘制波形并可在一定范围内调整波形的垂直衰减和水平时基，再按一下，恢复波形采样状态。注意：应用自动设置功能时，要求被测信号的频率大于或等于 50Hz，占空比大于 1%。

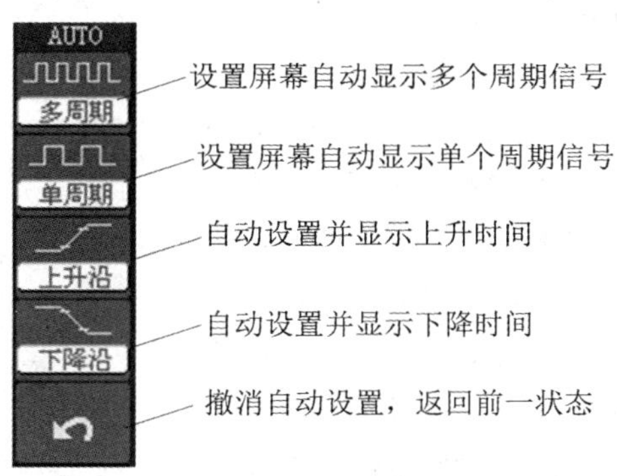

附录图 1-7　AUTO 按键功能菜单及作用

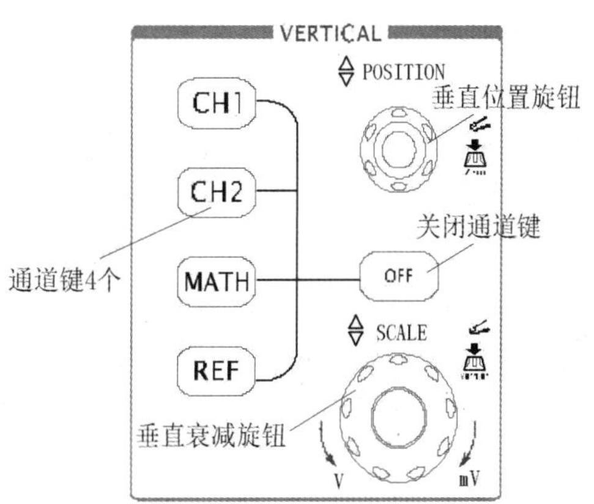

附录图 1-8　垂直系统操作区

垂直控制区如附录图 1-8。垂直位置 POSITION 旋钮可设置所选通道波形的垂直显示位置。转动该旋钮不但显示的波形会上下移动，且所选通道的“地”（GND）标识也会随波形上下移动并显示于屏幕左状态栏，移动值则显示于屏幕左下方；按下垂直 POSITION 旋钮，垂直显示位置快速恢复到零点（即显示屏水平中心位置）处。垂直衰减 SCALE 旋钮调整所选通道波形的显示幅度。转动该旋钮改变“Volt/div（伏/格）”垂直档位，同时下状态栏对应通道显示的幅值也会发生变化。CH1、CH2、MATH、REF为通道或方式按键，按下某按键屏幕将显示其功能菜单、标志、波形和档位状态等信息。OFF键用于关闭当前选择的通道。

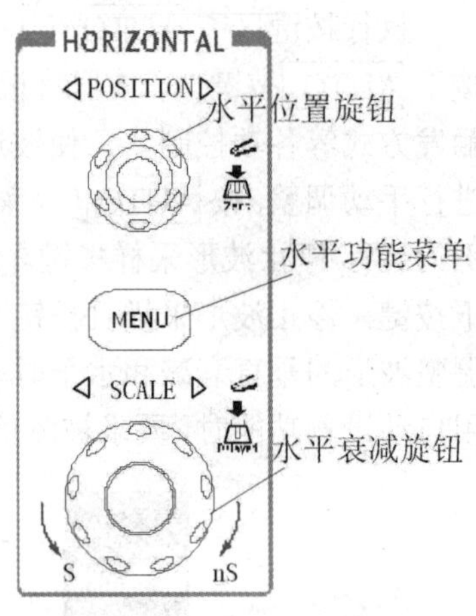

附录图 1-9　水平系统操作区

水平控制区如附录图 1-9 所示，主要用于设置水平时基。水平位置POSITION旋钮调整信号波形在显示屏上的水平位置，转动该旋钮不但示波器上的波形随旋钮而水平移动，且触发位移标志也在显示屏上部随之移动，移动值则显示在示波器屏幕左下角；按下此旋钮触发位移恢复到水平零点（即显示屏垂直中心线置）处。水平衰减SCALE旋钮改变水平时基档位设置，转动该旋钮改变“s/div（秒/格）”水平档位，状态栏 Time 后显示的主时基值也会发生相应的变化。水平扫描时间从 20ns 到 50s，以 1－2－5 的形式步进。按动水平SCALE旋钮可快速打开或关闭延迟扫描功能。按水平功能菜单MENU键，显示 TIME 功能菜单，在此菜单下，可开启/关闭延迟扫描，切换 Y（电压）－T（时间）、X（电压）－Y（电压）和 ROLL（滚动）模式，设置水平触发位移复位等。

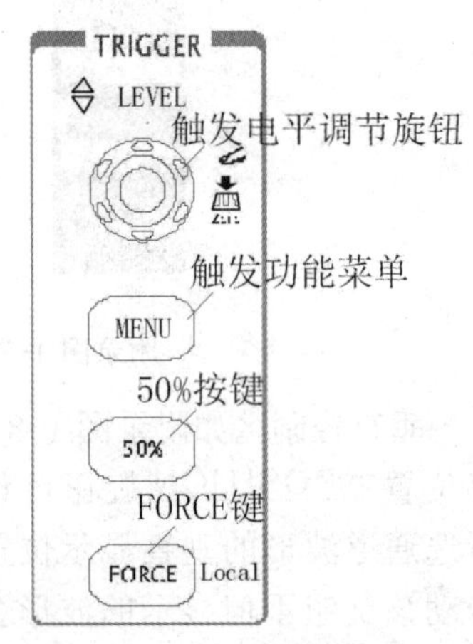

附录图 1-10　触发系统操作区

触发控制区如附录图 1-10 所示，主要用于触发系统的设置。转动LEVEL触发电平设置旋钮，屏幕上会出现一条上下移动的水平黑色触发线及触发标志，且左下角和上状态栏最右端触发电平的数值也随之发生变化。停止转动LEVEL旋钮，触发线、触发标志及左下角触发电平的数值会在约 5s 后消失。按下LEVEL旋钮触发电平快速恢复到零点。按MENU键可调出触发功能菜单，改变触发设置。按50%钮，设定触发电平在触发信号幅值的垂直中点。按FORCE键，强制产生一触发信号，主要用于触发方式中的“普通”和“单次”模式。

信号输入/输出区如附录图 1-11 所示，“CH1”和“CH2”为信号输入通道，EXT TREIG 为外触发信号输入端，最右侧为示波器校正信号输出端（输出频率 1kHz、幅值 3V 的方波信号)。

(2) DS1000 系列数字示波器显示界面说明

DS1000 系列数字示波器显示界面如附录图 1-12 所示，它主要包括波形显示区和状态显示区。液晶屏边框线以内为波形显示区，用于显示信号波形、测量数据、水平位移、垂直位移和触发电平值等。位移值和触发电平值在转动旋钮时显示，停止转动 5s 后则消失。显示屏边框线以外为上、下、左 3 个状态显示区（栏）。下状态栏通道标志为黑底的是当前选定通道，操作示波器面板上的按键或旋钮只有对当前选定通道有效，按下通道按键则可选定被按通道。状态显示区显示的标志位置及数值随面板相应按键或旋钮的操作而变化。

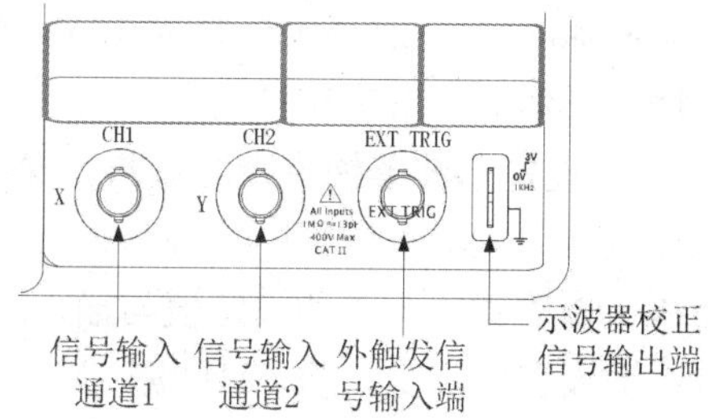

附录图 1-11　信号输入/输出区

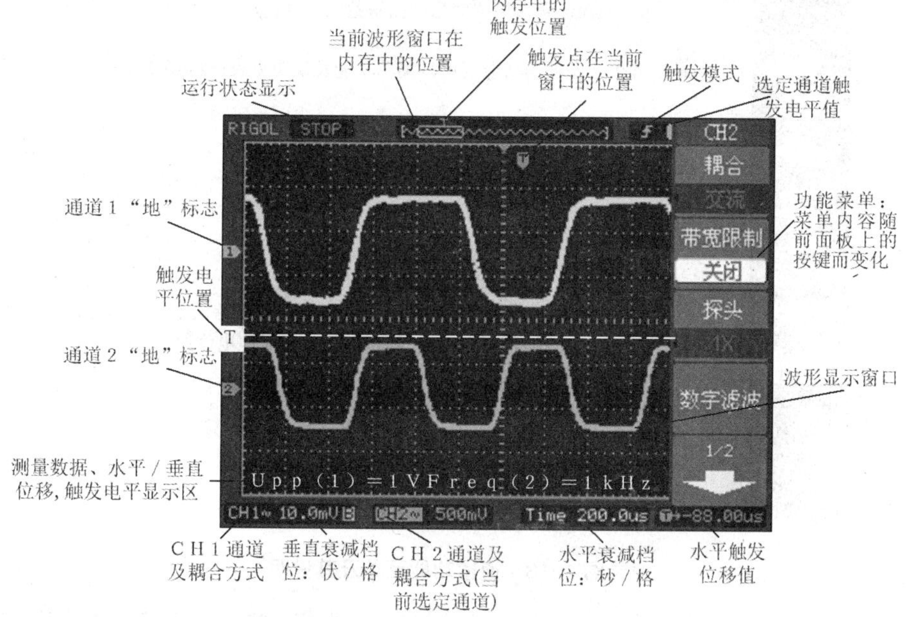

附录图 1-12　DS1000 数字示波器显示界面

(3) 使用要领和注意事项

①信号接入方法

以 CH1 通道为例介绍信号接入方法。

● 将探头上的开关设定为 10X，将探头连接器上的插槽对准 CH1 插口并插入，然后向右旋转拧紧。

● 设定示波器探头衰减系数。探头衰减系数改变仪器的垂直档位比例，因而直接关系测量结果的正确与否。默认的探头衰减系数为 1X，设定时必须使探头上的黄色开关的设定值与输入通道“探头”菜单的衰减系数一致。衰减系数设置方法是：按 CH1 键，显示通道 1 的功能菜单，如附录图 1-13 所示。按下与探头项目平行的 3 号功能菜单操作键，转动↻选择与探头同比例的衰减系数并按下↻予以确认。此时应选择并设定为 10X。

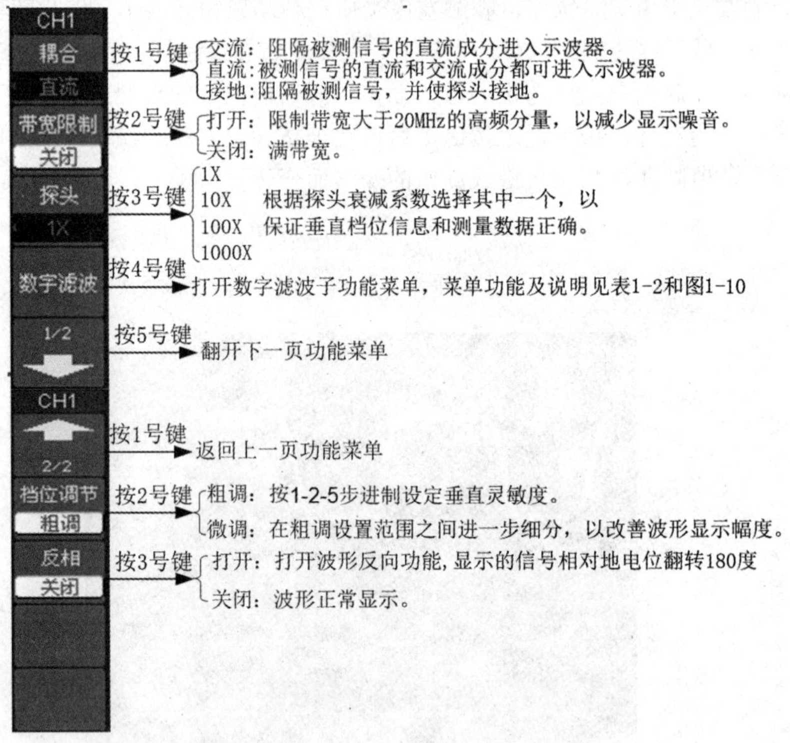

附录图 1-13 通道功能菜单及其说明

● 把探头端部和接地夹接到函数信号发生器或示波器校正信号输出端。按 AUTO（自动设置）键，几秒钟后，在波形显示区即可看到输入函数信号或示波器校正信号的波形。

用同样的方法检查并向 CH2 通道接入信号。

②为了加速调整，便于测量，当被测信号接入通道时，可直接按 AUTO

键以便立即获得合适的波形显示和档位设置等。

③示波器的所有操作只对当前选定（打开）通道有效。通道选定（打开）方法是：按 CH1 或 CH2 按钮即可选定（打开）相应通道，并且下状态栏的通道标志变为黑底。关闭通道的方法是：按 OFF 键或再次按下通道按钮当前选定通道即被关闭。

④数字示波器的操作方法类似于操作计算机，其操作分为三个层次。第一层：按下前面板上的功能键即进入不同的功能菜单或直接获得特定的功能应用；第二层：通过 5 个功能菜单操作键选定屏幕右侧对应的功能项目或打开子菜单或转动多功能旋钮↻调整项目参数；第三层：转动多功能旋钮↻选择下拉菜单中的项目并按下↻对所选项目予以确认。

⑤使用时应熟悉并通过观察上、下、左状态栏来确定示波器设置的变化和状态。

1.6.2　数字示波器的高级应用

（1）垂直系统的高级应用

①通道设置

该示波器 CH1 和 CH2 通道的垂直菜单是独立的，每个项目都要按不同的通道进行单独设置，但 2 个通道功能菜单的项目及操作方法则完全相同。现以 CH1 通道为例予以说明。

按 CH1 键，屏幕右侧显示 CH1 通道的功能菜单如附录图 1-13 所示。

- 设置通道耦合方式

假设被测信号是一个含有直流偏移的正弦信号，其设置方法是：按 CH1→**耦合**→交流/直流/接地，分别设置为交流、直流和接地耦合方式，注意观察波形显示及下状态栏通道耦合方式符号的变化（附录图 1-14 和附录图 1-15）。

- 设置通道带宽限制

假设被测信号是一含有高频振荡的脉冲信号。其设置方法是：按 CH1→**带宽限制**→关闭/打开。分别设置带宽限制为关闭/打开状态。前者允许被测信号含有的高频分量通过，后者则阻隔大于 20MHz 的高频分量。注意观察波形显示及下状态栏垂直衰减档位之后带宽限制符号的变化。

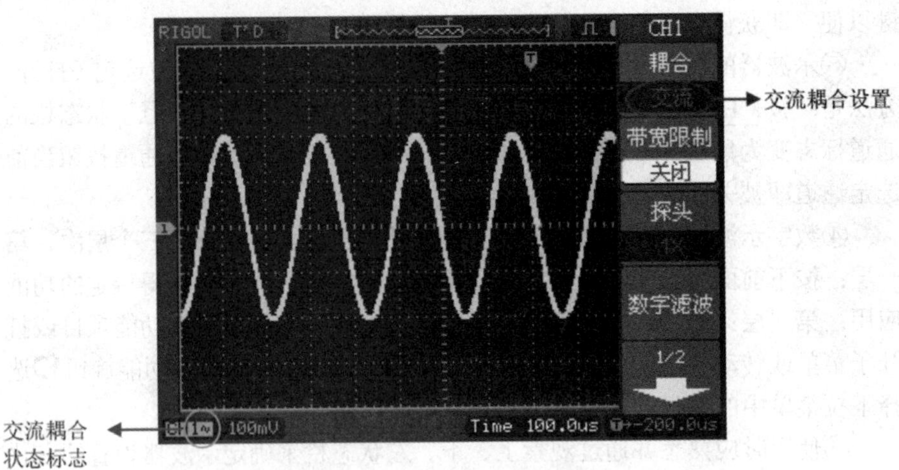

附录图 1-14　交流耦合设置

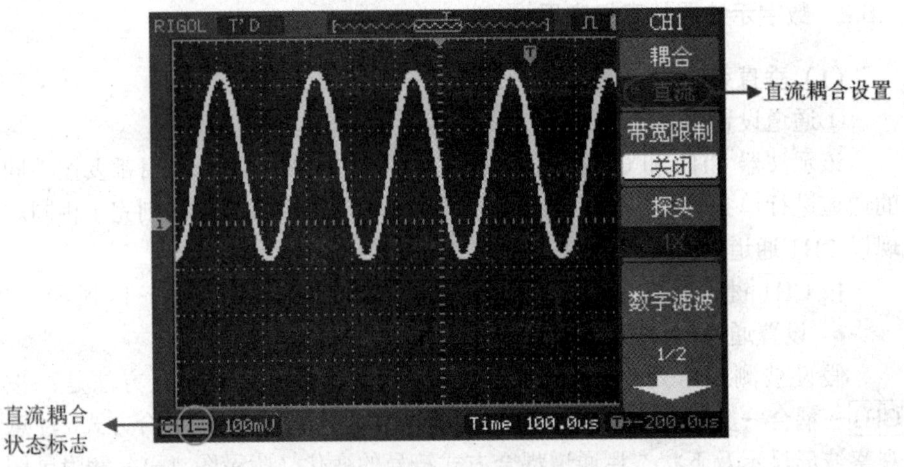

附录图 1-15　直流耦合设置

- 调节探头比例

为了配合探头衰减系数，需要在通道功能菜单调整探头衰减比例。如探头衰减系数为 10∶1，示波器输入通道探头的比例也应设置成 10X，以免显示的档位信息和测量的数据发生错误。探头衰减系数与通道“探头”菜单设置要

附录表 1-1　通道“探头”菜单设置表

探头衰减系数	通道“探头”菜单设置
1∶1	1×
10∶1	10×
100∶1	100×
1000∶1	1000×

求见附录表 1-1。

● 探头补偿

在首次将探头与任一输入通道连接时，进行此项调节，使探头与输入通道匹配。未经补偿或补偿偏差的探头会导致测量误差或错误。

调整探头补偿，请按如下步骤进行：

A. 将示波器中探头菜单衰减系数设定为 10X，将探头上的开关设定为 10X，并将示波器探头与通道 1 连接。如使用探头钩形头，应确保探头与通道接触紧密。

将探头端部与探头补偿器的信号输出连接器相连，基准导线夹与探头补偿器的地线连接器相连（附录图 1-16），打开通道 1，然后按下 AUTO 键。

B. 检查所显示波形的形状。

C. 如必要，用非金属质地的改锥调整探头上的可变电容，直到屏幕显示的波形如附录图 1-17“补偿正确”。

D. 必要时，重复以上步骤。

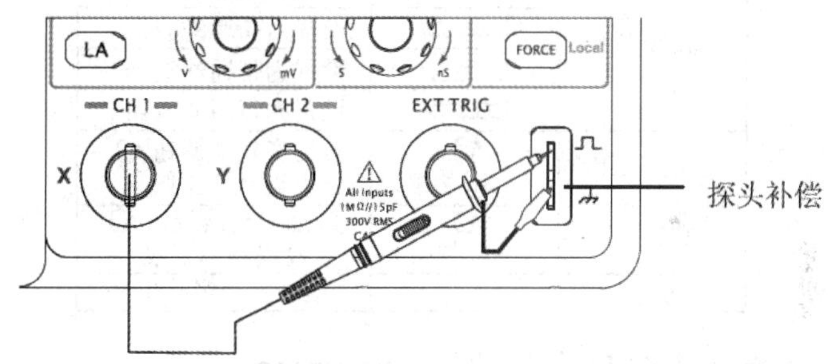

附录图 1-16　探头补偿连接

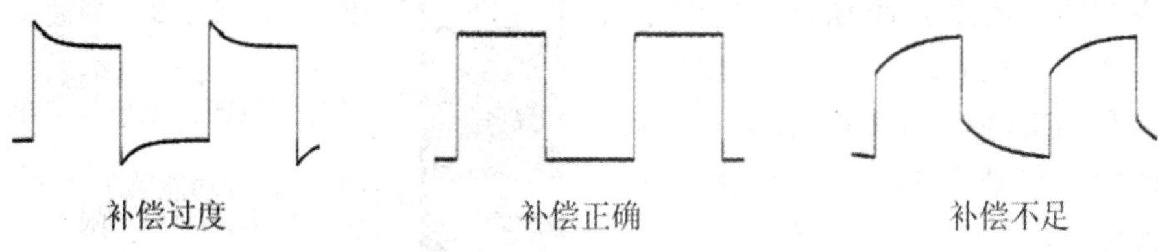

附录图 1-17　探头补偿调节

● 垂直档位调节设置

垂直灵敏度调节范围为 2mV/div 至 5V/div。档位调节分为粗调和微调两种模式。粗调以 2mV/div、5mV/div、10mV/div、20mV/div…5V/div 的步进方式调节垂直档位灵敏度。微调指在当前垂直档位下进一步细调。如果输入的波形幅度在当前档位略大于满刻度，而应用下一档位波形显示幅度稍低，可用微调改善波形显示幅度，以利于观察信号的细节。

- 波形反相设置

波形反相关闭，显示正常被测信号波形；波形反相打开，显示的被测信号波形相对于地电位翻转 180°。

- 数字滤波设置

按数字滤波对应的 4 号功能菜单操作键，打开 Filter（数字滤波）子功能菜单，如附录图 1-18。可选择滤波类型，见附录表 1-2；转动多功能旋钮（↻）可调节频率上限和下限；设置滤波器的带宽范围等。

附录表 1-2　择滤波类型

功能菜单	设定	说明
数字滤波	关闭	关闭数字滤波器
	打开	打开数字滤波器
滤波类型	f	设置为低通滤波器
	f	设置为高通滤波器
	f	设置为带通滤波器
	f	设置为带阻滤波器
频率上限	↻（上限频率）	转动多功能旋钮 ↻ 设置频率上限
频率下限	↻（下限频率）	转动多功能旋钮 ↻ 设置频率下限
⮤		返回上一级菜单

②数学运算（MATH）按键功能

数学运算（MATH）功能菜单及说明如附录图 1-19 所示。它可显示 CH1、CH2 通道波形相加、相减、相乘及 FFT（傅立叶变换）运算的结果。数学运算结果同样可以通过栅格或光标进行测量。

③参考（REF）按键功能

在有电路工作点参考波形的条件下，通过 REF 按键的菜单，可以把被测波形和参考波形样板进行比较，以判断故障原因。

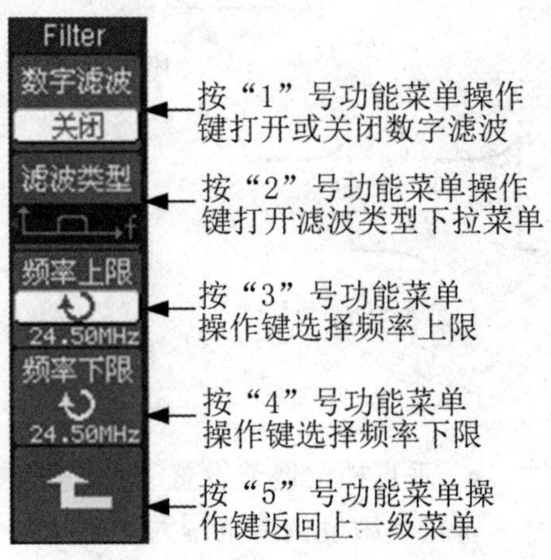
Filter
数字滤波
关闭
滤波类型
f
频率上限
24.50MHz
频率下限
24.50MHz
按“1”号功能菜单操作键打开或关闭数字滤波
按“2”号功能菜单操作键打开滤波类型下拉菜单
按“3”号功能菜单操作键选择频率上限
按“4”号功能菜单操作键选择频率下限
按“5”号功能菜单操作键返回上一级菜单

附录图 1-18　数字滤波子功能菜单

④垂直◎POSITION和◎SCALE旋钮的使用

● 垂直◎POSITION旋钮调整所有通道（含MATH和REF）波形的垂直位置。该旋钮的分辨率根据垂直档位而变化，按下此旋钮选定通道的位移立回零，即显示屏的水平中心线。

● 垂直◎SCALE旋钮调整所有通道（含MATH和REF）波形的垂直显示幅度。粗调以1—2—5步进方式确定垂直档位灵敏度。顺时针增大显示幅度，逆时针减小显示幅度。细调是在当前档位进一步调节波形的显示幅度。按动垂直◎SCALE旋钮，可在粗调、微调间切换。

调整通道波形的垂直位置时，屏幕左下角会显示垂直位置信息。

功能菜单	设定	说明
操作	A+B	信源A与信源B相加
	A−B	信源A与信源B相减
	A×B	信源A与信源B相乘
	FFT	FFT（傅立叶）数学运算
信源A	CH1	设置信源A为CH1通道波形
	CH2	设置信源A为CH2通道波形
信源B	CH1	设置信源B为CH1通道波形
	CH2	设置信源B为CH2通道波形
反相	打开	打开数学运算波形反相功能
	关闭	关闭数学运算波形反相功能

附录图1-19　数学运算（MATH）功能菜单及说明

（2）水平系统的高级应用

①水平◎POSITION和◎SCALE旋钮的使用

● 转动水平◎POSITION旋钮，可调节通道波形的水平位置。按下此旋钮触发位置立即回到屏幕中心位置。

● 转动水平◎SCALE旋钮，可调节主时基，即秒/格（s/div）；当延迟扫描打开时，转动水平◎SCALE旋钮可改变延迟扫描时基以改变窗口宽度。

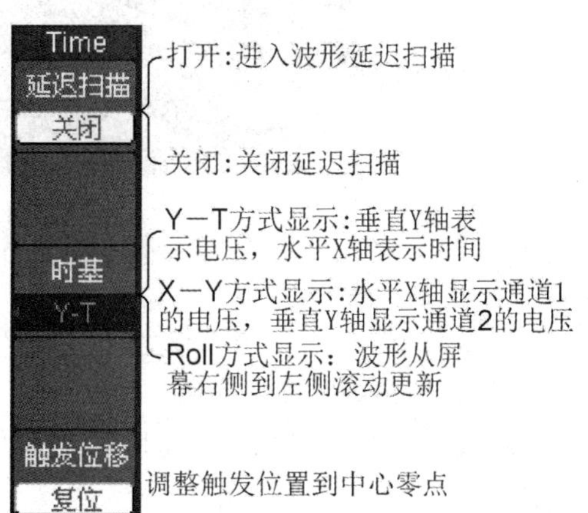
Time
延迟扫描
关闭
时基
Y-T
触发位移
复位
打开:进入波形延迟扫描
关闭:关闭延迟扫描
Y—T方式显示:垂直Y轴表示电压，水平X轴表示时间
X—Y方式显示:水平X轴显示通道1的电压，垂直Y轴显示通道2的电压
Roll方式显示：波形从屏幕右侧到左侧滚动更新
调整触发位置到中心零点

附录图1-20　水平MENU键菜单及其意义

②水平 MENU 键

按下水平 MENU 键，显示水平功能菜单，如附录图 1-20 所示。在 X-Y 方式下，自动测量模式、光标测量模式、REF 和 MATH、延迟扫描、矢量显示类型、水平◎POSITION 旋钮、触发控制等均不起作用。

延迟扫描用来放大某一段波形，以便观测波形的细节。在延迟扫描状态下，波形被分成上、下两个显示区，如附录图 1-21 所示。上半部分显示的是原波形，中间黑色覆盖区域是被水平扩展的波形部分。此区域可通过转动水平◎POSITION 旋钮左右移动或转动水平◎SCALE 旋钮扩大和缩小。下半部分是对上半部分选定区域波形的水平扩展即放大。由于整个下半部分显示的波形对应于上半部分选定的区域，因此转动水平◎SCALE 旋钮减小选择区域可以提高延迟时基，即提高波形的水平扩展倍数。可见，延迟时基相对于主时基提高了分辨率。

按下水平◎SCALE 旋钮可快速退出延迟扫描状态。

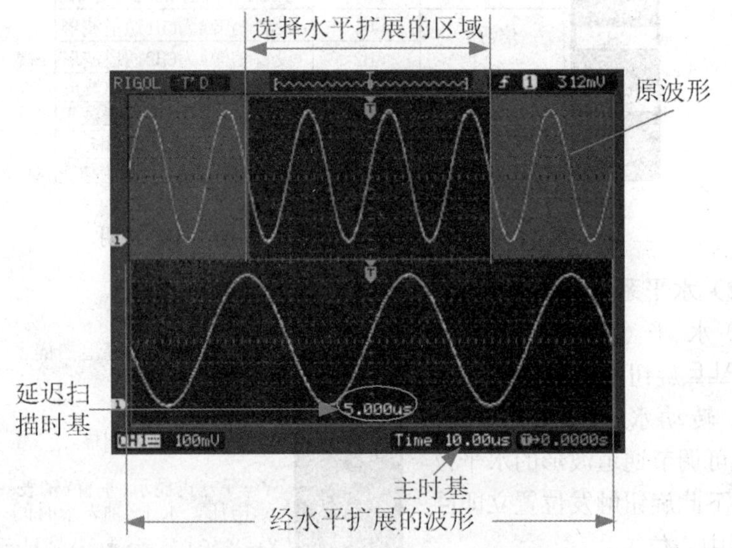

附录图 1-21　延迟扫描波形图

（3）触发系统的高级应用

触发控制区包括触发电平调节旋钮◎LEVEL、触发菜单按键 MENU、50%按键和强制按键 FORCE。

触发电平调节旋钮◎LEVEL：设定触发点对应的信号电压，按下此旋钮可使触发电平立即回零。

50%按键：按下触发电平设定在触发信号幅值的垂直中点。

FORCE 按键：按下强制产生一触发信号，主要用于触发方式中的“普通”和“单次”模式。

MENU 按键为触发系统菜单设置键。其功能菜单、下拉菜单及子菜单如附录图 1-22 所示。下面对主要触发菜单予以说明。

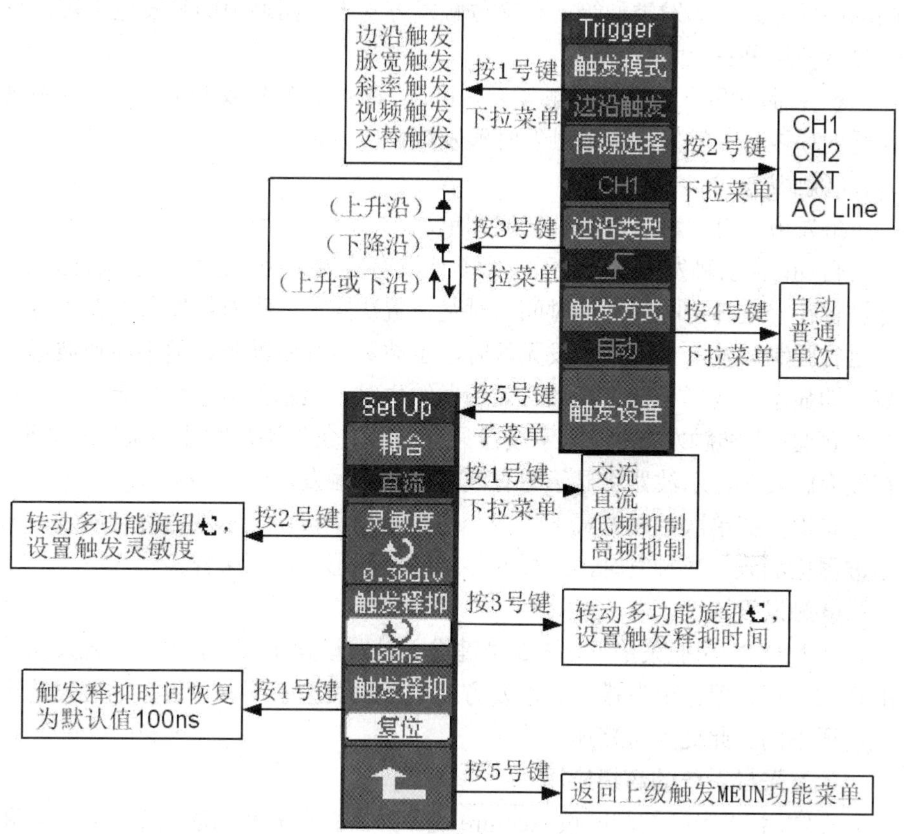

附录图 1-22　触发系统菜单及子菜单

①触发模式

- 边沿触发：指在输入信号边沿的触发阈值上触发。在选择“边沿触发”后，还应选择是在输入信号的上升沿、下降沿角发或者在上升沿和下降沿均触发。
- 脉宽触发：指根据脉冲的宽度来确定触发时刻。当选择脉宽触发时。可以通过设定脉宽条件和脉冲宽度来捕捉异常脉冲。

● 斜率触发：指把示波器设置为对指定时间的正斜率或负斜率触发。选择斜率触发时，还应设置斜率条件、斜率时间等，还可选择◎LEVEL钮调节LEVEL A、LEVEL B或同时调节LEVEL A和LEVEL B。

● 交替触发：在交替触发时，触发信号来自两个垂直通道，此方式适用于同时观察两路不相关信号。在交替触发菜单中，可为两个垂直通道选择不同的触发方式、触发类型等。在交替触发方式下，两通道的触发电平等信息会显示在屏幕右上角状态栏。

● 视频触发：选择视频触发后，可在NTSC、PAL或SECAM标准视频信号的场或行上触发。视频触发时触发耦合应设置为直流。

②触发方式

触发方式有三种：自动、普通和单次。

自动：自动触发方式下，示波器即使没有检测到触发条件也能采样波形。示波器在一定等待时间（该时间由时基设置决定）内没有触发条件发生时，将进行强制触发。当强制触发无效时，示波器虽显示波形，但不能使波形同步，即显示的波形不稳定。当有效触发发生时，显示的波形将稳定。

普通：普通触发方式下，示波器只有当触发条件满足时才能采样到波形。在没有触发时，示波器将显示原有波形而等待触发。

单次：在单次触发方式下，按一次“运行”按钮，示波器等待触发，当示波器检测到一次触发时，采样并显示一个波形，然后采样停止。

③触发设置

在MEUN功能菜单下，按5号键进入触发设置子菜单，可对与触发相关的选项进行设置。触发模式、触发方式、触发类型不同，可设置的触发选项也有所不同。此处不再赘述。

（4）采样系统的高级应用

在常用MENU控制区按 Acquire 键，弹出采样系统功能菜单。其选项和设置方法如附录图1-23所示。

（5）存储和调出功能的高级应用

在常用MENU控制区按 STORAGE 键，弹出存储和调出功能菜单，如附录图1-24所示。通过该菜单及相应的下拉菜单和子菜单可对示波器内部存储区和USB存储设备上的波形和设置文件等进行保存、调出、删除操作，操作的文件名称支持中、英文输入。

存储类型选择“波形存储”时，其文件格式为wfm，只能在示波器中打开；存储类型选择“位图存储”和“CSV存储”时，还可以选择是否以同一文件名保存示波器参数文件（文本文件），“位图存储”文件格式是bmp，可用图片软件在计算机中打开，“CSV存储”文件为表格，Excel可打开，并可用其“图表导向”工具转换成所需要的图形。

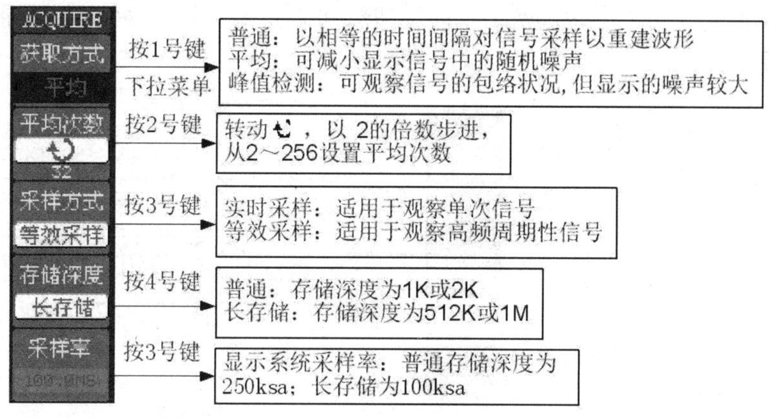

附录图1-23　采样系统功能菜单

“外部存储”只有在USB存储设备插入时，才能被激活进行存储文件的各种操作。

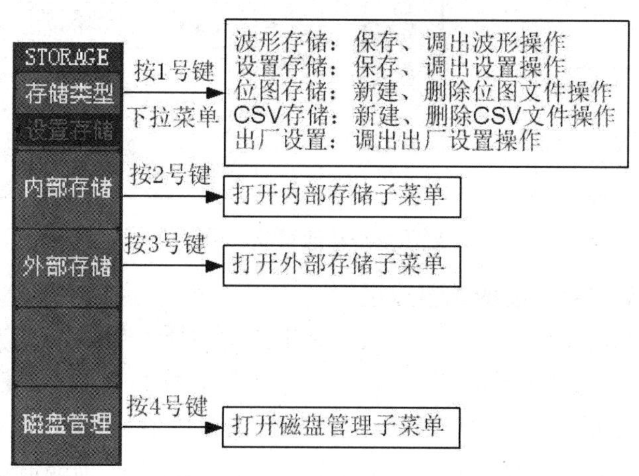

附录图1-24　存储与调出功能菜单

（6）辅助系统功能的高级应用

常用MENU控制区的UTILITY为辅助系统功能按键。在UTILITY按键弹出的功能菜单中，可以进行接口设置、打印设置、屏幕保护设置等，可以打开或关闭示波器按键声、频率计等，可以选择显示的语言文字、波特率值等，还可以进行波形的录制与回放等。

（7）显示系统的高级应用

在常用 MENU 控制区按 DISPLAY 键，弹出显示系统功能菜单。通过功能菜单控制区的 5 个按键及多功能旋钮可设置调整显示系统，如附录图 1-25 所示。

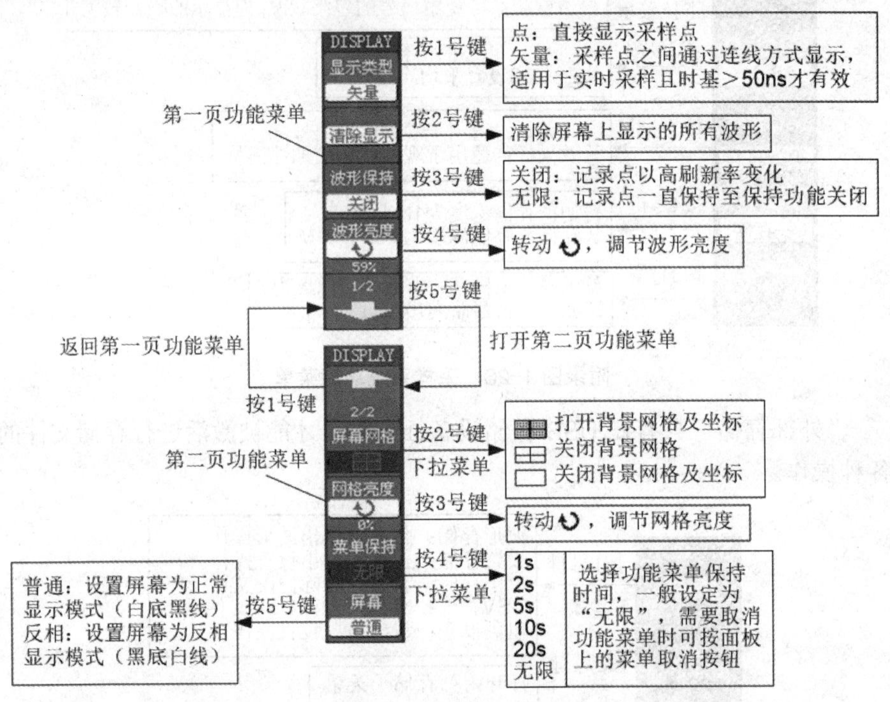

附录图 1-25 显示系统功能菜单、子菜单及设置选择

（8）自动测量功能的高级应用

在常用 MENU 控制区按 MEASURE（自动测量）键，弹出自动测量功能菜单，如附录图 1-26 所示。其中电压测量参数有峰峰值（波形最高点至最低点的电压值）、最大值（波形最高点至 GND 的电压值）、最小值（波形最低点至 GND 的电压值）、幅值（波形顶端至底端的电压值）、顶端值（波形平顶至 GND 的电压值）、底端值（波形平底至 GND 的电压值）、过冲（波形最高点与顶端值之差与幅值的比值）、预冲（波形最低点与底端值之差与幅值的比值）、平均值（1 个周期内信号的平均幅值）、均方根值（有效值）共 10 种；时间测量有频率、周期、上升时间（波形幅度从 10%上升至 90%所经历的时间）、下降时间（波形幅度从 90%下降至 10%所经历的时间）、正脉宽（正脉冲在 50%幅度时的脉冲宽度)、负脉宽(负脉冲在 50%幅度时的脉冲宽度)、延迟 1→2↑(通道 1、2 相对于上升沿的延时)、延迟 1→2↓(通道 1、2 相对于下降沿的延时)、正占空比(正脉宽与周期的比值)、负占空比(负脉宽与周期的比值)共 10 种。

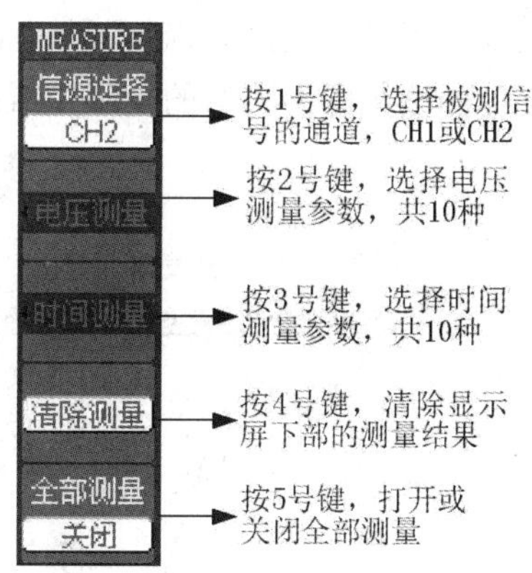

附录图 1-26　自动测量功能菜单

自动测量操作方法如下：

①选择被测信号通道。根据信号输入通道不同，选择 CH1 或 CH2。按键顺序为 MEASURE→**信源选择**→CH1 或 CH2。

②获得全部测量数值。按键顺序为 MEASURE→**信源选择**→CH1 或 CH2→“5 号”菜单操作键，设置“全部测量”为打开状态。18 种测量参数值显示于屏幕下方。

③选择参数测量。按键顺序为 MEASURE→**信源选择**→CH1 或 CH2→“2 号”或“3 号”菜单操作键选择测量类型，转↺旋钮查找下拉菜单中感兴趣的参数并按下↺旋钮予以确认，所选参数的测量结果将显示在屏幕下方。

④清除测量数值。在 MEASURE 菜单下，按 4 号功能菜单操作键选择清除测量。此时，屏幕下方所有测量值即消失。

(9) 光标测量功能的高级应用

按下常用 MENU 控制区 CURSOR 键，弹出光标测量功能菜单，如附录图 1-27 所示。光标测量有手动、追踪和自动测量三种模式。

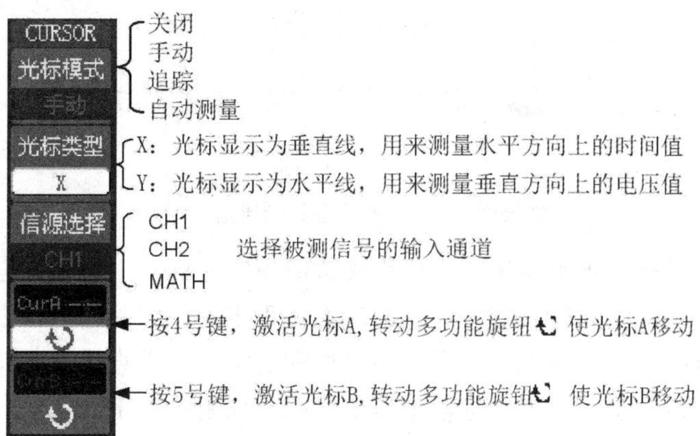

附录图 1-27　光标测量功能菜单

①手动模式：光标 X 或 Y 成对出现，并可手动调整两个光标间的距离，显示的读数即为测量的电压值或时间值，如附录图 1-28 所示。

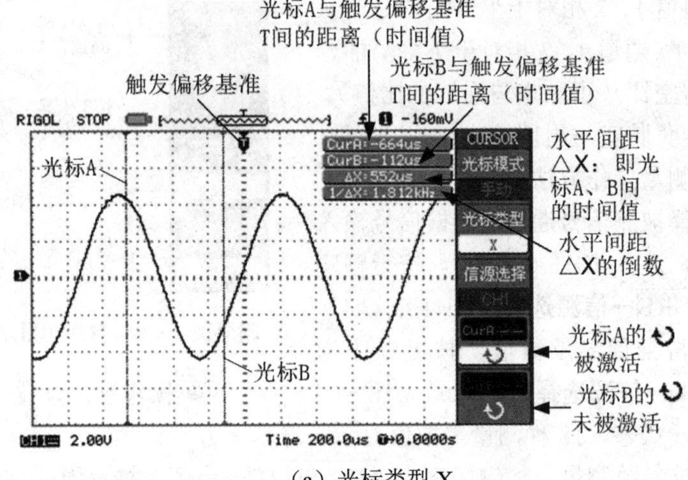

（a）光标类型 X

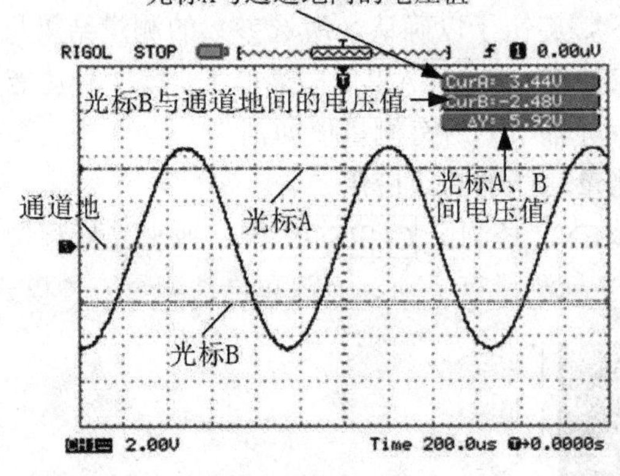

（b）光标类型 Y

附录图 1-28　手动模式测量显示图

②追踪模式：水平与垂直光标交叉构成十字光标，十字光标自动定位在波形上，转动多功能旋钮，光标自动在波形上定位，并在屏幕右上角显示当前定位点的水平、垂直坐标和两个光标间的水平、垂直增量。其中，水平坐标以时间值显示，垂直坐标以电压值显示，如附录图 1-29 所示。光标 A、B 可分别设定给 CH1、CH2 两个不同通道的信号，也可设定给同一通道的信号，此外，光标 A、B 也可选择无光标显示。

在手动和追踪光标模式下，要转动↻ 移动光标，必须按下功能菜单项目对应的按键激活↻，使↻底色变白，才能左右或上下移动激活的光标。

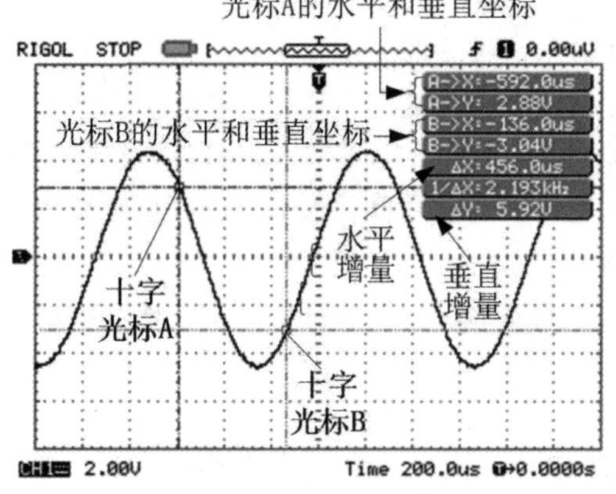

附录图 1-29 光标追踪模式测量显示图

③自动测量模式：在自动测量模式下，屏幕上会自动显示对应的电压或时间光标，以揭示测量的物理意义，同时系统还会根据信号的变化，自动调整光标位置，并计算相应的参数值，如附录图 1-30 所示。光标自动测量模式显示当前自动测量参数所应用的光标。若没有在 MEASURE 菜单下选择任何自动测量参数，将没有光标显示。

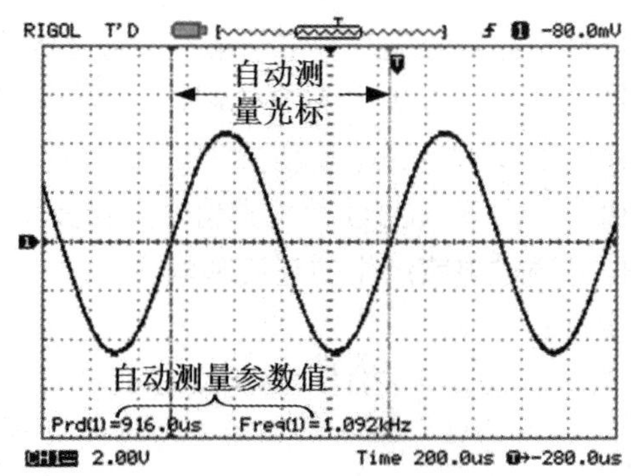

附录图 1-30 周期、频率自动测量光标显示图

1.6.3 数字示波器测量实例

用数字示波器进行任何测量前，都先要将 CH1、CH2 探头菜单衰减系数和探头上的开关衰减系数设置一致。

（1）测量简单信号

观测电路中一未知信号，显示并测量信号的频率和峰峰值。其方法和步骤如下：

①正确捕捉并显示信号波形

● 将 CH1 或 CH2 的探头连接到电路被测点。

● 按 AUTO（自动设置）键，示波器将自动设置使波形显示达到最佳。在此基础上，可以进一步调节垂直、水平档位，直至波形显示符合要求。

②进行自动测量

示波器可对大多数显示信号进行自动测量。现以测量信号的峰峰值和频率为例。

● 测量峰峰值

按 MEASURE 键以显示自动测量功能菜单→按 1 号功能菜单操作键选择信源 CH1 或 CH2→按 2 号功能菜单操作键选择测量类型为电压测量，并转动多功能旋钮↻在下拉菜单中选择峰峰值，按下↻。此时，屏幕下方会显示出被测信号的峰峰值。

● 测量频率

按 3 号功能菜单操作键，选择测量类型为时间测量，转动多功能旋钮↻在时间测量下拉菜单中选择频率，按下↻。此时，屏幕下方峰峰值后会显示出被测信号的频率。

测量过程中，当被测信号变化时测量结果也会随之改变。当信号变化太大，波形不能正常显示时，可再次按 AUTO 键，搜索波形至最佳显示状态。测量参数等于“※※※※”，表示被测通道关闭或信号过大示波器未采集到，此时应打开关闭的通道或按下 AUTO 键采集信号到示波器。

（2）观测正弦信号通过电路产生的延迟和畸变

①显示输入、输出信号

● 将电路的信号输入端接于 CH1，输出端接于 CH2。

● 按下 AUTO（自动设置）键，自动搜索被测信号并显示在显示屏上。

● 调整水平、垂直系统旋钮直至波形显示符合测试要求，如附录图 1-31 所示。

②测量并观察正弦信号通过电路后产生的延时和波形畸变

按 MEASURE 键以显示自动测量菜单→按 1 号菜单操作键选择信源 CH1→按 3 号菜单键选择时间测量→在时间测量下拉菜单中选择延迟 1→2↑。此时，在屏幕下方显示出通道 1、2 在上升沿的延时数值，波形的畸变如附录

图1-31所示。

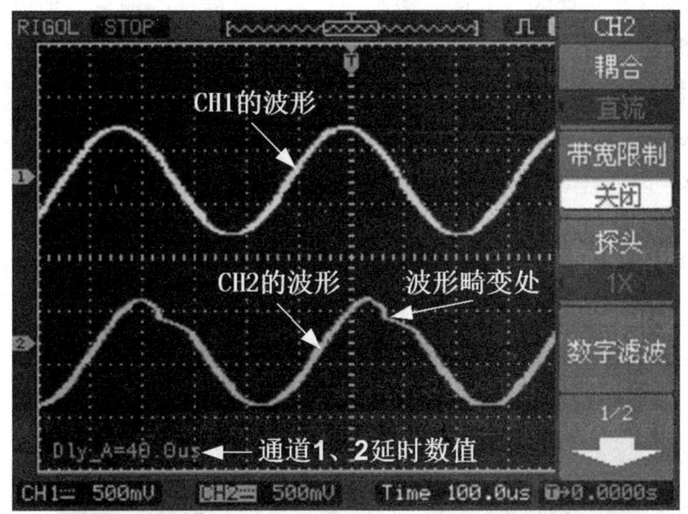

附录图1-31 正弦信号通过电路产生的延迟和畸变

(3)捕捉单次信号

用数字示波器可以快速方便地捕捉脉冲、突发性毛刺等非周期性的信号。要捕捉一个单次信号，先要对信号有一定的了解，以正确设置触发电平和触发沿。例如，若脉冲是TTL电平的逻辑信号，触发电平应设置为2V，触发沿应设置成上升沿。如果对信号的情况不确定，则可以通过自动或普通触发方式先对信号进行观察，以确定触发电平和触发沿。捕捉单次信号的具体操作步骤和方法如下：

①按触发（TRIGGER）控制区 MENU 键，在触发系统功能菜单下分别按1～5号菜单操作键设置触发类型为边沿触发、边沿类型为上升沿、信源选择为CH1或CH2、触发方式为单次、触发设置→耦合为直流。

②调整水平时基和垂直衰减档位至适合的范围。

③旋转触发（TRIGGER）控制区LEVEL旋钮，调整适合的触发电平。

④按 RUN/STOP 执行钮，等待符合触发条件的信号出现。如果有某一信号达到设定的触发电平，即采样一次，并显示在屏幕上。

⑤旋转水平控制区（HORIZONTAL）POSITION旋钮，改变水平触发位置，以获得不同的负延迟触发，观察毛刺发生之前的波形。

（4）应用光标测量 *Sinc* 函数信号波形

示波器自动测量的 20 种参数都可以通过光标进行测量。现以 *Sinc* 函数信号波形测量为例，说明光标测量方法。

①测量 *Sinc* 函数信号第一个波峰的频率。

- 按 CURSOR 键以显示光标测量功能菜单。
- 按 1 号菜单操作键设置光标模式为手动。
- 按 2 号菜单操作键设置光标类型为 X。
- 如附录图 1-32 所示，按 4 号菜单操作键，激活光标 CurA，转动↻将光标 A 移动到 *Sinc* 波形的第一个峰值处。

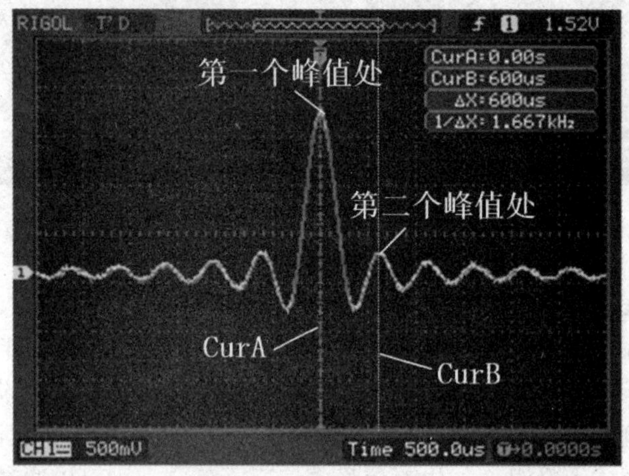

附录图 1-32　测量 Sinc 信号第一个波峰的频率（周期）

- 按 5 号菜单操作键，激活光标 CurB，转动↻ 将光标 B 移动到 *Sinc* 波形的第二个峰值处。此时，屏幕右上角显示出光标 A、B 处的时间值、时间增量和 *Sinc* 波形的频率。

②测量 *Sinc* 函数信号第一个波峰的峰峰值。

- 如图附录 1-33 所示，按 CURSOR 键以显示光标测量功能菜单。
- 按 1 号菜单操作键设置光标模式为手动。
- 按 2 号菜单操作键设置光标类型为 Y。
- 分别按 4、5 号菜单操作键，激活光标 CurA、CurB，转动↻ 将光标 A、B 移动到 *Sinc* 波形的第一、第二个峰值处。屏幕右上角显示出光标 A、B 处的电压值和电压增量，即 *Sinc* 函数信号波形的峰峰值。

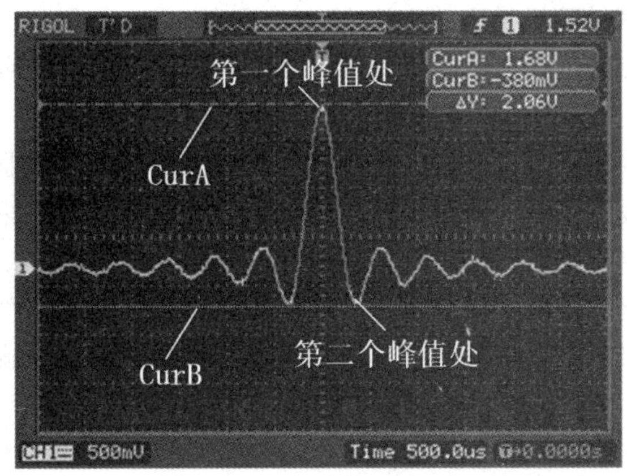

附录图 1-33　测量 Sinc 信号第一个波峰的幅值

（5）使用光标测定 FFT 波形参数

使用光标可测定 FFT 波形的幅度（以 Vrms 或 dBVrms 为单位）和频率（以 Hz 为单位），如附录图 1-34 所示，具体操作方法如下：

①按 MATH 键弹出 MATH 功能菜单。按 1 号键打开“操作”下拉菜单，转动选择 FFT 并按下确认。此时，FFT 波形便出现在显示屏上。

②按 CURSOR 键显示光标测量功能菜单。按 1 号键打开“光标模式”下拉菜单并选择“手动”类型。

③按 2 号菜单操作键，选择光标类型为 X 或 Y。

④按 3 号菜单操作键，选择信源为 FFT，菜单将转移到 FFT 窗口。

⑤转动多功能旋钮，移动光标至感兴趣的波形位置，测量结果显示于屏幕右上角。

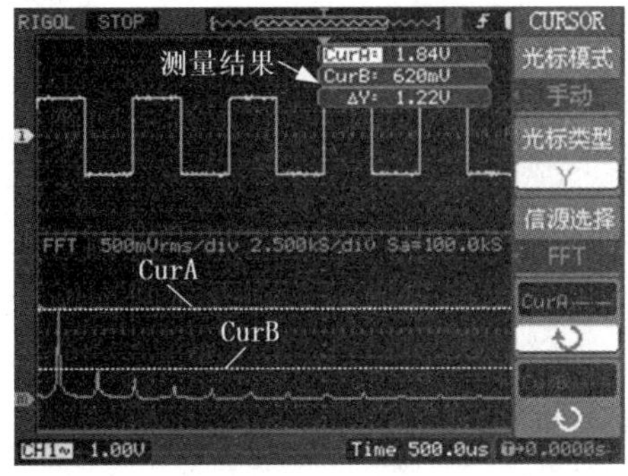

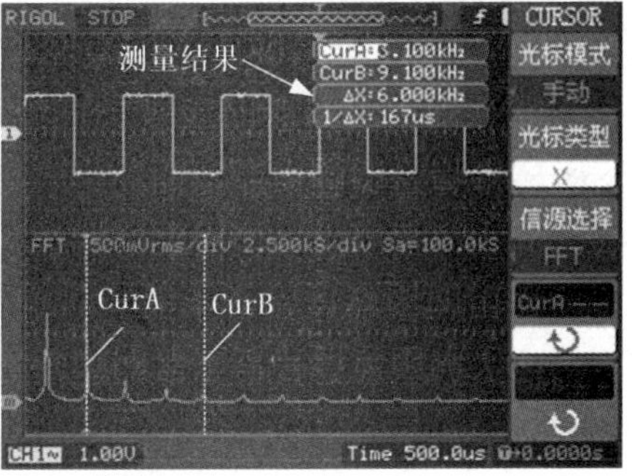

附录图 1-34　光标测量方波经 FFT 变换的波形幅值与频率

（6）减少信号随机噪声的方法

如果被测信号上叠加了随机噪声，可以通过调整示波器的设置，滤除和减小噪声，避免其在测量中对本体信号的干扰。其方法有：

①设置触发耦合改善触发。按下触发（TRIGGER）控制区 MENU 键，在弹出的触发设置菜单中将触发耦合选择为低频抑制或高频抑制。低频抑制可滤除 8kHz 以下的低频信号分量，允许高频信号分量通过；高频抑制可滤除 150kHz 以上的高频信号分量，允许低频信号分量通过。通过设置低频抑制或高频抑制可以分别抑制低频或高频噪声，以得到稳定的触发。

②设置采样方式和调整波形亮度减少显示噪声。按常用 MENU 区 ACQUIRE 键，显示采样设置菜单。按 1 号菜单操作键设置获取方式为平均，然后按 2 号菜单操作键调整平均次数，依次由 2 至 256 以 2 的倍数步进，直至波形的显示满足观察和测试要求。转动↻旋钮降低波形亮度以减少显示噪声。

附录2　函数信号发生器

函数信号发生器是一种能提供各种频率、波形和输出电平电信号的设备。在测量各种电信系统或电信设备的振幅特性、频率特性、传输特性及其他电参数，以及测量元器件的特性与参数时，用作测试的信号源或激励源。它能够产生多种波形，如三角波、锯齿波、矩形波、正弦波，所以在生产实践和科技领域中有着广泛的应用。

2.1　实验目的

熟悉函数信号发生器的原理，掌握示波器的功能与性能参数，能够熟练应用函数信号发生器输出所需的信号。

2.2　实验手段（仪器和设备，或者平台）

函数信号发生器和示波器各一台。

2.3　实验原理、实验内容与步骤

实验前先浏览查阅有关函数信号发生器的资料。

实验步骤如下：

①开启函数信号发生器

需要了解电源插板是否有电，插板上是否有电源开关，插头是否插接牢靠，函数信号发生器上电源开关的位置，函数信号发生器上的电源指示。

②用示波器接上函数信号发生器

改变函数信号发生器的输出波形、频率、幅值和直流偏移，观察示波器上的现象。

③函数信号发生器的输出

仍然用示波器接上函数信号发生器，但接在函数信号发生器的不同的输出端上，观察示波器上的现象。

④了解函数信号发生器的触发功能

所用的函数信号发生器还有哪些功能？如信号调制、频率或周期测量等。与示波器联用，如用示波器观察调制信号，或用函数信号发生器测量示波器标准信号的频率或周期。

⑤分别用示波器的交流、直流输入模式观察函数信号发生器不同频率（如 1Hz、10Hz 或 10kHz）的方波。

⑥完成至少 1 个自己设计的实验。

⑦了解附录中提到的每一个功能并尝试一下，揣摩在示波器上显示的波形。

⑧了解附录 2.6 节中的每个术语、单位，并上网查一查其定义和含义，暂时未能理解的请记录下来。

2.4 思考题

①信号发生器的原理是什么？

②所用的信号发生器有哪些功能？

③所用的信号发生器可以输出哪些种类的信号？频率范围是多少？信号幅值是多少？输出的衰减是如何控制的？

④所用的信号发生器有哪些特殊的功能？如调制信号的种类及其参数控制。

⑤所用的信号发生器是否有 PWM 波输出？PWM 波有哪些参数可以调整？调整范围为多大？

⑥如何用函数信号发生器产生直流信号？

⑦如何用函数信号发生器输出一个只有正极性的正弦波？

⑧如何用函数信号发生器得到幅值为 1mV 的正弦波？

⑨需要给一个差动放大器施加输入信号，应该怎样做？

⑩在实验步骤⑤中，看到了什么现象，能否给出你的理论推导？能否说出示波器输入为交流档时等效为一个什么滤波器或最简单的电路？其特征参数是什么？为多少？

2.5 实验报告

总结本次实验的体会，记录实验中遇到的问题（包括尚未获得解答的疑问）。回答本实验中的所有思考题。

2.6　ATF20B DDS 数字合成函数发生器

2.6.1　概述

ATF20B DDS 函数信号发生器（附录图 2-1）采用数字合成技术，具有快速完成测量工作所需的高性能指标和众多的功能特性。其简单而功能明晰的前面板设计和中/英文液晶显示界面更便于操作和观察，可扩展的选件功能，可获得增强的系统特性。

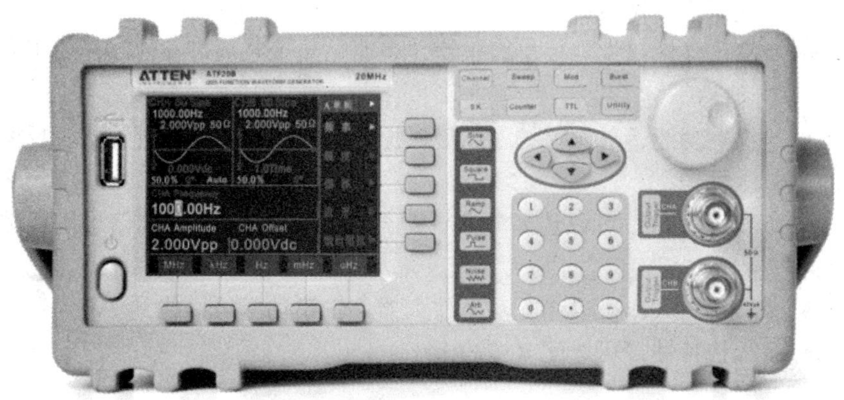

附录图 2-1　函数信号发生器 ATF20B

2.6.2　主要功能与特点

ATF20B DDS 函数信号发生器具有如下的功能与特点。

- 频率精度高：频率精度可达到 10^{-5} 数量级；
- 频率分辨率高：全范围频率分辨率 1μHz；
- 无量程限制：全范围频率不分档，直接数字设置；
- 无过滤过程：频率切换时瞬间达到稳定值，信号相位和幅度连续无畸变；
- 波形精度高：输出波形由函数计算值合成，波形精度高，失真小；
- 多种波形：可以输出 32 种波形；
- 脉冲特性：可以设置精确的脉冲波占空比；

- 谐波特性：可输出基波和谐波信号，二者相位可调；
- 扫描特性：具有频率扫描和幅度扫描功能，扫描起止点任意设置；
- 调制特性：可以输出频率调制 FM 信号；
- 键控特性：可以输出频移键控 FSK，幅移键控 ASK 和相移键控 PSK信号；
- 猝发特性：可以输出猝发计数脉冲串信号；
- 存储特性：可以存储 40 组用户设置的仪器状态参数，可随时调出重现；
- 计算功能：可以选用频率或周期，幅度有效值或峰峰值；
- 操作方式：全部按键操作，中/英文两种菜单显示，直接数字设置或旋钮连续调节；
- 高可靠性：大规模集成电路，表面贴装工艺，可靠性高，使用寿命长；
- 保护功能：过压保护、过流保护、输出端短路几分钟保护、反灌电压保护；
- 频率测量：可以选配频率计数器功能，对内部/外部信号进行频率测量；
- 功率放大：可以选配功率放大器，输出功率可以达到 7W；
- 程控特性：可选配 RS232 接口。

2.6.3 技术指标

（1）输出 A 通道特性

输出 A 通道特性列于附录表 2-1～附录表 2-8 中。

附录表 2-1 波形特性

波形种类	正弦波，方波，三角波，锯齿波，脉冲等 32 种波形
波形长度	1024 点
采样速率	100MSa/s
波形幅度分辨率	8bits
正弦波谐波抵制度	≥40dBc（＜1MHz），≥35dBc（1MHz～10MHz）
正弦波总失真度	≤1%（20Hz～200kHz）
方波升降沿时间	≤35ns
方波过冲	≤10%
方波占空比	1%～99%

附录表 2-2　频率特性

频率范围	正弦波：1μHz～20MHz 方波：1μHz～5MHz
	其他波形：1μHz～1MHz
频率分辨率	1μHz
频率准确度	±（5×10^{-5}+40mHz）
频率稳定度	±5×10^{-6}/3h

附录表 2-3　幅度特性

幅度范围	2mVpp～20Vpp　1μHz～10MHz（高阻）
	2mVpp～15Vpp　10MHz～15MHz（高阻）
	2mVpp～8Vpp　15MHz～20MHz（高阻）
分辨率	20mVpp（幅度＞约 2Vpp），2mVpp（幅度＜约 2V）
幅度准确度	±（1%+2mVrms）（高阻，有效值，频率 1kHz）
幅度稳定度	±0.5%/3h
幅度平坦度	±5%（频率＜10MHz），±10%（10MHz＜频率）
输出阻抗	50Ω

附录表 2-4　偏移特性

偏移范围	±10V（高阻、衰减 0dB 时）
分辨率	20mVdc
偏移准确度	±（1%+20mVdc）

附录表 2-5　扫描特性（频率线性扫描）

扫描类型	频率扫描、幅度扫描
扫描范围	起始点和终止点任意设定
扫描时间	100ms～900s
扫描方向	正向扫描，反向扫描，往返扫描
扫描模式	线性或对数
扫描方式	自动扫描或手动扫描

附录表 2-6　调频特性

载波信号	A 路信号
调制信号	内部 B 路信号或外部信号
调频深度	0%～20%

附录表 2-7　键控特性

FSK	载波频率和跳变频率任意设定
ASK	载波幅度和跳变幅度任意设定
PSK	跳变相位：0°～360°，最高分辨率：1°
交替速率	10ms～60s

附录表 2-8　猝发特性

载波信号	A 路信号
触发信号	TTL_A 路信号
猝发计数	1～65000 个周期
猝发方式	内部 TTL，外部，单次

（2）输出 B 特性

输出 B 通道特性列于附录表 2-9～附录表 2-12 中。

附录表 2-9　波形特性

波形种类	正弦波，方波，三角波，锯齿波，脉冲等 32 种波形
波形长度	1024 点
采样速率	12.5MSa/s
波形幅度分辨率	8bits
方波占空比	1%～99%

附录表 2-10　频率特性

频率范围	正弦波：1μHz～1MHz　其他波形：1μHz～100kHz
频率分辨率	1μHz
频率准确度	±（1×10^{-5}）

附录表 2-11　幅度特性

幅度范围	50mVpp～20Vpp（高阻）
幅度分辨率	20mVpp
输出阻抗	50Ω

附录表 2-12　猝发特性

载波信号	B 路信号
触发信号	TTL_B 路信号
猝发计数	1～65000 个周期
猝发方式	内部 TTL，外部，单次

（3）TTL 输出特性参数

TTL 输出特性参数如下：

- 波形特性：方波，上升下降时间≤20ns；
- 频率特性：10mHz～1MHz；
- 幅度特性：TTL，CMOS 兼容，低电平＜0.3V，高电平＞4V。

（4）通用特性

仪器的通用特性列于附录表 2-13 中。

附录表 2-13　通用特性

电源条件	电压：AC220V(1±10%) 　　　AC110V(1±10%)（注意输入电压转换开关位置） 频率：50Hz(1±5%) 功耗：<45VA
环境条件	温度：0～40℃　湿度：<80%
操作特性	全部按键操作，旋钮连续调节
显示方式	TFT 液晶显示，320×240，中文/英文菜单
机箱尺寸	415mm×295mm×195mm(L×W×H)
重量	3.5kg
制造工艺	表面贴装工艺，大规模集成电路，可靠性高，使用寿命长。

2.6.4　选件介绍

①频率计数器：如果用户选购了频率计数器，则仪器内会安装频率计数功能模块，其输入端连接到后面板上的“外测输入”插座。关于这个选件的使用方法在说明书中有详细叙述。

- 频率测量范围：1Hz～200MHz。
- 输入信号幅度：100mVpp～20Vpp。

②功率放大器：如果用户选购了功率放大器，则机箱内会安装一块功率放大器板，这是一个与仪器无关的独立部件，其输入端连接到后面板上的“功放输入”插座，输出端连接到后面板上的“2 倍功放输出”插座。使用时用一条测试电缆线，将输入信号连接到“功放输入”端口，在后面板的“2 倍功放输出”端口即可以得到经过 2 倍功率放大的信号。输入信号可以是本机的输出 A、输出 B，也可以是其他仪器的信号。

- 输入电压：

功率放大器的电压放大倍数为两倍，最大输出幅度为 22Vpp，所以最大输入幅度应限制在 11Vpp，超过限制时，输出信号会产生失真。

- 频率范围：

功率放大器的频率范围为 10Hz～150kHz，在此范围内幅度平坦度优于 3%，正弦波失真度优于 1%，最高频率可以达到 200kHz。

- 输出功率：

功率放大器的输出功率表达式为：$P=V2/R$。表达式中，P 为输出功率（单位为 W），V 为输出幅度有效值（单位为 Vrms），R 为负载电阻（单位为 Ω）最大输出幅度可以达到 22Vpp(7.8Vrms)，最小负载电阻可以小到 2Ω。此外，工作环境温度越高，输出信号频率越高，要求输出信号失真度越小，可能达到的最大输出功率就越小，一般情况下最大输出功率可以达到 7W(8Ω)或 1W(50Ω)。

- 输出保护：

功率放大器具有输出短路保护和过热保护，一般不会损坏，但应尽量避免长时间输出短路。频率、幅度和负载尽量不要用到极限值，特别是两种参数不能同时用到极限值，以免对功率放大器的性能造成伤害。

③RS232

如果用户选购了 RS232，可通过 RS232 接口远程控制本仪器工作。

附录3　万用表

早期的万用表（附录图3-1）能够测量电压、电流和电阻，因而又被称为三用表。这三种电量是电路测试中最常用，而且可以演化出测量其他电量的方法，价格又是所有电子仪表中最便宜的，因而又被称为万用表。在使用万用表时，应该注意三个问题：①不可用电阻档和二极管（通断判断）档测量带电的电路（或其中的电阻）。②不可用电流档直接测量电源两端或具有很大电流输出电流的两端。③在使用电压或电流档时，必须确保被测值不超过相应档位量程太多。如果难以估计被测电压或电流的幅值，则将万用表调至最大量程开始测量，逐级调小量程直到得到最高精度的读数为止。

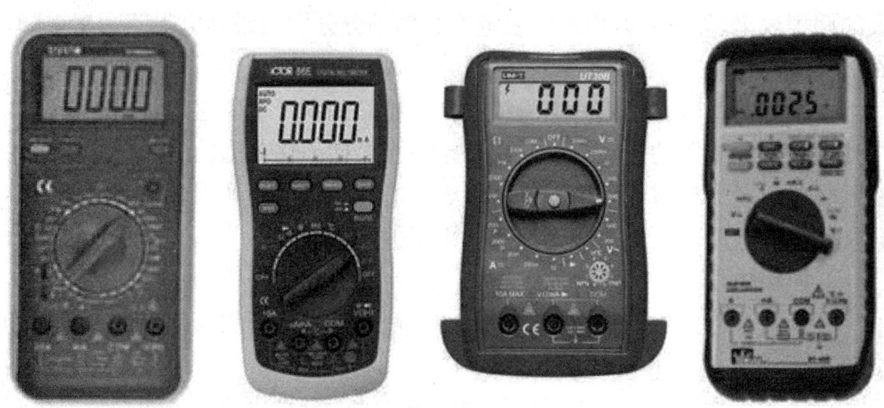

附录图3-1　一款数字万用表

3.1　实验目的

熟悉万用表的原理，掌握万用表的功能与性能参数及其限制，能够熟练应用万用表进行各种测量。

3.2　实验手段（仪器和设备，或者平台）

万用表和函数信号发生器各一台。阻值大小不同的电阻、容值大小不同的电容器、普通二极管和发光二极管、三极管等若干。

3.3　实验原理、实验内容与步骤

在阅读本附录 3.6 节、3.7 节的内容之后完成以下实验：

①测量电阻

找来大小不同的电阻，用万用表测量之。将测量结果与电阻上标称的阻值进行印证，分析其中的差异。

测量时可以用左手夹持电阻的一支引脚，用右手像拿筷子一样拿住万用表的两根表笔(测试笔)，用两根表笔的金属部分分别触碰到电阻的两支引脚，然后读出阻值。

如果是测量较小阻值的电阻或仅仅是粗略判断一下阻值，可用左手的食指与中指夹住电阻的一支引脚，用拇指和无名指夹住电阻的另一支引脚，用右手像拿筷子一样拿住万用表的两根表笔（测试笔），用两根表笔的金属部分分别触碰到电阻的两支引脚，然后读出阻值。

②测量电压

用函数信号发生器输出幅值不同的直流，分别用万用表的直流电压档和交流电压档测量之。

用函数信号发生器输出幅值不同的正弦波，分别用万用表的直流电压档和交流电压档测量之，有何结果，为什么？交换表笔再用万用表的直流电压档和交流电压档测量之，有何结果，为什么？

用函数信号发生器输出频率由最低到最高频率不同但幅值不变的正弦波，用万用表的交流电压档测量之。

用函数信号发生器输出频率 1kHz、幅值为 1V 但不同波形（方波、正弦波和三角波）的信号，用直流电压档和交流电压档测量之。

用函数信号发生器输出频率 1kHz、幅值为 1V 但占空比不同的方波信号，用直流电压档测量之。

③测量电流

用函数信号发生器产生频率 1kHz、幅值为 10V 的信号，用万用表串联一枚 100Ω电阻测量之。

用函数信号发生器输出幅值不同的直流，分别用万用表直流电流档和交流电流档串联一枚 100Ω电阻后测量之。交换表笔再用万用表的直流电流档和交流电流档串联一枚 100Ω电阻后测量之。

用函数信号发生器输出幅值不同的正弦波，分别用万用表的直流电流档和交流电流档串联一枚 100Ω电阻后测量之。交换表笔再用万用表的直流电流档和交流电流档测量。

用函数信号发生器输出频率由最低到最高频率不同但幅值不变的正弦波，用万用表的交流电流档串联一枚 100Ω电阻后测量之。

用函数信号发生器输出频率 1kHz、幅值为 1V 但不同波形（方波、正弦波和三角波）的信号，用直流电流档和交流电流档串联一枚 100Ω电阻后测量之。

用函数信号发生器输出频率 1kHz、幅值为 1V 但占空比不同的方波信号，用直流电流档串联一枚 100Ω电阻后测量之。

④测量电路的通断（数字万用表）

将万用表拨到二极管（通断判断）档，将两枚表笔金属部分相碰，万用表应该发出蜂鸣声，表示两枚表笔之间是连通的，显示值为 0，表示两枚表笔之间的电阻为 0。

同样将万用表拨到二极管（通断判断）档，分别测量 47Ω、100Ω、300Ω的电阻。

将万用表拨到 200Ω档，同样分别测量 47Ω、100Ω、300Ω的电阻。

找一枚普通二极管，将万用表拨到二极管（通断判断）档测量之，结果如何？交换表笔再测量，结果又如何？

找一枚 LED（发光二极管），将万用表拨到二极管（通断判断）档测量之；交换表笔再测量。

如果有不同颜色的 LED（包括红外 D），用前一条所述的办法测量之。

将万用表拨到不同的电阻档，分别测量不同颜色的 LED（包括红外 LED）。

找一枚快速二极管（或肖特基二极管），将万用表拨到二极管（通断判断）档测量之，结果如何？交换表笔再测量，结果如何？

找一枚三极管，将万用表拨到二极管（通断判断）档测量之，标明 3 个引脚之间的正、反向电阻，以此判断该三极管的材料、NPN 与 PNP 型或其好坏。

找一枚三极管，将万用表拨到不同的电阻档测量之，以此判断该三极管的材料、NPN 与 PNP 型或其好坏。

⑤测量电容（数字万用表，并且有该档位）

将万用表拨到电容测量档，将容量大小不同的电容分别插进万用表测量电容的槽口，将测量结果与被测电容的标称值相对比。

将万用表拨到不同的电阻档，再次测量这些电容，注意万用表读数值的变化。

同样将万用表拨到不同的电阻档，再次测量这些电容，但在同一档位对同一电容进行两次测量，完成第一次测量后将表笔交换后与电容引脚触碰，注意万用表读数值的变化。

⑥测量三极管（数字万用表，并且有该档位）

将万用表拨到 h_{FE} 档，按照所估计的三极管 NPN 型或 PNP 型（可用前述的办法识别）及引脚（e、b、c，可用前述的办法识别）将三极管插入相应的测试孔中，如果三极管好的话并且三极管引脚插入位置正确，此时万用表会显示被测三极管的 h_{FE} 值，通常为几十至几百。

3.4　思考题

①所用的万用表可测哪些参数？各个参数的测量范围是多少？

②万用表用完应该把挡位旋至哪个位置？为什么？

③数字万用表和模拟万用表有哪些不同？在使用上有何区别？

④在实验①中，用拇指和无名指夹住电阻的另一支引脚，在测量高阻值电阻而且要求精度高时，这样测量有什么问题？

⑤在实验②中，用万用表的直流电压档和交流电压档测量函数信号发生器输出幅值不同的直流信号有何结果，为什么？交换表笔再用万用表的直流电压档和交流电压档测量之，有何结果，为什么？

⑥在实验②中，用万用表的直流电压档和交流电压档测量函数信号发生器输出幅值不同的交流信号有何结果，为什么？交换表笔再用万用表的直流电压档和交流电压档测量之，有何结果，为什么？

⑦在实验②中，用函数信号发生器输出频率 1kHz、幅值为 1V 但不同波形（方波、正弦波和三角波）的信号，用直流电压档和交流电压档测量有何结果，为什么？

⑧在实验②中，用函数信号发生器输出频率 1kHz、幅值为 1V 但占空比不同的方波信号，用直流电压档测量有何结果，为什么？

⑨在实验③中，用函数信号发生器产生频率 1kHz、幅值为 10V 的信号，用万用表串联一枚 100Ω电阻测量之，将万用表的电流的读数值与所计算得到值相比较，结果如何？

⑩在实验③中，用函数信号发生器输出幅值不同的直流，分别用万用表直流电流档和交流电流档串联一枚 100Ω电阻后测量有何结果，为什么？交换表笔再用万用表的直流电流档和交流电流档串联一枚 100Ω电阻后测量之，有何结果，为什么？

⑪在实验③中，用函数信号发生器输出幅值不同的正弦波，分别用万用表的直流电流档和交流电流档串联一枚 100Ω电阻后测量有何结果，为什么？交换表笔再用万用表的直流电流档和交流电流档，有何结果，为什么？

⑫在实验③中，用函数信号发生器输出频率频率由最低到最高频率不同但幅值不变的正弦波，用万用表的交流电流档串联一枚 100Ω电阻后测量之，有何结果，为什么？

⑬在实验③中，用函数信号发生器输出频率 1kHz、幅值为 1V 但不同波形（方波、正弦波和三角波）的信号，用直流电流档和交流电流档串联一枚 100Ω电阻后测量之，有何结果？为什么？

⑭在实验③中，用函数信号发生器输出频率 1kHz、幅值为 1V 但占空比不同的方波信号，用直流电流档串联一枚 100Ω电阻后测量之，有何结果？为什么？

⑮在实验④中，同样将万用表拨到二极管（通断判断）档，分别测量 47Ω、100Ω、300Ω的电阻，结果如何？能够推测什么样的结论？

⑯在实验④中，将万用表拨到 200Ω档，分别测量 47Ω、100Ω、300Ω的电阻，结果又如何？能够推测什么样的结论？

⑰在实验④中，将万用表拨到二极管（通断判断）档测量一枚普通二极管，结果如何？交换表笔再测量，结果又如何？能够推测什么样的结论？

⑱在实验④中，将万用表拨到二极管（通断判断）档测量一枚 LED（发光二极管），结果如何？交换表笔再测量，结果又如何？

⑲在实验④中，如果有不同颜色的 LED（包括红外 D），用前一条所述的办法测量之，结果如何？

⑳在实验④中，将万用表拨到不同的电阻档，分别测量不同颜色的 LED（包括红外 LED），结果如何？

㉑在实验④中，将万用表拨到二极管（通断判断）档测量一枚快速二极管（或肖特基二极管），结果如何？交换表笔再测量，结果如何？

㉒在实验④中，将万用表拨到二极管（通断判断）档测量一枚三极管，如何能够用此办法判断该三极管的材料、NPN 与 PNP 型或其好坏？

㉓在实验④中，将万用表拨到不同的电阻档测量三极管，能否判断该三极管的材料、NPN 与 PNP 型或其好坏？

㉔如果将万用表拨到不同的电阻档测量不同容值的电容，注意万用表读数值的变化，怎样看待这种现象？

㉕如果将万用表拨到不同的电阻档电容，但在同一档位对同一电容进行两次测量，完成第一次测量后将表笔交换后与电容引脚触碰，注意万用表读数值的变化，又能看到与㉔题中不同的地方，怎样看待这种不同？

㉖51 单片机正常工作时，其 ALE 引脚输出为晶振频率 6 分频，占空比为 1/3 的方波。可以用该信号的有无来判断单片机的时钟系统是否正常工作。请问如何用万用表来测量？请给出你的方法并说明其理由。（提示：可以用函数信号发生器产生 1MHz、5V、占空比为 1/3 的方波并选用万用表合适的档位测量之。）

㉗如何用示波器测量添加在很大的高频交流（比如说 10V）上的微弱直流信号（比如说几毫伏或几十毫伏）？

㉘仅用万用表的 h_{FE} 档能否判断一枚三极管的好坏？将万用表达到 h_{FE} 档并在“c”“e”孔中插入一只几百欧的电阻试一试，会得到什么结果？

㉙万用表的 h_{FE} 档的测量原理是什么？

㉚万用表的二极管档与 200Ω档有什么关系？从中可以怎样推理这两个档位各自的测量原理？

3.5 实验报告

总结本次实验的体会，记录实验中遇到的问题（包括尚未获得解答的疑问）。回答本实验中的所有思考题。

3.6 数字万用表基础知识

3.6.1 引 言

一台数字万用表能用来做什么呢？如何做到安全测量？你又有什么特殊测量要求呢？怎样用最简单的方法让你的万用表发挥出其最大功效呢？哪

种万用表才是最适合你现在的工作环境的呢？这些问题都将会在此给予解答。

技术发展正迅速改变着我们的世界。电气及电子电路正渗入各种产品中，并且变得更复杂、体积更小。随着移动电话、寻呼机及因特网连接等信息产业的蓬勃发展，给电子技术人员也带来了不小的压力。维护，修理及安装这些复杂设备都需要诊断工具来提供准确的信息。先从介绍数字万用表的概念开始。数字万用表就是一个用于电气测量的电子尺。数字万用表具有很多特殊性能，但大体上来说数字万用表主要用于测量电压、电阻及电流。

以福禄克牌数字万用表为例进行说明，其他品牌的数字万用表或许有不同的操作或不同的特点，而这里说明的是大部分数字万用表的通用功能和使用技巧。

3.6.2　选择你适用的数字万用表

选择一台适合工作的数字万用表不仅要看它的基本规格，还要考虑它的特点、功能及万用表设计的整体表现性能和产品服务。

当今，万用表的可靠性比任何时候都重要，特别是在恶劣条件下使用时。另一个重要因素是安全性。当使用不正确时，万用表的适当的部件空间、双重绝缘及输入保护都能够保护使用者的人身安全，并防止仪表损坏。选择最新设计的数字万用表，大部分都满足安全标准。

3.6.3　基础知识

（1）关于分辨率、位数及计数

分辨率是指一台万用表能测量结果的好坏。通过了解万用表的分辨率就可以知道是否能观测到被测量信号的微小变化。例如，如果数字万用表在 4 V 量程内的分辨率为 1 mV，那么在测量 1 V 的信号时就能观测到 1 mV（1/1000 伏）的微小变化。

位数和字用于描述万用表的分辨率。数字万用表按其显示的位数和字数进行分类。

一台 3½位的万用表可以显示三个从 0 到 9 的全数字位，以及一个半位（只能显示 1 或空白）。一台 3½位万用表可以达到 1999 字的分辨率。一台 4½位万用表可以达到 19999 字的分辨率。

用分辨率字来描述一台数字万用表比用位数描述更准确。现今的 3½位表的分辨率已经提高到 3200、4000 或 6000 字。

对于某些测量，3200 字万用表具有更好的分辨率。例如，如果要测量 200V 或更高电压，一台 1999 字的表就无法测量到 0.1V。而一台 3200 字的表在测量高达 320V 电压时仍可以显示到 0.1V。当被测电压高于 320V，而又要达到 0.1V 的分辨率时，就要用价格贵一些的 20000 字的数字表。

（2）准确度

准确度是在特定使用环境下的最大允许误差。换句话说，准确度就是用来表明数字万用表的测量值与被测信号实际值的接近程度。对数字万用表来说，准确度通常使用读数的百分数表示。例如，1%的读数的准确度的含义是：万用表显示读数为 100V 时，实际电压值可能是 99V 到 101V。

说明书在有时也会把特定数值加到基本准确度上。其含义是，显示屏最右端的位有多少数可以变化。所以在前面的例子中，准确度就可能会表示成 ±(1%+2)。因此如果读数为 100.0V，实际电压值应该在 98.8V 到 101.2V。

指针万用表的准确度是按全量程的误差来计算的，而不是按显示的读数来计算。指针表的典型准确度是全量程的±2%或±3%。在全量程的 1/10 时，就变为读数的 20%或 30%。数字万用表的典型基本准确度在读数的±（0.7%+1）和±（0.1%+1）之间，甚至更高。

（3）欧姆定律

使用欧姆定律，可以计算任何电路的电压，电流和电阻。公式是 $V=IR$。因此，只要知道公式中的任何两个值，就可以计算出第三个值。

数字万用表就是利用欧姆定律直接测量并显示电阻、电流或电压。在后面的介绍中，将会看到数字万用表非常易用。

（4）数字和模拟指针显示

对于高准确度和分辨率来说，数字显示有很大的优势，每个测量结果都能显示到三位或更多位。

模拟指针的准确度和有效分辨率都不高，因为你必须在刻度之间估算结果值。

3.6.4 直流电压和交流电压

数字万用表的基本用途之一就是测量电压。典型直流电压源就是电池，如汽车用的电池。交流电压通常是由发电机产生的。最常见的交流电压源就是家中使用的壁装电源插座。某些设备可将交流转换为直流。例如，电视机、立体音响、录像机及电脑等电子设备，接入壁装电源插座后，通过整流器将交流电转换为直流电。直流电为这些设备的电子电路提供能量。

测试供电电压通常是检修电路的第一步。如果没有电压，或电压过高或过低，则在进一步检查前，首先要解决电压问题。

交流电压的波形（附录图 3-2）不是正弦曲线（正弦波），就是非正弦曲线（锯齿波，方波，纹波等）。真有效值数字万用表显示的是这些电压波形的“有效值”（均方根）。有效值是交流电压的有效或等量直流电压值。

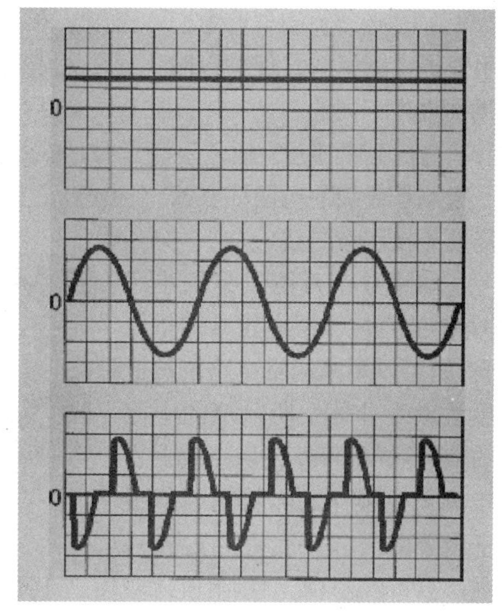

附录图 3-2　三种电压信号：直流信号、交流正弦波信号及非正弦波交流信号

许多数字万用表具有“平均响应”功能，如果输入一个纯正弦波交流电压信号，它给出准确的有效值读数。具有平均响应功能的万用表无法正确测量非正弦波信号。具有“真有效值”功能的数字万用表可以准确测量非正弦信号，甚至数字万用表的指定波峰系数。波峰系数是信号的峰值与有效值的比值。纯正弦波的波峰系数为 1.414，对于一个整流后的电流脉冲，这个数值更大。因此，具有平均响应功能的万用表的读数通常比实际有效值低得多。

一台数字万用表测量交流电压的能力是受信号频率限制的。大部分数字万用表能准确测量频率从 50Hz 到 500Hz 的交流电压，但数字万用表的交流测量带宽可达几百千赫兹。这样的万用表就能读取更高的值，因为它能测量更复杂的交流信号。对于交流电压和电流的准确度规格，数字万用表应标明频率范围及该范围内的精度。

3.6.5　电阻、连通性和二极管

（1）电阻

电阻以欧姆（Ω）为单位。电阻值变化很大，从几毫欧姆（mΩ）的接触电阻到几十亿欧姆的绝缘电阻。大部分数字万用表测量电阻可小至 0.1Ω，某些可以测到高达 300 MΩ（300000000 Ω）。被测电阻为无穷电阻（开路）时，福禄克万用表显示“OL”，意思是电阻值超出了万用表所能测量的范围。测

量电阻时必须关闭电路电源，否则，有可能损坏万用表或电路。某些数字万用表提供欧姆模式保护以防止误接入电压信号。不同型号的数字万用表保护级别也是不同的。

考虑到准确度，低电阻测量时，必须从总测量值里减去测量导线的电阻。一般测量导线的电阻在 0.2Ω 到 0.5Ω 之间。如果测量导线的电阻大于 1Ω，则需要更换测量导线。

如果数字万用表提供小于 0.6V 的直流测试电压来测量电阻，则可以用来测量电路中被二极管或半导体结所隔离的电阻的值。这样就可以在电路板上直接测量电阻而无需将电阻从板子上分离来（附录图 3-3）。换言之，这种情况只能测量阻值比较小的电阻而不会带来过大的误差。

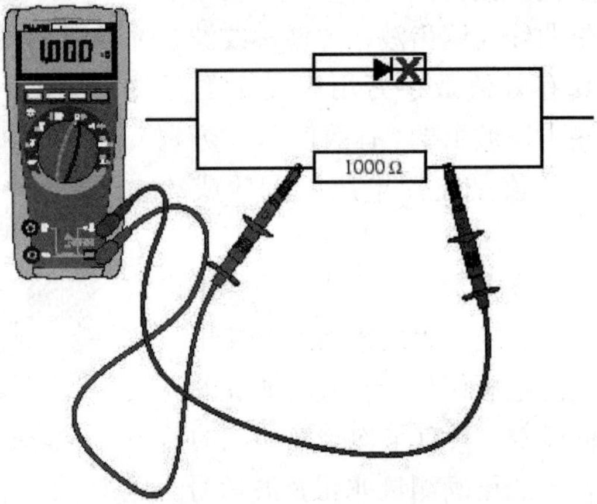

附录图 3-3　测量与二极管并联的电阻

（2）如何测量电阻

A．关掉电路电源。

B．选择电阻档（Ω）。

C．将黑色测试探头插入 COM 输入插口。红色测试探头插入 Ω 输入插口。

D．将探头前端跨接在器件两端，或你想测电阻的那部分电路两端。

E．查看读数，确认测量单位——欧姆（Ω）、千欧（kΩ）或兆欧（MΩ）。

一定确保电阻测量前关闭电路电源。

（3）通断判断

连续性指快速测试电阻通/不通，以区分开路和闭路。

带有连续性蜂鸣器的数字万用表能使你轻松、快速地完成很多导通测试。当检测到闭合电路时，万用表发出哔哔声，所以你无须一边测试一边看着万用表。数字万用表的型号不同，触发蜂鸣器发声的电阻阻值（阈值）也是不同的。

（4）二极管测试

二极管就像一个电子开关。当电压超出一个特定值时，二极管就会导通，通常硅二极管的导通电压为 0.6 V，而且二极管只允许电流单向流动。

当检测一个二极管或晶体管结的时候，使用模拟伏特－欧姆计（VOM）不仅会给出变化范围很大的读数，还会通过结驱动电流高达 50mA（见附录表 3-1）。

有些数字万用表有二极管测试模式。这种模式测试和显示利用一个结的实际电压降。正向测试时，一个硅 PN 结的电压降低于 0.7V，反向测试时电路为开路。

附录表 3-1　测量二极管时通过的电流

各项	VOM		DMM
量程	R×1	R×100	二极管测试
结电流	35 mA ~ 50 mA	0.5 mA ~ 1.5 mA	0.5 mA ~ 1 mA
普通锗二极管	8 Ω ~ 19 Ω	200 Ω ~ 300 Ω	0.225 V ~ 0.225 V
普通硅二极管	8 Ω ~ 16 Ω	450 Ω ~ 800 Ω	0.4 V ~ 0.6 V

3.6.6　直流电流和交流电流

（1）电流测量

电流测量不同于其他数字万用表测量。只使用数字万用表测量电流时，要求表和被测电路串联，即打开电路将数字万用表测试线串入电路以形成整个电路。这样所有电流都流经数字万用表的电路。一种使用数字万用表间接测量电流的方法就是采用电流探头。探头夹在导线外面，这样就可以避免打开电路将数字万用表串联进去了。

（2）如何测量电流

测量电流的步骤如下：

A．关掉电路电源。

B．剪断或拆焊电路，提供出一个可以放置万用表探头的位置。

C．根据需要选择 A~（交流）或 A（直流）。

D．将黑色测试探头插入 COM 输入插口，红色测试探头插入 amp 或 milliamp 输入插口（根据可能得到的读数确定）。

E．将探头前端连接进电路开口处，以使所有电流都流经数字万用表（串联）。

F．接通电路电源。

G．观察读数并注意测量单位。

注：对于直流测量，如果测试导线反向连接，万用表会显示“–”。

（3）输入保护

一个常见错误就是测试线仍插在电流输入口，而直接拿去进行电压测量。这将导致电压源通过数字万用表内部的低电阻直接短路，称为电流分流。大电流流过万用表，如果没有充分的保护措施，不仅会损坏表和电路，还有可能伤害操作者。如果是在工业级的高压电路（240V 或更高）中进行测量，将会产生非常大的故障电流。

因此，数字万用表应具有一个容量足够大的、用于电流输入保护的保险丝。电流输入端没有保险丝保护的万用表不能用于高能电路（大于 240V）。那些具有保险丝的数字万用表，其保险丝应具有足够的容量来消除高能故障。保险丝的电压级别要大于你要测量的最高电压。例如，当接入 480V 电路时，万用表内的一个 20A、250V 的保险丝就无法消除故障，而需要一个 20A、600V 的保险丝来消除故障。

3.6.7 安全性

（1）万用表安全性

安全测量的第一步是选择适合应用及使用环境的万用表。选择了合适的万用表后，还应该按照正确的测量步骤来使用它。使用前务必认真阅读用户使用手册，要特别注意带警告和小心的章节。

国际电工技术委员会（IEC）为在电气系统下工作制定了安全标准。确认你所使用的万用表满足 IEC 分类，并且额定电压满足测量的环境要求。例如，如果电压测量需要在 480V 电板上进行，则要使用级别为 Category III 600V 或 1000 V 的万用表。这就意味着该表的输入电路设计为能够承受这种环境下普遍出现的电压瞬变，而不会伤害使用者。选择具有这种等级的万用表同样也有 UL、CSA、VDE 或 TüV 认证，即该万用表不仅按照 IEC 标准设计，而且还经过上述认证机构独立测试并满足其标准。

（2）导致数字万用表损坏的几种情形

①测试线插在电流插孔时拿去测量电压；

②在电阻模式下测量交流电压；

③遇到太高的电压瞬变；

④超过最大输入限值（电压和电流）。

（3）数字万用表保护电路类型

①自动恢复保护。有些万用表具有探测过载情况的电路，该电路会保护

万用表直到过载情况结束。过载情况消失后，数字万用表自动恢复到正常工作状态。通常用于保护电阻功能，避免电压过载。

②无自动恢复保护。有些万用表可以探测到过载情况并保护仪表，但需要操作者对万用表进行操作方可恢复使用，比如更换保险丝。

（4）数字万用表安全特性一览

①保险丝电流输入保护。

②使用高能保险丝（600V 或更高）。

③电阻模式的高压保护（500V 或更高）。

④电压瞬变保护（6kV 或更高）。

⑤安全设计的测试线，带护手和绝缘端子。

⑥独立安全机构认证/列名（如 UL 或 CSA）。

（5）安全清单

✓ 使用满足使用环境下的安全标准的万用表。

✓ 使用装有电流输入保险丝的万用表，并在测量电流前检查保险丝。

✓ 测量前检查测试线是否有物理损坏。

✓ 使用万用表检查测试线是否导通。

✓ 只使用带护手和绝缘连接器的测试线。

✓ 只使用具有凹陷形输入插孔的万用表。

✓ 针对具体测量选择正确的功能和量程。

✓ 确认万用表处于正常工作状态。

✓ 遵循用户使用手册。

✓ 首先断开“热端”（红色）测试线。

✓ 不要一个人操作。

✓ 使用电阻档有过载保护的万用表。

✓ 当不使用电流夹进行电流测量时，在接入电路前应先切断电源。

✓ 在高电流和高电压情况下，要使用合适的测量设备，例如高压探头和高电流夹具。

3.7　MS8221A 数字万用表使用说明书

3.7.1　简介

该数字多用表是根据国际电工安全标准 IEC－1010 对电子测量仪器和手

持式数字多用表的安全要求而设计生产的；符合 IEC－1010 的 600CAT.III、1000CAT.II和污染程度 2 要求。

使用本仪表前，应仔细阅读使用说明书并注意有关安全工作准则。

（1）安全工作准则

为保证仪表被安全使用，需认真阅读。

①使用注意事项

* 在测量前，仪表必须预热 30s。

* 使用前，请先检查仪表的外壳。切勿使用已经损坏的仪表。检查外壳是否有断裂或缺少塑料件。特别注意输入插座附近的绝缘。

* 仪表只有和所配备的测试笔一起使用才符合安全标准的要求。如测试笔破损则需更换，必须换上同样的型号或相同电气规格的测试笔。

* 通过测量已知电压的方式确认仪表工作正常。若仪表工作失常，请勿使用。保护设施可能已遭破坏。若有疑问，应把仪表送去维修。

* 如果仪表放置在周围环境比较嘈杂干扰的地方，仪表的读数会变得不稳定，甚至产生大的误差。

* 切勿在爆炸性的气体、蒸汽或灰尘附近使用本仪表。

* 使用仪表测量时，要确定测试笔和旋转开关位于正确的位置。

* 在不能确定被测量信号的大小范围时，将量程开关置于最大量程位置。

* 切勿超过每个量程所规定的输入极限值，以防损坏仪表。

* 切勿在 10A 输入插座及 COM 输入插座间施加测试电压。

* 当被测电压超过 60Vdc 或 30V 有效值 ac 时，需小心操作以防电击。

* 使用测试笔测量时，应将手指放在测试笔的护环后面。

* 连接时，先连接公共测试笔，然后再连接带电的测试笔；断开连接时，先断开带电的测试笔，然后再断开公共测试笔。

* 在切换量程之前，必须先断开测试笔与被测电路的连接。

* 在测试晶体管前，必须确保测试笔没有连接到任何被测电路。

* 在用测试笔测量电压时，必须确保没有电子元件连接在晶体管测试座上。

* 在进行电阻、二极管或通断测试前，必须先切断电源，并将所有的高压电容器放电。

* 在准备进行电流测量时，应先将被测电路的电源关闭，再把仪表连接到被测电路。

* 当“[电池符号]”符号出现时，需及早更换电池以避免错误读数。

②安全符号：

仪表表面及使用说明书中的安全符号如下。

⚠：重要的安全信息，使用前应参阅使用说明书。

⏚：大地。

⧈：双重绝缘保护（II类安全设备）。

[保险管符号]：保险管　F 200mA/250V。

CE：符合欧洲工会（European Union）指令。

（2）维护

* 维修和校验必须由专业人员进行。

* 为保护仪表的内部线路，更换保险管必须使用同样的规格，该仪表使用的规格为：F 200mA/250V Φ5×20mm

* 为防止仪表内部受到污染或静电的损坏，在打开仪表外壳之前，必须采取适当的防护措施。

* 外壳及电池盖未盖妥，螺钉未拧紧前，切勿将仪表投入使用。

* 如果观察到有任何异常，该仪表应立即停止使用并送维修。

* 当长时间不用时，请将电池取下，并避免存放于高温高湿的地方。

3.7.2　MS8221A 数字万用表的各部名称说明

（1）仪表面板

MS8221A 数字万用表的仪器面板如附录图 3-4 所示，其中：

①液晶显示器；

②Hold 按键；

③旋转开关；

④晶体管测试座；

⑤输入插座。

（2）液晶显示器

3 1/2 位，字高 15 mm 液晶显示器。

（3）ÇHOLDÈ 按键

➢ 按一下此按钮，液晶显示器将保持测量值。

➢ 再按此开关，仪表即恢复正常测量状态。

（4）旋转开关

旋转开关用来选择测量功能及所需的量程，也可用来开（关）仪表电源。

仪表具有电压、电流、电阻等多种测量功能，共有 24 个量程。

（5）输入插座

➢ VΩmA：电压、电阻、mA、二极管测量及蜂鸣通断测试的正输入端（与红色表笔相连）。

➢ COM：所有测量的公共输入端。

➢ 10A：电流 10A 正输入端（与红色测试笔相连）。

（6）附件

➢ 一本说明书。

➢ 一副表笔。

➢ 包装盒。

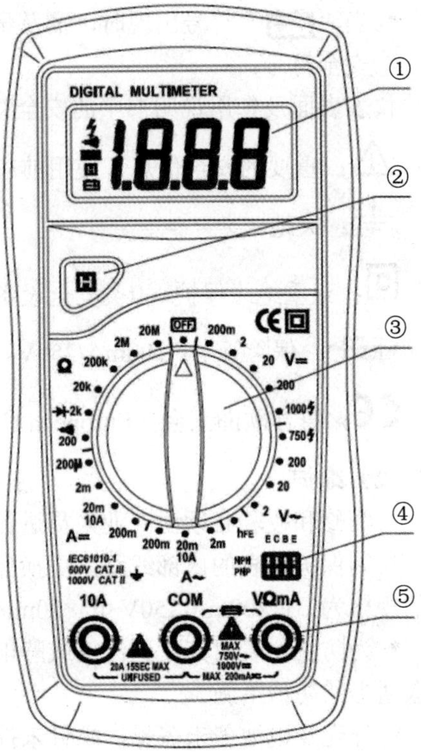

附录图 3-4 MS8221A 数字万用表的仪器面板

3.7.3 技术指标

（1）综合指标

➢ 使用环境条件：

✧ 600V CAT.Ⅲ及 1000V CAT.Ⅱ；

✧ 污染等级：2；

✧ 海拔高度 ＜2000 m；

✧ 工作环境温湿度：0～40℃（小于 80% RH）；

✧ 储存环境温湿度：-10～60℃（小于 70% RH，取掉电池）。

➢ 温度系数：0.1×准确度/℃（小于 18℃或大于 28℃）。

➢ 测量端和大地之间允许的最大电压：750Vac 有效值或 1000Vdc。

➢ 保险丝保护：mA 档　F 200mA/250V ⌀5×20。

➢ 采样速率：约 3 次/秒。

➢　显示器：3 1/2 位液晶显示器显示，最大读数 1999。

➢　超量程指示：LCD 将显示“1”。

➢　电池低压指示：当电池电压低于正常工作电压时，“”将显示在液晶显示器上。

➢　输入极性指示：自动显示“−”号。

➢　电源：直流 4.5V 。

➢　电池类型：AAA 1.5V。

➢　外形尺寸：158(L)×74(W)×31(H) mm。

➢　重量：约 220g（含电池）。

（2）精度指标

准确度：±（%读数+字），保证期一年。

基准条件：环境温度 18℃～28℃，相对湿度不大于 80%。

①直流电压

直流电压的测量精度列于附录表 3-2 中。

附录表 3-2　直流电压的测量精度

量程	分辨率	准确度
200mV	0.1mV	±(0.5%读数+1 字)
2V	1mV	
20V	10mV	
200V	100mV	
1000V	1V	±(0.8%读数+2 字)

输入阻抗：10MΩ。

最大输入电压：1000Vdc 或 ac 峰值，对于 200mV 量程为 250Vdc 或 ac 有效值。

②交流电压

交流电压的测量精度列于附录表 3-3 中。

附录表 3-3　交流电压的测量精度

量程	分辨率	准确度
2V	1mV	±（0.8% 读数 +3 字）
20V	10mV	
200V	100mV	
750V	1V	±（1.2% 读数 +3 字）

交流电压测量的输入阻抗：10MΩ。

最大输入电压：750V ac 有效值或 1000V 峰值。

频率响应：40Hz～400Hz，正弦波有效值（平均值响应）。

③直流电流

直流电流的测量精度列于附录表 3-4 中。

附录表 3-4　直流电流的测量精度

量程	分辨率	准确度
200μA	0.1μA	±（0.8% 读数 +1 字）
2mA	1μA	
20mA	10μA	
200mA	0.1mA	±（1.5% 读数 +1 字）
10A	10mA	±（2.0% 读数 +5 字）

过载保护：F200mA/250V 保险管（10A 量程无保险）。

最大输入电流：200mA dc 或 200mA ac 有效值。

10A：连续（20A 不超过 15s）。

④交流电流

交流电流的测量精度列于附录表 3-5 中。

附录表 3-5　交流电流的测量精度

量程	分辨率	准确度
2mA	1μA	±（1.2% 读数 +3 字）
20mA	10μA	
200mA	0.1mA	±（2.0% 读数 +3 字）
10A	10mA	±（3.0% 读数 +7 字）

过载保护：F200mA/250V 保险管（10A 量程无保险）。

最大输入电流：200mA dc 或 200mA ac 有效值。

10A：连续（20A 不超过 15s）。

频率响应：40Hz～400Hz，正弦波有效值（平均值响应）。

⑤电阻

电阻的测量精度列于附录表 3-6 中。

附录表 3-6　电阻的测量精度

量程	分辨率	准确度
200Ω	0.1Ω	±(0.8% 读数 +3 字)
2kΩ	Ω	±（0.8% 读数 +1 字)
20kΩ	10Ω	
200kΩ	100Ω	
2MΩ	1kΩ	
20MΩ	10kΩ	±(1.0% 读数 +2 字)

过载保护：250Vdc 或 ac 有效值，不超过 15s。

⑥蜂鸣通断及二极管测试

蜂鸣通断及二极管测试环境与说明见附录表 3-7。

附录表 3-7　蜂鸣通断及二极管测试环境与说明

量程	说明	测试环境
•)))	当被测电阻低于约 50Ω 时内置蜂鸣器发声	开路电压约为 2.8V
▶|	显示器显示二极管正向压降的近似值	正向直流电流：约 1mA 反向直流电压：约 2.8V

过载保护：250Vdc 或 ac 有效值，不超过 15s。

⑦晶体管

晶体管测试环境与说明见附录表 3-8。

附录表 3-8　晶体管测试环境与说明

量程	说明	测试条件
hFE	显示器读出 hFE 的近似值，（0 -1000）	基极电流约 10μA Vce 约 2.8V

3.7.4　操作说明

（1）电压测量

直流电压（DCV）的最大输入电压为 1000Vdc，交流电压（ACV）的最大输入电压为 750Vac 有效值(200mV 量程为 250Vdc 或 ac 有效值)。不可测量任何高于 1000Vdc 或 750Vac 有效值（200mV 量程为 250Vdc 或 ac 有效值）的电压以防遭到电击和/或损坏仪表。

➢ 将旋转开关旋至所需的电压量程。

➢ 分别把黑色和红色测试笔连接到 COM 输入插座和 V 输入插座。

➢ 用测试笔另两端测量待测电路的电压值（与待测电路并联）。

➢ 由液晶显示器读取测量电压值。在测量直流电压时，显示器会同时显示红色表笔所连接的电压极性。

➢ 如果显示器只显示“1”，这表示输入超过所选量程，旋转开关应置于更高量程。

（2）电阻测量

为避免仪表或被测设备的损坏，测量电阻以前，应切断被测电路的所有电源并将所有高压电容器放电。

➢ 将旋转开关旋至所需的电阻量程。

➢ 分别把黑色和红色测试笔连接到 COM 输入插座和 Ω 输入插座。

➢ 用测试笔另两端测量待测电阻的电阻值并从液晶显示器读取测量电阻值。

➢ 在测量低电阻时，为了测量准确请先短路两表笔读出表笔短路时的电阻，在测量被测电阻后需减去该电阻。

注意：

➢ 当被测电阻值大于 1MΩ 时，要几秒钟后读数才能稳定。这对于高阻值读数是正常的。

➢ 当无输入时（例如在开路时），显示器将显示“1”。

（3）电流测量

为避免仪表或被测设备的损坏，进行电流测量时，应使用正确的输入插座、功能档和量程。当测试笔被插在电流输入插座上的时候，切勿把测试笔另一端并联跨接到任何电路上。

➢ 将旋转开关转至所需的电流量程。

➢ 把黑色测试笔连接到 COM 输入插座。如被测电流小于 200mA 时将红色测试笔连接到 mA 输入插座；如被测电流为 200mA～10A，将红色测试笔连接到 10A 输入插座。

➢ 将测试笔另两端串联接入待测电路。

➢ 由液晶显示器读取测量电流值。在测量直流电流时，显示器会同时显示红色表笔所连接的电流极性。

➢ 如果显示器只显示“1”，表示输入超过所选量程，旋转开关应置于更高量程。

（4）二极管测量

> 为避免仪表或被测设备的损坏，在二极管测量以前，应切断被测电路的所有电源并将所有高压电容器放电。

➢ 将旋转开关转至→⊢档位。

➢ 分别把黑色测试笔和红色测试笔连接到COM输入插座和Ω输入插座。

➢ 分别把黑色测试笔和红色测试笔连接到被测二极管的负极和正极。

➢ 仪表将显示被测二极管的正向压降值。如果测试笔极性接反，仪表将显示“1”。

3.7.5　仪表保养

（1）维护

> 在打开后盖之前，应关机并且检查确信测试笔已从测量电路断开以避免电击。

定期使用湿布和少量洗涤剂清洁仪表，切忌用化学溶剂擦表壳。

输入插座上的脏物或湿气会影响读数。

➢ 清洁输入插座：

✧ 将旋转开关旋至OFF挡，并移走所有测试笔。

✧ 清除插座上的所有脏物。

✧ 用新的棉花球沾上清洁剂或润滑剂（例如WD-40）。

✧ 用棉花球清理每个插座，润滑剂能防止和湿气有关的插座污染。

（2）更换保险丝

> 为避免受到电击或人身伤害，更换保险丝以前，必须断开测试笔与被测电路的连接。
> 为避免受到电击或人身伤害，只能使用仪表指定规格的保险丝更换。

➢ 更换保险丝：

✧ 将旋转开关旋至OFF挡。

✧ 将所有测试笔从输入插座中拔出。

✧ 旋松固定电池盖的两颗螺钉，取下电池盖。

✧ 轻轻地把保险丝的一端撬起，然后从夹子上取下保险丝。

✧ 按指定规格更换保险丝：F 200mA/250V ⌀5×20。

✧ 把电池盖装回原位，并把螺钉拧紧。

附录 4　直流稳压电源

任何一个电路都必须有电源才能够工作。电源通常又分为电压源和电流源，绝大多数电路采用电压源供电，因而一般提到电源时都是指电压源，本书以后也就用电源这个词来指给电路供电的电压源。给电路供电的电源分为直流稳压电源（附录图 4-1）和化学电源。前者是交流电经过变压器降压、整流、滤波、稳压而得到的，本书主要是采用这种电源。化学电源则为常见的电池、蓄电池、可充电电池等，这些也是电路常用的电源。正确了解和掌握电源的使用是电路调试所必不可少的。

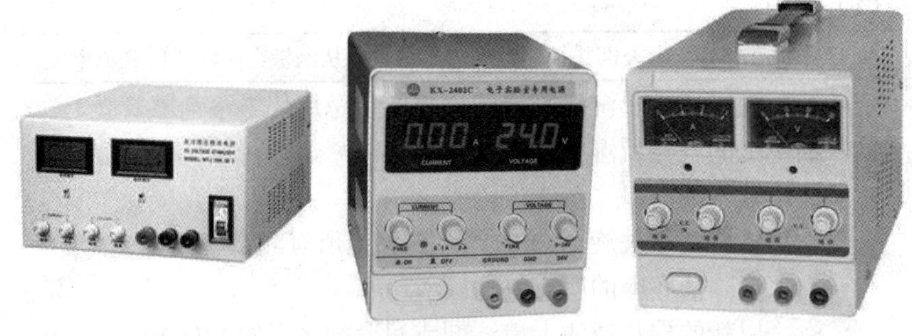

附录图 4-1　3 款常用实验直流稳压电源

4.1　实验目的

熟悉直流稳压电源的原理，掌握直流稳压电源的功能与性能参数，能够熟练应用直流稳压电源进行电路测量与调试。

4.2　实验手段（仪器和设备，或者平台）

直流稳压电源、万用表和示波器各一台，5W 以上 1Ω、10Ω或其他几欧量级的大功率电阻若干。

4.3　实验原理、实验内容与步骤

实验前先浏览本书附录 4.6 节，查阅有关直流稳压电源的资料。

实验内容与步骤如下。

①稳压系数 S_V

直流稳压电源的稳压系数 S_V 的定义：在负载电流、环境、温度不变的情况下，输入电压的相对变化引起输出电压的相对变化。

$$S_V = \frac{\Delta U_O}{\Delta U_I} \qquad \text{附录（4-1）}$$

以电源 5V 输出（如果是可调输出时则调整输出为 5V）时为例说明测量稳压系数的具体方法：

A．先将交流调压器接入 220V，然后调整其输出为 220V。

B．在交流调压器断开 220V 电源后，将直流稳压电源接到交流调压器的输出端。然后在直流稳压电源的输出端接上 5Ω/10W 的电阻（负载电流为最大，通常实验用直流稳压电源的最大输出电流为 1A）。

C．分别测得输入交流比 220V 增大和减小 10%时的输出 V_o，并将其中最大值代入式附录（4-1）计算 S_V。

②稳压电源内阻 R_O

稳压电源内阻是指输入电压不变时，输出电压变化量与输出电流变化量之比的绝对值。

测量内阻 R_O 的具体操作：在输入交流为 220V，在直流稳压电源的输出端接上 5Ω/10W 的电阻和断开时分别测量直流稳压电源的输出 V_o。可用下式计算直流稳压电源的内阻：

$$R_O = \frac{\Delta U_O}{\Delta I} \qquad \text{附录（4-2）}$$

③纹波电压 $U_{OP\text{-}P}$

在直流稳压电源的输出端接上 5Ω/10W 的负载电阻，然后用示波器（示波器的 Y 通道拨至交流耦合 AC 输入）观察 U_O 的峰峰值，测得 $U_{OP\text{-}P}$。

断开 5Ω/10W 的负载电阻再进行上述测量，结果如何？为什么？

如果有一个开关稳压电源，用同样的方法测量纹波电压 $U_{OP\text{-}P}$，然后比较测量结果。

④纹波系数 γ

采用交流毫伏表测量带有 5Ω/10W 的负载电阻时的输出交流分量的有效值，然后用万用表的直流电压测得其输出直流值，可得纹波系数：

$$\gamma = \frac{\text{输出电压交流分量的有效值}}{\text{输出电压的直流分量}} \qquad \text{附录（4-3）}$$

如果有一个开关稳压电源，用同样的方法测量纹波系数 γ，然后比较测量结果。

⑤共地电源与独立电源

如果一台或多台电源的多路输出通道之间没有任何电气上的连接，那么，这些输出通道可以称为独立电源，它们很容易组合以满足特定的需要，如两个 5V 的通道和一个 12V 的通道可以构成±5V 和 12V 共地输出的电源（组），也可构成+5V、+10V 和+12V 的电源（组），等等。

这种组合虽然比较灵活，但把一个+5V 电源的输出端与另外一个+5V 电源的接地端相接充当-5V 电源时，由于前者设计的接地端作为-5V，而原本设计的输出端却成为接地端，这样电源的噪声性能往往变差。

但常见的情况是：一台有多通道不同幅值输出的电源，往往在其内部已经把接地端接在一起，这种电源也可以称为共地电源。共地电源虽然没有前述的灵活性，但往往具有更好的噪声性能。

4.4　思考题

①所用的直流稳压电源各个参数值为何？

②所用的直流稳压电源是否为共地电源？

③什么是电源的过流保护？为什么需要过流保护？

④所用的电源还有什么特殊的性能或特点？

⑤不打开机箱（合），通过什么样的测量能够准确地推断被测电源是开关电源还是线性稳压电源？甚至是化学电源（电池或蓄电池）？

4.5　实验报告

记录所做的实验和所遇到的问题，分析问题可能的原因，是否还有什么问题没有搞清楚？回答本实验中的所有思考题。

4.6　稳压电源的基础知识

能为负载提供稳定直流电源的电子装置。直流稳压电源的供电电源大都是交流电源，当交流供电电源的电压或负载电阻变化时，稳压器的直流输出电压都会保持稳定。直流稳压电源随着电子设备向高精度、高稳定性和高可靠性的方向发展，对电子设备的供电电源提出了高的要求。

4.6.1　简介

当今社会人们极大地享受着电子设备带来的便利，但是任何电子设备都有一个共同的电路——电源电路。大到超级计算机，小到袖珍计算器，所有的电子设备都必须在电源电路的支持下才能正常工作。当然这些电源电路的样式、复杂程度千差万别。超级计算机的电源电路本身就是一套复杂的电源系统。通过这套电源系统，超级计算机各部分都能够得到持续稳定、符合各种复杂规范的电源供应。袖珍计算器则是简单得多的电池电源电路。不过可不要小看了这个电池电源电路，比较新型的电路完全具备电池能量提醒、掉电保护等高级功能。可以说电源电路是一切电子设备的基础，没有电源电路就不会有如此种类繁多的电子设备。

由于电子技术的特性，电子设备对电源电路的要求就是能够提供持续稳定、满足负载要求的电能，而且通常情况下都要求提供稳定的直流电能。提供这种稳定的直流电能的电源就是直流稳压电源。直流稳压电源在电源技术中占有十分重要的地位。另外，很多电子爱好者初学阶段首先遇到的就是要解决电源问题，否则电路无法工作、电子制作无法进行，学习也就无从谈起。

4.6.2　分类

稳压电源的分类方法繁多，按输出电源的类型分有直流稳压电源和交流稳压电源；按稳压电路与负载直流稳压电源的连接方式分有串联稳压电源和并联稳压电源；按调整管的工作状态分有线性稳压电源和开关稳压电源；按电路类型分有简单稳压电源和反馈型稳压电源，等等。如此繁多的分类方式往往让初学者摸不着头脑，不知道从哪里入手。其实应该说这些看似繁多的分类方法之间有着一定的层次关系，只要理清了这个层次自然可以分清楚电源的种类了。

既然谈的是稳压电源的分类，那么首先就应该清楚电源的输出是什么，是输出直流电还是输出交流电。这样第一个层次就出来了，首先应该根据电源的输出类型来分类。接下来的分类就要麻烦一些，是按稳压电路与负载的连接方式分类，还是按调整管的工作状态分类呢？其实了解一下我们身边的电子设备会发现实际应用中稳压电源有两个区别很大的种类：一种是各种比较简单的电子设备中广泛使用的线性稳压电源，比如收音机、小型音响等；另一种是各种复杂电子设备中广泛使用的开关稳压电源，比如大屏幕彩电、微型计算机等。这样看来第二个层次的分类还可以调整管的工作状态为依据。接下来的第三个层次的分类就是根据稳压电路与负载的连接方式来分类。再往下面细分由于各种不同的电路特性相差太大，不好一概而论，应该根据每一个具体类别的特性进行分类区分。

直流稳压电源可以分为两类，包括线性和开关型。

（1）线性

线性稳压电源有一个共同的特点就是它的功率器件调整管工作在线性区，靠调整管之间的电压降来稳定输出。由于调整管静态损耗大，需要安装一个很大的散热器给它散热。而且由于变压器工作在工频（50Hz)上，所以重量较大。

该类电源优点是稳定性高，纹波小，可靠性高，易做成多路，输出连续可调的成品。缺点是体积大、较笨重、效率相对较低。这类稳压电源又有很多种，从输出性质可分为稳压电源和稳流电源及集稳压、稳流于一身的稳压稳流（双稳）电源。从输出值来看可分定点输出电源、波段开关调整式和电位器连续可调式等。从输出指示上可分指针指示型和数字显示式型等。

（2）开关型

与线性稳压电源不同的一类稳电源就是开关型直流稳压电源，它的电路形式主要有单端反激式、单端正激式、半桥式、推挽式和全桥式。它和线性电源的根本区别在于它变压器不工作在工频，而是工作在几十千赫兹到几兆赫兹。功能管不是工作在饱和及截止区（即开关状态），开关电源因此而得名。

开关电源的优点是体积小，重量轻，稳定可靠；缺点相对于线性电源来说纹波较大（一般小于等于 1%$V_{O(P-P)}$，好的可做到十几毫 $V_{(P-P)}$或更小）。它的功率可自几瓦至几千瓦，价位为三元/瓦至十几万元/瓦，下面就一般习惯分类介绍几种开关电源。

① AC/DC

该类电源也称一次电源，它自电网取得能量，经过高压整流滤波得到一个直流高压，供 DC/DC 变换器在输出端获得一个或几个稳定的直流电压，功率从几瓦至几千瓦，可用于不同场合。属此类产品的规格型号繁多，据用户需要而定，通信电源中的一次电源（AC220 输入，DC48V 或 24V 输出）也属此类。

②DC/DC

在通信系统中也称二次电源，它是由一次电源或直流电池组提供一个直流输入电压，经 DC/DC 变换以后在输出端获一个或几个直流电压。

③通信电源

通信电源其实质上就是 DC/DC 变换器式电源，只是它一般以直流-48V 或-24V 供电，并用后备电池作 DC 供电的备份，将 DC 的供电电压变换成电路的工作电压，一般它又分中央供电、分层供电和单板供电三种，以后者可靠性最高。

④电台电源

电台电源输入 AC220V/110V，输出 DC13.8V，功率由所供电台功率而定，几安、几百安均有产品。为防止 AC 电网断电影响电台工作，而需要有电池组作为备份，所以此类电源除输出一个 13.8V 直流电压外，还具有对电池充电自动转换功能。

⑤模块电源

随着科学技术飞速发展，对电源可靠性、容量/体积比要求越来越高，模块电源越来越显示其优越性，它工作频率高、体积小、可靠性高，便于安装和组合扩容，所以越来越被广泛采用。国内虽有相应模块生产，但因生产工艺未能赶上国际水平，故障率较高。

DC/DC 模块电源虽然成本较高，但从产品的漫长的应用周期的整体成本来看，特别是因系统故障而导致的高昂的维修成本及商誉损失来看，选用该电源模块还是合算的，在此值得一提的是罗氏变换器电路，它的突出优点是电路结构简单、效率高和输出电压、电流的纹波值接近于零。

⑥特种电源

高电压小电流电源、大电流电源、400Hz 输入的 AC/DC 电源等，可归于此类，可根据特殊需要选用。开关电源的价位一般在 2～8 元/瓦，特殊小功率和大功率电源价格稍高，可达 11～13 元/瓦。

4.6.3　基本功能

①输出电压值能够在额定输出电压值以下任意设定和正常工作。

②输出电流的稳流值能在额定输出电流值以下任意设定和正常工作。

③直流稳压电源的稳压与稳流状态能够自动转换并有相应的状态指示。

④对于输出的电压值和电流值要求精确地显示和识别。

⑤对于输出电压值和电流值有精准要求的直流稳压电源，一般要用多圈电位器和电压电流微调电位器，或者直接数字输入。

⑥要有完善的保护电路。直流稳压电源在输出端发生短路及异常工作状态时不应损坏，在异常情况消除后能立即正常工作。

4.6.4 技术指标

直流稳压电源的技术指标可以分为三大类：一类是特性指标，反映直流稳压电源的固有特性，如输入电压、输出电压、输出电流、输出电压调节范围；另一类是质量指标，反映直流稳压电源的优劣，包括稳定度、等效内阻(输出电阻)、纹波电压及温度系数等；最后一类是极限指标，既不允许直流稳压电源工作时达到的指标，更不允许超过的指标。

（1）特性指标

①输出电压范围

符合直流稳压电源工作条件情况下，能够正常工作的输出电压范围。该指标的上限是由最大输入电压和最小输入－输出电压差所规定的，而其下限是由直流稳压电源内部的基准电压值决定的。

②最大输入－输出电压差

该指标表征在保证直流稳压电源正常工作条件下，所允许的最大输入－输出之间的电压差值，其值主要取决于直流稳压电源内部调整晶体管的耐压指标。

③最小输入－输出电压差

该指标表征在保证直流稳压电源正常工作条件下，所需的最小输入－输出之间的电压差值。

④输出负载电流范围

输出负载电流范围又被称为输出电流范围，在这一电流范围内，直流稳压电源应能保证符合指标规范所给出的指标。

（2）质量指标

①电压调整率 *SV*

电压调整率是表征直流稳压电源稳压性能的优劣的重要指标，又称为稳压系数或稳定系数，它表征当输入电压 VI 变化时直流稳压电源输出电压 VO 稳定的程度，通常以单位输出电压下的输入和输出电压的相对变化的百分比表示。

②电流调整率 *SI*

电流调整率是反映直流稳压电源负载能力的一项主要指标，又称为电流稳定系数。它表征当输入电压不变时，直流稳压电源对由于负载电流（输出电流）变化而引起的输出电压的波动的抑制能力，在规定的负载电流变化的条件下，通常以单位输出电压下的输出电压变化值的百分比来表示直流稳压电源的电流调整率。

③纹波抑制比 *SR*

纹波抑制比反映了直流稳压电源对输入端引入的市电电压的抑制能力，当直流稳压电源输入和输出条件保持不变时，纹波抑制比常以输入纹波电压峰峰值与输出纹波电压峰峰值之比表示，一般用分贝数表示，但是有时也可以用百分数表示，或直接用两者的比值表示。

④温度稳定性 *K*

集成直流稳压电源的温度稳定性是在所规定的直流稳压电源工作温度Ti最大变化范围内（$T_{min} \leqslant T_i \leqslant T_{max}$）直流稳压电源输出电压的相对变化的百分比值。

（3）极限指标

①最大输入电压

保证直流稳压电源安全工作的最大输入电压。

②最大输出电流

保证稳压器安全工作所允许的最大输出电流。

附录 5　Multisim 简介

Multisim 是美国国家仪器（NI）有限公司推出的以 Windows 为基础的仿真工具，适用于板级的模拟/数字电路板的设计工作。它包含了电路原理图的图形输入、电路硬件描述语言输入方式，具有丰富的仿真分析能力。

工程师们可以使用 Multisim 交互式地搭建电路原理图，并对电路进行仿真。Multisim 提炼了 SPICE 仿真的复杂内容，这样工程师无需懂得深入的 SPICE 技术就可以很快地进行捕获、仿真和分析新的设计，这也使其更适合电子学教育。通过 Multisim 和虚拟仪器技术，PCB 设计工程师和电子学教育工作者可以完成从理论到原理图捕获与仿真再到原型设计和测试这样一个完整的综合设计流程。

本实验指导书借助 Multisim 的强大功能可以简单、快速地完成实验。但毕竟是“仿真”，与实际电路实验有些不一样的东西：如仿真用的“指示器”（电压表或电流表等）可以达到很高的精度，不会出现实际电路的断路、短路、元器件参数不对（如该用 100kΩ的电阻实际用的是 100Ω）造成的故障，等等。这些情况有碍于对排错能力、分析推理能力的提高。在学习时应该引起注意，扬长避短、趋利避害地利用 Multisim 的仿真功能。

下面简要地介绍 Multisim 软件及其使用。

5.1　Multisim 的菜单栏

附录图 5-1 所示是 Multisim 的菜单栏。

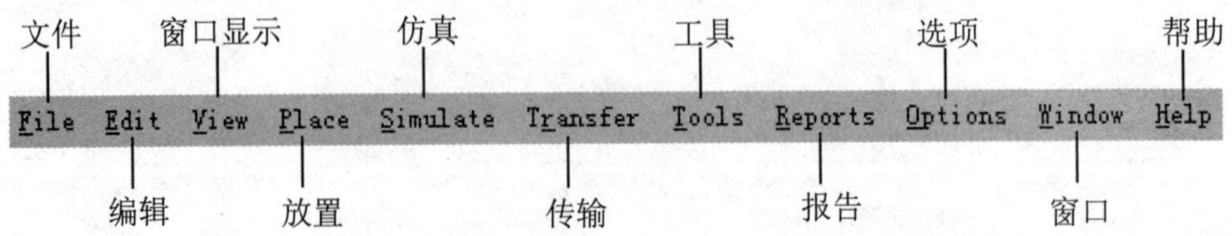

附录图 5-1　Multisim 的主菜单命令

（1）File（文件）菜单

File 菜单用于管理电路文件，如打开、存盘、打印和退出等 17 个文件操作命令。

（2）Eidt（编辑）菜单

Edit 菜单用于在电路设计绘制过程中，提供对电路、元件及仪器进行各种处理，如剪切、粘贴、旋转等 15 种操作命令。其中大多数命令与 Windows 应用软件基本相同，这里仅介绍 Multisim 特有的菜单命令。

- Paste Special…：可以将所复制的电路或元件进行有选择的粘贴，如仅粘贴元件或连线等。
- Delete Multi-Page:：删除多页面电路文件中的某一页电路文件。
- Select All（快捷键为 Ctrl+A）：选择当前窗口的所有项目。
- Find（快捷键为 Ctrl+F）：查找电路图中的元件。
- Flip Horizontal（快捷键为 Alt+X）：使选中的元件水平方向翻转。
- Flip Vertical（快捷键为 Alt+Y）：使选中的元件垂直方向翻转。
- 90 Clockwise（快捷键为 Ctrl+R）：使选中的元件顺时针旋转 90°。
- 90 CounterCW（快捷键为 Ctrl+Shift+R）：使选中的元件逆时针旋转 90°。
- Properties（快捷键为 Ctrl+N）：打开一个已选中的元件属性对话框，对该元件的参数值、标识符等信息进行读取或修改。

（3）View（窗口显示）菜单

View 菜单提供 13 个用于控制仿真界面上显示内容及电路图缩放的操作命令。

- Toolbars：显示或隐藏 Standard Toolbar（标准工具条）、Component Toolbar（元件工具条）、Graphic Annotation Toolbar（图形注释工具条）、Instruments Toolbar（仪表工具条）、Simulation Switch（仿真开关）、Project Bar（项目栏）、Spreadsheet View（电路元件属性视窗）、Virtual Toolbar（虚拟工具条）、Customize（用户自定义栏）等工具栏。
- Show Grid：设置是否显示栅格。
- Show Page Bounds：设置是否显示纸张边界。
- Show Title Block：设置是否显示标题栏（默认为选中）。
- Show Border：设置是否显示边界（默认为选中）。
- Show Ruler Bars：设置是否显示标尺工具条。

- Zoom In（快捷键 F8）：放大电路原理图。
- Zoom Out（快捷键为 F9）：缩小电路原理图。
- Zoom Area（快捷键为 F7）：对一定区域进行放大。
- Zoom Full：全图显示电路窗口。
- Grapher：设置是否显示仿真结果的图表。
- Hierarchy：设置是否层次显示。
- Circuit Description Box（快捷键为 Ctrl+D）：设置是否显示电路元件视窗。

（4）Place（放置）菜单

Place 菜单提供在电路工作窗口内放置元件、连接点、总线和文字等 14 个命令。

- Component…（快捷键为 Ctrl+W）：放置元件。
- Junction（快捷键为 Ctrl+J）：放置节点。
- Text（快捷键为 Ctrl+T）：放置文字。
- Graphics：放置图形。
- Title Block：放置标题栏。

（5）Simulate（仿真）菜单

Simulate 菜单提供 11 个电路仿真设置与操作命令。

- Run（快捷键为 F5）：运行仿真。
- Pause（快捷键为 F6）：暂停仿真。
- Instruments：选择仿真仪器设备。
- Default Instrument Settings…：对与瞬态分析相关的仪表进行默认设置。
- Digital Simulation Settings…：选择数字电路仿真设置。
- Analyses：选择仿真分析方法。

（6）Transfer（传输）菜单

（7）Tools（工具）菜单

（8）Reports（报告）菜单

（9）Options（选项）菜单

- Preferences…：打开参数选择对话框。

（10）Windows（窗口）菜单

（11）Help（帮助）菜单

5.2　Multisim 的工具栏

Multisim 设置了多种工具栏，如附录图 5-2 所示，包括标准工具栏、设计工具栏、绘图工具栏、元件工具栏、仪表工具栏等。

附录图 5-2　Multisim 工具栏

（1）标准工具栏

标准工具栏的基本功能按钮与所有 Windows 界面一样，包含一些如新建文件、打开文件、存储、剪切、复制、粘贴、打印、放大、缩小等基本功能。

（2）设计工具栏

设计工具栏是 Multisim 的核心，使用它可进行电路的建立、仿真及分析，并最终输出设计数据等，如附录图 5-2 右侧所示。这 8 个设计工具栏从左到右如下。

①层次项目栏（Toggle Project Bar）：显示工程文件管理窗口，用于层次项目栏的开启。

②电路元件属性视窗（Toggle Spreadsheet View）：用于开关当前电路的电子数据表，位于电路工作区下方，可以显示当前工作区所有元件的细节并可进行管理。

③数据库管理（Database Management）：可开启数据库管理对话框，对元件进行编辑。

④创建元件（Create Component）：打开创建新元件向导，用于调整或增加、创建新元件。

⑤仿真按钮（Run/Stop Simulation（F5））：用以开始、结束电路仿真。

⑥绘图工具栏（Show Grapher）：用于显示分析的图形结果。

⑦分析按钮（Analysis）：在出现的下拉菜单中选择将要进行的分析方法。

⑧后处理（Postprocessor）：用以打开后处理器，以对仿真结果进行进一步操作。

（3）使用组件列表

In Use List　（In Use List）列出了当前电路所使用的全部组件，以供检查和重复使用。

（4）绘图工具栏

绘图工具栏如附录图 5-3 所示，主要是绘制电路原理图中一些不具有电气意义的图形及输入文字。从左到右依次是：输入文字、画直线、折线、矩形、椭圆、弧线、多边形和粘贴图片。

附录图 5-3　Multisim 绘图工具栏

（5）仿真开关

是运行仿真的一个快捷键，原理图输入完毕，挂上虚拟仪器后（没挂虚拟仪器时开关为灰色，即不可用），用鼠标单击它，即运行或停止仿真。

（6）元件工具栏

Multisim 的元件工具栏如附录图 5-4 所示，按元件模型分门别类地放到 13 个元件库中，每个元件库放置同一类型的元件，用鼠标左键单击元件工具栏的某一个图标即可打开该元件库。由这 13 个元件库按钮组成的元件工具栏，通常放在工作窗口的左边，也可以任意移动。

附录图 5-4　Multisim 元件工具栏

元件工具栏从左到右分别为：信号及电源库（Sources）、基本元件库（Basic）、二极管库（Diode）、晶体管库（Transistors）、模拟元件库（Analog）、TTL 元件库（TTL）、CMOS 元件库（CMOS）、其他数字元件库（Misc Digital）、混合元件库（Mixed）、显示元件库（Indicator）、其他元件库（Misc）、射频元件库（RF）和机电类元件库（Electro-mechanical）。

（7）虚拟元件工具栏

虚拟元件工具栏由 10 个按钮组成，如附录图 5-5 所示。

虚拟工具栏的按钮从左到右依次是电源元件工具栏（Power Source Components Bar）、信号源元件工具栏（Signal Source Components Bar）、基本元件工具栏（Basic Components Bar）、二极管元件工具栏（Diodes Components Bar）、晶体管元件工具栏（Transistors Components Bar）、模拟元件工具栏（Analog Components Bar）、其他元件工具栏（Miscellaneous Components Bar）、额定元件工具栏（Rated Components Bar）、3D 元件工具栏

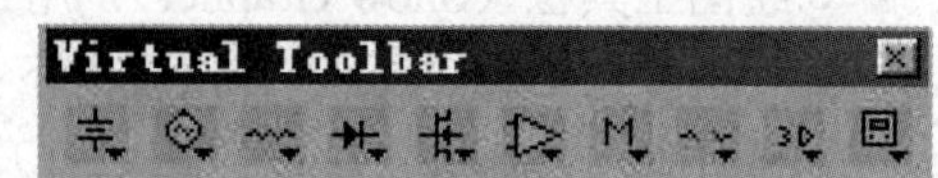

附录图 5-5　虚拟元件工具栏

(3D Components Bar)和测量元件工具栏(Measurement Components Bar)。

(8)仪表工具栏

仪表工具栏如附录图 5-6 所示，它是进行虚拟电子实验和电子设计仿真的最快捷而又形象的特殊窗口。

附录图 5-6 仪表工具栏

工具栏从左到右分别为：数字万用表(Multimeter)、函数信号发生器(Function Generator)、瓦特表(Wattmeter)、双踪示波器(Oscilloscope)、四通道示波器(Four Channel Oscilloscope)、波特图仪(Bode Plotter)、频率计(Frequency Counter)、字信号发生器(Word Generator)、逻辑分析仪(Logic Analyzer)、逻辑转换仪(Logic Converter)、伏安特性分析仪(IV-Analysis)、失真分析仪(Distortion Analyzer)、频谱分析仪(Spectrum Analyzer)、网络分析仪(Network Analyzer)、安捷伦信号发生器(Agilent Function Generator)、安捷伦万用表(Agilent Multimeter)、安捷伦示波器(Agilent Oscilloscope)、实时测量探针(Dynamic Measurement Probe)。

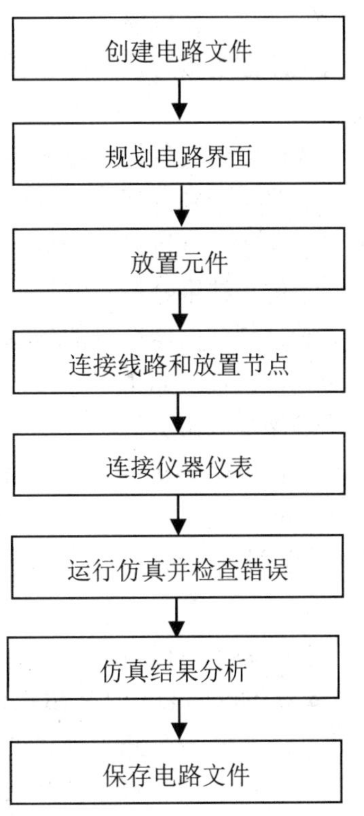

附录图 5-7 电路原理图的基本设计流程

5.3 电路原理图设计流程

电路原理图的绘制是 Multisim 电路仿真的基础，其设计基本流程如附录图 5-7 所示。

①创建电路文件

运行 Multisim，它会自动创建一个默认标题为 Circuit1 的新电路文件，该电路文件可以在保存时重新命名。

②规划电路界面

进入 Multisim 后，需要根据具体电路的组成来规划电路界面，如图纸的大小及摆放方向、电路颜色、元件符号标准、栅格等。可通过执行命令 Option\Preferences…，在弹出的对话框中对若干选项进行设置。

③放置元件

Multisim 不仅提供了数量众多的元件符号图形，而且还设计了元件的模型，并分门别类地存放在各个元件库中。放置元件就是将电路中所用的元件从元件库中放置到电路工作区，并对元件的位置进行调整、修改，对元件的编号、封装进行定义等。

④连接线路和放置节点

Multisim 具有非常方便的连线功能，有自动与手工两种连线方法，利用其连接电路中的元件，构成一个完整的原理图。

⑤连接仪器仪表

电路图连接好后，根据需要将仪表从仪表库中接入电路，以供实验分析使用。

⑥运行仿真并检查错误

电路图绘制好后，运行仿真观察仿真结果。如果电路存在问题，需要对电路的参数和设置进行检查和修改。

⑦仿真结果分析

通过测试仪器得到的仿真结果对电路原理进行验证，观察结果和设计目的的是否一致。如果不一致，则需要对电路进行修改。

⑧保存电路文件

保存原理图文件和打印输出原理图及各种辅助文件。

5.4　电源库

Sources 库的 Family 栏内容如下。

- 电源（POWER-SOURCES）：包括常用的交直流电源、数字地、地、星形或三角形连接的三相电源、Vcc、V_{DD}、V_{EE}、Vss 电压源。
- 电压信号源（SIGNAL-VOLTAG…）：包括交流电压、时钟电压、脉冲电压、指数电压、FM、AM 等多种形式的电压信号。
- 电流信号源（SIGNAL-CURREN…）：包括交流、时钟、脉冲、指数、FM 等多种形式的电流源。
- 控制功能模块（CONTROL-FUNCT…）：包括除法器（DIVIDER）、乘法器（MULTIPLIER）、积分（VOLTAGE-INTEGRATOR）、微分

（VOLTAGE-DIFFERENTIATOR）等多种形式的功能块。

- 受控电压源（CONTROLLED-VO...）：包括电压控制电压源和电压控制电流源。
- 受控电流源（CONTROLLED-CU...）：包括电流控制电流源和电流控制电压源。

5.5 基本元件库

单击元件工具栏中的基本元件库（Basic）图标，在 Family 栏中内容如下。

- 基本虚拟器件（BASIC-VIRTUAL）：包含一些常用的虚拟电阻、电容、电感、继电器、电位器、可调电阻、可调电容等。
- 定额虚拟器件（RATED-VIRTUAL）：包含额定电容、电阻、电感、三极管、电机、继电器等。
- 3D 虚拟器件（3D-VIRTUAL）：包含常用的晶体管、电阻、电容、电感等元件，该类元件全部以三维真实形态显示。
- 电阻（RESISTOR）：该元件栏中的电阻都是标称电阻，是根据真实电阻元件而设计的，其电阻值不能改变。
- 排阻（RESISTOR PACK）：相当于多个电阻并列封装在一个壳内，它们具有相同的阻值。
- 电位器（POTENTIOMETER）：即可调电阻，可以通过键盘字母动态调节电阻，大写表示增加电阻值，小写表示减小电阻值，调节增量可以设置。
- 电容（CAPACITOR）：所有电容都是无极性的，不能改变参数，没有考虑误差，也未考虑耐压大小。
- 电解电容器（CAP-ELECTROLIT）：所有电容都是有极性的，“+”极性端子需接直流高电位。
- 可变电容（VARIABLE-CAPACITOR）：电容量可在一定范围内调整，使用情况和电位器类似。
- 电感（INDUCTOR）：使用情况和电容、电阻类似。
- 可变电感（VARIABLE-INDUCTOR）：使用方法和电位器类似。
- 开关（SWITCH）：包括电流控制开关、单刀双掷开关（SPDT）、单刀单掷开关（SPST）、时间延时开关（TD-SW1）、电压控制开关。
- 变压器（TRANSFORMER）：包括线形变压器模型，变比 $N=V_1/V_2$，

V_1是初级线圈电压，V_2是次级线圈电压，次级线圈中心抽头的电压是V_2的一半。这里的电压比不能直接改动，如要变动，则需要修改变压器的模型。使用时要求变压器的两端都接地。

- 非线性变压器（NON-LINEAR-TRANSFORMER）：该变压器考虑了铁心的饱和效应，可以构造初、次级线圈间损耗、漏感、铁心尺寸大小等物理效应。
- 复数（或 Z）负载（Z-LOAD）：包括一些阻抗负载，如 RLC 并联负载、RLC 串联负载等，可对其中的电感、电阻、电容等参数进行修改。
- 继电器（RELAY）：继电器的触点开合是由加在线圈两端的电压大小决定的。
- 连接器（CONNECTORS）：作为输入/输出插座，用以给输入和输出的信号提供连接方式，不会对仿真结果产生影响，主要为 PCB 设计使用。
- 插座/管座（SOCKETS）：与连接器类似，为一些标准形状的插件提供位置，以方便 PCB 设计。

①二极管库

单击元件工具栏中的二极管库（Diode）图标，在 Family 栏中内容如下。

- 虚拟二极管（DIODES-VIRTUAL）：相当于理想二极管，其 SPICE 模型是典型值。
- 二极管（DIODE）：包含众多产品型号。
- 齐纳二极管（ZENER）：即稳压二极管，包括众多产品型号。
- 发光二极管（LED）：含有 6 种不同颜色的发光二极管，当有正向电流流过时才可发光。
- 全波桥式整流器（FWB）：相当于使用 4 个二极管对输入的交流进行整流，其中的 2、3 端子接交流电压，1、4 端子作为输出直流端。
- 可控硅整流桥（SCR）：只有当正向电压超过正向转折电压，并且有正向脉冲电流流进栅极 G 时 SCR 才能导通。
- 双向二极管开关（DTAC）：相当于两个肖特基二极管并联，是依赖于双向电压的双向开关。当电压超过开关电压时，才有电流流过二极管。
- 三端开关可控硅开关（TRIAC）：相当于两个单相可控硅并联。
- 变容二极管（VARACTOR）：相当于一个电压控制电容器。本身是一种在反偏时具有相当大结电压的 PN 结二极管，结电容的大小受反偏电压的大小控制。

②晶体管库

单击元件工具栏中的晶体管库（Transistors）图标，在 Family 栏中内容如下。

- 虚拟晶体管（TRANSISTORS-VIRTUAL）：虚拟晶体管，包括 BJT、MOSFET、JFET 等虚拟元件。
- 双极结型 NPN 晶体管（BJT-NPN）、双极结型 PNP 晶体管（BJT-PNP）、达林顿 NPN 管（DARLINGTON-NPN）、达林顿 PNP 管（DARLINGTON-PNP）。
- 双极结型晶体管阵列（BJT-ARRAY）：晶体管阵列，是由若干个相互独立的晶体管组成的复合晶体管封装块。
- 绝缘栅双极型三极管（IGBT）：IGBT 是一种 MOS 门控制的功率开关，具有较小的导通阻抗，其 C、E 极间能承受较高的电压和电流。
- N 沟道耗尽型金属—氧化物—半导体场效应管（MOS-3TDN）、N 沟道增强型金属—氧化物—半导体场效应管（MOS-3TEN）、P 沟道增强型金属—氧化物—半导体场效应管（MOS-3TEP）。
- N 沟道耗尽型结型场效应管（JFET-N）、P 沟道耗尽型结型场效应管（JFET-P）、N 沟道 MOS 功率管（POWER-MOS-N）、P 沟道 MOS 功率管（POWER-MOS-P）。
- UJT 管（UJT）：可编程单结型晶体管。
- 温度模型（THERMAL-MODELS）：带有热模型的 NMOSFET。

③模拟元件库

单击元件工具栏中的模拟元件库（Analog）图标，在 Family 栏中内容如下。

- 模拟虚拟器件（ANALOG-VIRTUAL）：包括虚拟比较器、三端虚拟运放和五端虚拟运放。五端虚拟运放比三端虚拟运放多了正、负电源两个端子。
- 运算放大器（OPAMP）：包括五端、七端和八端运放。
- 诺顿运算放大器（OPAMP-NORTON）：即电流差分放大器（CDA），是一种基于电流的器件，其输出电压与输入电流成比例。
- 比较器（COMPARATOR）：比较两个输入电压的大小和极性，并输出对应状态。

- 宽带放大器（WIDEBAND-AMPS）：单位增益带宽可超过 10MHz，典型值为 100MHz，主要用于要求带宽较宽的场合，如视频放大电路等。
- 特殊功能运算放大器（SPECIAL-FUNCTION）：主要包括测试运放、视频运放、乘法器/除法器、前置放大器、有源滤波器。

④TTL 库

TTL 元件库含有 74 系列的 TTL 数字集成逻辑器件，单击元件工具栏中的 TTL 库（TTL）图标，在 Family 栏中内容如下。

- 74STD 系列（74STD）：标准型集成电路，型号范围为 7400~7493。
- 74LS 系列（74LS）：低功耗肖特基型集成电路，型号范围为 74LS00N~74LS93N。

注：当含有 TTL 或 CMOS 数字元件进行仿真时，电路中应含有数字电源和接地端，它们可以象征性地放在电路中，不进行任何电气连接，否则，启动仿真时 Multisim 将提示出错。

⑤CMOS 库

CMOS 元件库含有 74HC 系列和 4XXX 系列的 CMOS 数字集成逻辑器件，单击元件工具栏中的 CMOS 元件库（CMOS）图标，在 Family 栏中内容如下。

- CMOS 系列（CMOS-5V）：5V4XXX 系列 CMOS 逻辑器件。
- 74HC 系列（74HC-2V）：2V74HC 系列低电压高速 CMOS 逻辑器件。
- CMOS 系列（CMOS-10V）：10V4XXX 系列 CMOS 逻辑器件。
- 74HC 系列（74HC-4V）：4V74HC 系列低电压高速 CMOS 逻辑器件。
- CMOS 系列（CMOS-15V）：15V4XXX 系列 CMOS 逻辑器件。
- 74HC 系列（74HC-6V）：6V74HC 系列低电压高速 CMOS 逻辑器件。

⑥其他数字元件库

TTL 和 CMOS 元件库中的元件都是按元件的序号排列的，有时用户仅知道元件的功能，而不知道具有该功能的元件型号，就会给电路设计带来许多不便。而其他数字元件库中的元件则是按元件功能进行分类排列的。

单击元件工具栏中的其他数字元件库（Misc Digital）图标，在 Family 栏中内容如下。

- TTL 系列（TTL）：包括与门、非门、异或门、同或门、RAM、三态门等。
- VHDL 系列（VHDL）：存放用 VHDL 语言编写的若干常用的数字逻辑器件。
- VERTLOG-HDL 系列（VERTLOG-HDL）：存放用 VERILOG-HDL 语言编写的若干常用的数字逻辑器件。

事实上，这是用 VHDL、Verilog-HDL 等高级语言编辑其模型的元件。

⑦混合元件库

单击元件工具栏中的混合元件库（Mixed）图标，在 Family 栏中内容如下。

- 虚拟混合器件（MIXED-VIRTUAL）：包括 555 定时器、单稳态触发器、模拟开关、锁相环。
- 定时器（TIMER）：包括 7 种不同型号的 555 定时器。
- 模数—数模转换器（ADC-DAC）：包括一个 A/D 转换器和两个 D/A 转换器，其量化精度都是 8 位，都是虚拟元件，只能作仿真用，没有封装信息。
- 模拟开关（ANALOG-SWITCH）：也称电子开关，其功能是通过控制信号控制开关的通断。

⑧显示元件库

显示元件库包含可用来显示仿真结果的显示器件。对于显示元件库中的元件，软件不允许从模型上进行修改，只能在其属性对话框中对某些参数进行设置。单击元件工具栏中的显示元件库（Indicator）图标，在 Family 栏中内容如下。

- 电压表（VOLTMETER）：可测量交、直流电压。
- 电流表（AMMETER）：可测量交、直流电流。
- 探测器（PROBE）：相当于一个 LED，仅有一个端子，使用时将其与电路中某点连接，该点达到高电平时探测器就发光。
- 蜂鸣器（BUZZER）：该器件是用计算机自带的扬声器模拟理想的压电蜂鸣器，当加在端口上的电压超过设定电压值时，该蜂鸣器按设定的频率响应。
- 灯泡（LAMP）：工作电压和功率不可设置，对直流该灯泡将发出稳定的光，对交流该灯泡将闪烁发光。
- 虚拟灯（VIRTUAL-LAMP）：相当于一个电阻元件，其工作电压和功率可调节，其余与现实灯泡相同。

- 十六进制显示器（HEX-DISPLAY）：包括三个元件，其中 DCD-HEX 是带译码的 7 段数码显示器，有 4 条引线，从左到右分别对应 4 位二进制的最高位和最低位。其余两个是不带译码的 7 段数码显示器，显示十六进制时需要加译码电路。
- 条柱显示（BARGRAPH）：相当于 10 个 LED 发光管同向排列，左侧是阳极，右侧是阴极。

⑨其他元件库

Multisim 把不能划分为某一类型的元件另归一类，称为其他元件库。单击元件工具栏中的其他元件库（Misc）图标，在 Family 栏中内容如下。

- 多功能虚拟器件（MISC-VIRTUAL）：包括晶振、保险、电机、光耦等虚拟元件。
- 传感器（TRANSDUCERS）：包括位置检测器、霍尔效应传感器、光敏三极管、发光二极管、压力传感器等。
- 晶体（CRYSTAL）：包括多个振荡频率的现实晶振。
- 真空管（VACUUM-TUBE）：该元件有三个电极，常作为放大器在音频电路中使用。
- 保险丝（FUSE）：包括不同电流规格的保险丝。
- 稳压管（VOLTAGE-REGULATOR）：其功能是当负载变化时能维持输出电压保持相对常数，通常使用的集成电压调节器是三端元件。
- 降压转换器（BUCK-CONVERTER）、升压转换器（BOOST-CONVERTER）、升降压转换器（BUCK-BOOST-CONVERTER）：用于对直流电压降压、升压、升降压变换。
- 有损耗传输线（LOSSY-TRANSMISSION-LINE）：相当于模拟有损耗媒质的二端口网络，它能模拟由特性阻抗和传输延迟导致的电阻损耗。如将其电阻和电导参数设置为 0 时，就成了无损耗传输线，用这种无损耗线进行仿真的结果会更精确。
- 无损耗传输线 1（LOSSLESS-LINE-TYPE1）：模拟理想状态下传输线的特性阻抗和传输延迟等特性，无传输损耗，其特性阻抗是纯电阻性的。
- 无损耗线路 2 （LOSSLESS-LINE-TYPE2）：与类型 1 相比，不同之处在于传输延迟是通过在其属性对话框中设置传输信号频率和线路归一化长度来确定的。

- 网络（NET）：这是一个建立电路模型的模板，允许用户输入一个有2~20 个引脚的网络表，建立自己的模型。
- 多功能元件（MISC）：只含一个元件 MAX2740ECM，该元件是集成 GPS 接收机。

⑩射频元件库

当电路工作于射频状态时，由于电路的工作频率很高，将导致元件模型发生很多变化，在低频下的模型将不能适用于射频工作状态，因而 Multisim 提供了专门适合射频电路的元件模型。

单击元件工具栏中的 RF 射频元件库（RF）图标，在 Family 栏中内容如下：射频电容（RF-CAPACITOR）、射频电感（RF-INDUCTOR）、射频双极结型 NPN 管（RF-BJT-NPN）、射频双极结型 PNP 管（RF-BJT-PNP）、射频 N 沟道耗尽型 MOS 管（RF-MOS-3TDN）、隧道二极管（TUNNET-DIODE）、带（状）线（ATRIP-LINE）。

⑪机电类元件库

单击元件工具栏中的机电类元件库（Electromechanical）图标，在 Family 栏中内容如下。

- 检测开关（SENSING-SWITCHES）：可通过键盘上某个键控制该类开关的开合。
- 瞬时开关（MOMENTARY-SWITCHES）：与检测开关类似，只是当其动作后马上又恢复原来状态。
- 辅助开关（SUPPLEMENTARY-CONTACTS）：与检测开关类似。
- 同步触点（TIMED-CONTACTS）：通过设置延迟时间控制其开合。
- 线圈继电器（COILS-RELAYS）：包括电机启动线圈、前向或快速启动线圈、反向启动线圈、慢启动线圈、控制继电器、时间延迟继电器。
- 线性变压器（LINE-TRANSFORMER）：含各种空芯类和铁芯类电感器及变压器。
- 保护装置（PROTECTION-DEVIVES）：主要包括熔丝、过载保护器、热过载保护器、磁过载保护器、梯形逻辑过载保护器。
- 输出装置（OUTPUT-DEVICES）：主要包括三相电机、直流电机电枢、加热器、指示器、电机、螺线管等设备。

5.6　常用仿真仪器

（1）数字万用表

数字万用表（Multimeter）是一种可以用来测量交直流电压、交直流电流、电路中的电阻及电路两点之间的分贝损耗，自动调整量程的数字显示万用表。其连接方法与现实万用表完全一样，都是通过“+”“-”两个端子连接仪表。

数字万用表的图标和面板如附录图 5-8 所示，该面板设置如下。

附录图 5-8　数字万用表的图标和面板

- 显示栏：用以显示测量数值，位于面板的最顶部。
- 测量类型选取栏：单击“A”按钮表示测量电流，单击“V”按钮表示测量电压，单击“Ω”按钮表示测量电阻，单击“dB”按钮表示测量结果以分贝形式显示。
- 交直流选取栏：单击“～”按钮表示测量交流，单击“—”按钮表示测量直流。
- 单击面板上的“Set”按钮，将弹出如附录图 5-9 所示的参数设置对话框，在此对话框内可以设置数字多用表的电流表内阻、电压表内阻、欧姆表电流及测量范围等参数，一般保持默认即可。设置完成单击 Accept 按钮。

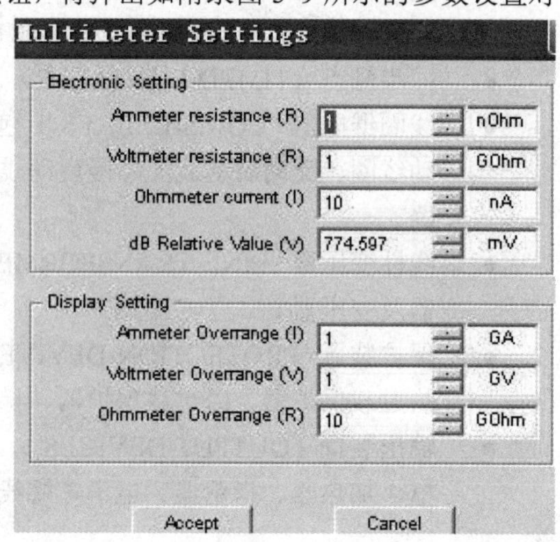

附录图 5-9　数字万用表参数设置对话框

测量交直流电压时，两表笔与被测电路并联连接；测量交直流电流时，连接方式为串联；当测量交流值时，显示数据为有效值，测量直流时，显示数据为平均值，此时注意正、负表笔连接要与外电路一致。

（2）电压表和电流表

电压表和电流表都放在显示元件库中，其图标如附录图 5-10 所示，可用于测量交直流电压和交直流电流。其中电压表并联、电流表串联在待测支路中，单击旋转按钮可以改变引出线的方向。为了使用方便，在指示元件库里面有引出线垂直、水平两种形式的仪表。另外，电压、电流表的两个接线端通过选装可以改变为上下连接或左右连接。

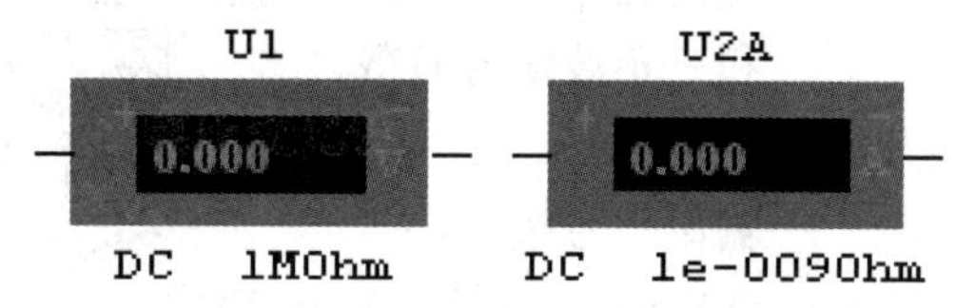

附录图 5-10　电压、电流表图标

注：当测量直流电压或电流时，两个接线端有正负之分，使用时按电路的正负极性对应相接，否则读数将为负值。

①电压表

双击电压表图标将弹出如附录图 5-11 所示的电压表参数对话框，该对话框包括 Label（标识）、Display（显示）、Value（数值）页的设置，设置方法与元器件中标签、编号、数值、模型参数的设置方法相同。

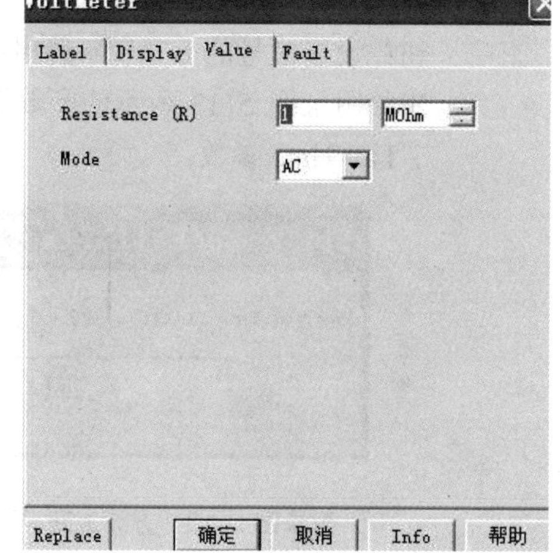

附录图 5-11　电压表参数设置对话框

②电流表

双击电流表图标将弹出电流表参数对话框，其对话框同电压表。

（3）函数信号发生器

函数信号发生器（Function Generator）是可提供正弦波、三角波、方波三种不同波形的电压信号源。

函数信号发生器的图标和面板如附录图 5-12 所示。其图标中“+”“-”表示正、负极性输出端，中间端子为公共端，三个输出端子与外电路相连输出电压信号。

函数信号发生器面板设置如下。

- Waveforms（输出波形选择）：通过上面三个按钮依次选择正弦波、三角波、方波。

- Frequency（工作频率）：设置输出信号频率。
- Duty Cycle（占空比）：设置输出方波和三角波信号的占空比，仅对方波和三角波信号有效。
- Amplitude（幅度）：设置输出信号幅值。
- Offset（直流偏置）：设置输出信号的直流偏置电压。默认设置为0，表示输出电压没有叠加直流分量。

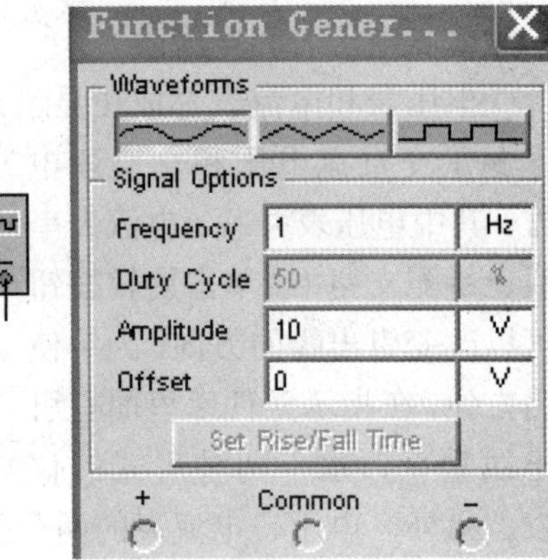

附录图 5-12 函数信号发生器的图标和面板

- Set Rise / Fall Time 按钮：设置信号的上升和下降时间，仅对方波有效。单击该按钮则弹出如附录图 5-13 所示的参数设置对话框，在此窗口内可设置 Rise / Fall Time 参数。

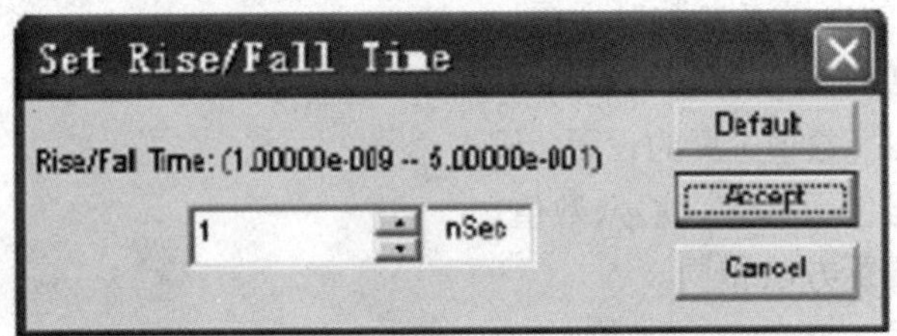

附录图 5-13 方波上升、下降时间参数设置对话框

（4）瓦特表

瓦特表（Wattmeter）用来测量电路的交、直流功率，且它测得的是电路的有效功率，即电路终端的电势差与流过该终端的电流乘积，单位为瓦特。另外，瓦特表还可以测量功率因数，即通过计算电压与电流相位差的余弦而得到。

瓦特表的图标和面板如附录图 5-14 所示，图标中包括电压和电流

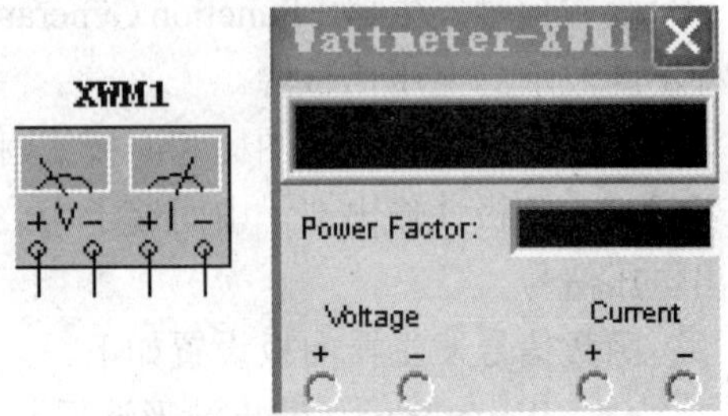

附录图 5-14 瓦特表的图标和面板

输入端子，其中左侧两个输入端为电压输入端，使用时应与测量电路并联，右侧两个输入端为电流输入端，使用时应与测量电路串联。

双击图标，弹出面板设置对话框，其中最上面一栏显示测量的功率，Power Factor 栏显示测量的功率因数。

（5）双通道示波器

双通道示波器（Oscilloscope）是一种常用的仪器，不仅可以显示信号的波形，还可以通过波形来显示信号波形的频率、幅值和周期等参数。示波器的图标和面板如附录图 5-15 所示，其图标中“A”“B”表示两个输入通道，“G”端是接地端，“T”为外触发信号输入端。

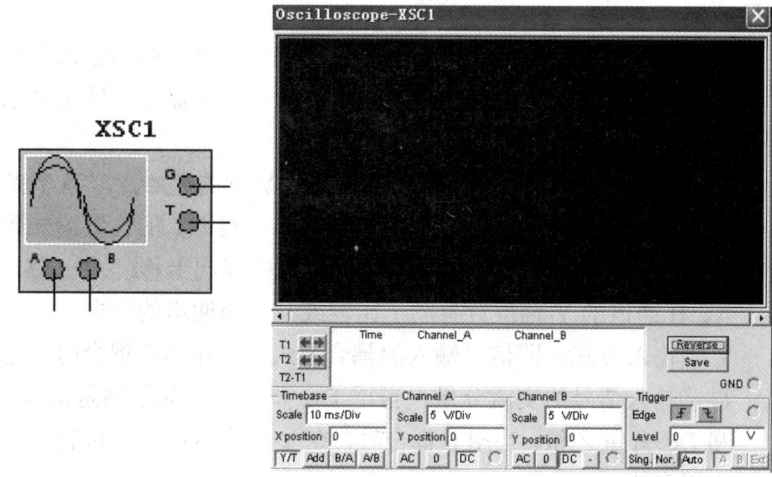

附录图 5-15 双通道示波器的图标和面板

注：使用外触发信号时，示波器一般需要设置为“Single”或“Normal”触发模式，且需要外部触发信号时才接通；使用时需接地，如果电路有其他接地点，双踪示波器的接地端也可不接地。

示波器面板各个按键的作用、调整及参数的设置与实际的示波器类似，主要由显示屏及游标测量参数显示区、Timebase 区、Channel A 区、Channel B 区和 Trigger 区 6 部分组成。

①时基（Timebase）控制部分

- 时间标尺（Scale）：设置 X 轴刻度，显示示波器的时间基准，改变其参数可将波形水平方向展宽或压缩。单击该栏出现一对上下翻转箭头，通过上、下箭头翻转选择合适的时间刻度。

- X 轴位置控制（X position）：控制 X 轴的起始点。当 X 的位置调到 0 时，信号从示波器显示屏的左边缘开始，正值使起始点右移，负值使起始点左移。
- 显示方式选择：Y/T（幅度/时间）方式（该方式为默认方式），显示随时间变化的信号波形，其中 X 轴显示时间，Y 轴显示电压值；Add 方式，X 轴显示时间，Y 轴显示 A 通道和 B 通道的输入电压之和。A/B（A 通道/B 通道）方式，X 轴显示 A 通道信号，Y 轴显示 B 通道信号；B/A（B 通道/A 通道）方式，与 A/B 方式相反。

②示波器输入通道的设置：Channel A/B 用来设置 A/B 通道输入信号在 Y 轴的显示刻度。

- Y 轴刻度选择（Scale）：设置 Y 轴的刻度，可以根据输入信号大小来选择 Y 轴刻度值的大小，使信号波形在示波器显示屏上显示出合适的幅度。
- Y 轴位置控制（Y position）：用来控制 Y 轴的起始点。当 Y 的位置调到 0 时，Y 轴的起始点在示波器屏幕中线；Y 的位置增加到 1 或减小到-1，Y 轴原点位置从示波器屏幕中线向上移/下移一格。改变 A、B 通道的 Y 轴位置有助于比较或分辨两通道的波形。
- Y 轴输入方式：即信号输入的耦合方式。当用 AC 耦合时，示波器显示输入信号的交流分量。当用 DC 耦合时，显示的是信号的 AC 和 DC 分量之和。当用 0 耦合时，在 Y 轴设置的原点位置显示一条水平直线。

③触发参数设置区（Trigger）：用来设置示波器的触发方式。

- Edge：表示将输入信号或外触发信号的上升沿或下降沿作为触发信号。
- Level：用以预先设定触发电平的大小。左边文本框用于输入触发电平大小，默认值为 0；右边文本框用于设置触发电平单位，默认单位为 V。此项设置只适用于 Single 和 Normal 采样方式，当 A/B 通道输入信号大于此处设定的触发电平时，示波器才开始采样。
- Single：表示单次触发方式，当触发电平高于所设置的触发电平时，示波器就触发一次，示波器采样一次后就停止采样，鼠标单击 Single 按钮后，等待下次触发脉冲来临后再开始采样。
- Normal：表示普通触发方式，当触发电平满足后，示波器才被刷新，开始下次采样。

- Auto：表示不需要触发信号，依靠计算机自动提供触发脉冲触发示波器采样，示波器通常采用该方式。

触发源选择包括 A、B 和 EXT（外触发通道）三个按钮，此项选择仅对 Single 和 Normal 触发方式有效。

- A 或 B：使用相应通道的信号作为触发信号，当该通道电压信号大于预先设置的触发电压时才启动采样。
- EXT：由外触发端输入的数字信号触发，此项选择只有示波器的外触发端（T 端）接输入信号才有效。

④示波器其他设置

- 波形参数测量

要显示波形读数的精确值时，可用鼠标将垂直光标拖到需要读取数据的位置。在示波器显示屏幕下方的方框内，显示光标与波形垂直相交点处的时间和电压值，以及两光标位置之间时间、电压的差值。

- 波形存储和背景颜色控制

单击面板右侧 Reverse 按钮可改变示波器屏幕的背景颜色，单击面板右侧 Save 按钮可按 ASCII 码格式存储波形读数。

注：为了区别示波器的 A、B 通道波形，可单击与示波器 A 通道相连的连线，单击鼠标右键并在弹出的对话框中选中 Corlor 选项，设定需要的颜色，改变示波器 A 通道波形颜色。同样方法可改变 B 通道波形颜色，从而使 A/B 通道颜色不一样，以便区别。

（6）伏安特性分析仪

伏安特性分析仪（IV Analyzer）是 Multisim 的新增仪器，主要用于测量二极管、三极管和 MOS 管的伏安特性。伏安特性分析仪的图标和面板如附录图 5-16 所示。

对于二极管的测量，仅使用左边的两个端子，左端接二极管的 P 端，中间端接二极管的 N 端；对于三极管和 MOS 管的测量，在面板右上方 Components 栏选择需要测量的元件类型，则在面板右下方会出现所选元件类型对应的接线方式。如附录图 5-16 右下方所示为 BJT NPN 型三极管对应的接线方式，根据提示将图标中三个接线端子接到三极管对应引脚即可。

伏安特性分析仪面板设置如下。

①Components：选择测量的元件类型，包括二极管、BJT PNP 型三极管、BJT NPN 型三极管、P 沟道 MOS 管和 N 沟道 MOS 管。

②显示参数设置

- Current Range：用于设置电流显示范围，F 栏表示电流的终止值，I 栏表示电流初始值。可在对话框输入参数或单击该栏调整范围，有对数坐标（Log）和线性坐标（Lin）两种显示方式。
- Voltage Range：用于设置纵坐标电压范围，设置方法同 Current Range。

③扫描参数设置：单击 Sim-Param 按钮，将弹出参数设置对话框。测量所选择的元件不同，弹出对话框需要设置的参数也不同。

- 若测量元件为二极管，则单击 Sim-Paran 按钮，弹出如附录图 5-17 所示的对话框，只有 V-pn（PN 结电压）一栏设置，包括设置 PN 结间扫描的起始电压（Start）、终止电压（Stop）和扫描增量（1ncrement）。
- 若测量元件为三极管，则单击 Sim-Param 按钮，弹出如附录图 5-18 所示对话框。

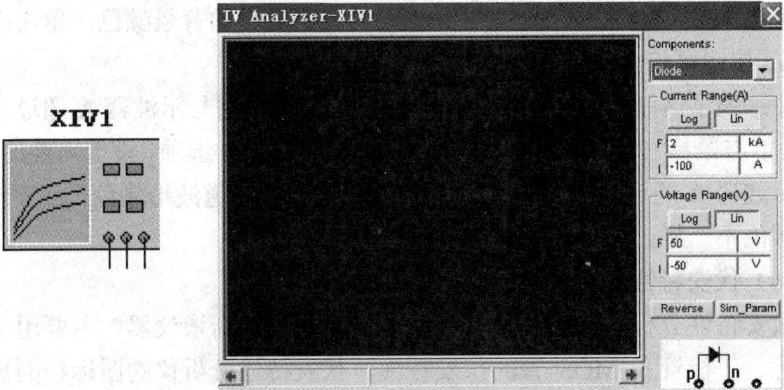

附录图 5-16　伏安特性分析仪的图标和面板

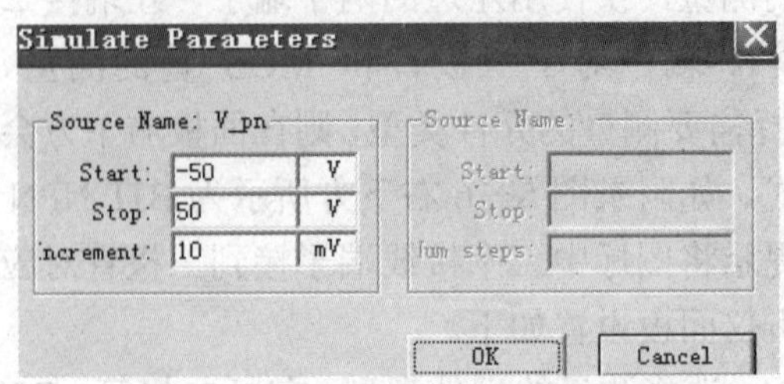

附录图 5-17　二极管参数设置对话框

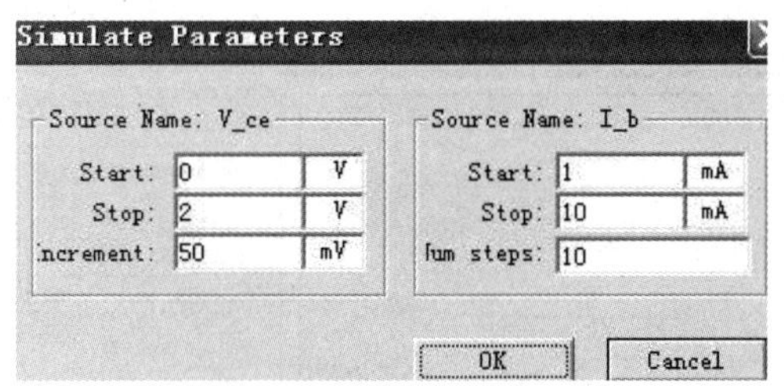

附录图 5-18　三极管参数设置对话框

- ➢ V-ce：用以设置三极管 C、E 极间扫描的起始电压、终止电压和增量。
- ➢ I-b：用以设置三极管基极电流扫描的起始电流、终止电流和步长。

● MOS 管对应参数设置：若测量元件为 MOS 管，则单击 Sim-Param 按钮，弹出如附录图 5-19 所示对话框。

- ➢ V-ds：用以设置 MOS 管 D、S 极间扫描的起始电压、终止电压和增量。
- ➢ V-gs：用以设置 MOS 管 G、S 极间扫描的起始电压、终止电压和步长。

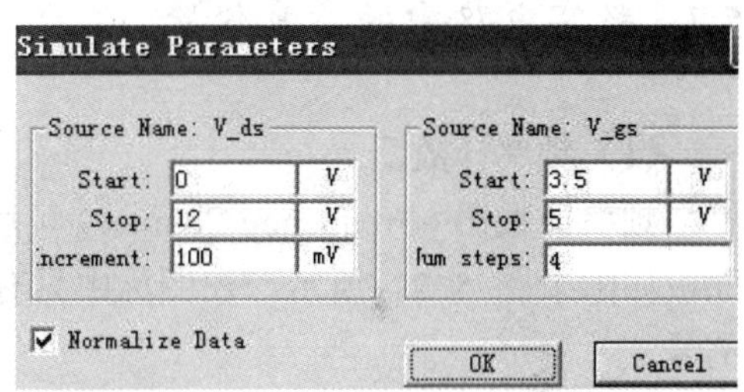

附录图 5-19　MOS 管参数设置对话框

选择 Normalize Data 选项则表示测量结果将以归一化方式显示。

④测量区：主要用于对波形参数进行测量并显示测量值。

● 测量指针：位于波形显示区中，可用鼠标拖动，用于准确测量波形数据，其对应的值在最下部读数栏显示。

● 定向箭头：测量区下方左右两个箭头控制读数指针左右移动。

● 测量读数栏：位于面板最下方，利用读数指针或定向箭头移动，可测量所在位置的电流、电压数据并在该栏显示。

测量 BJT NPN 型三极管的伏安特性的接线和测量结果如附录图 5-20 所示。

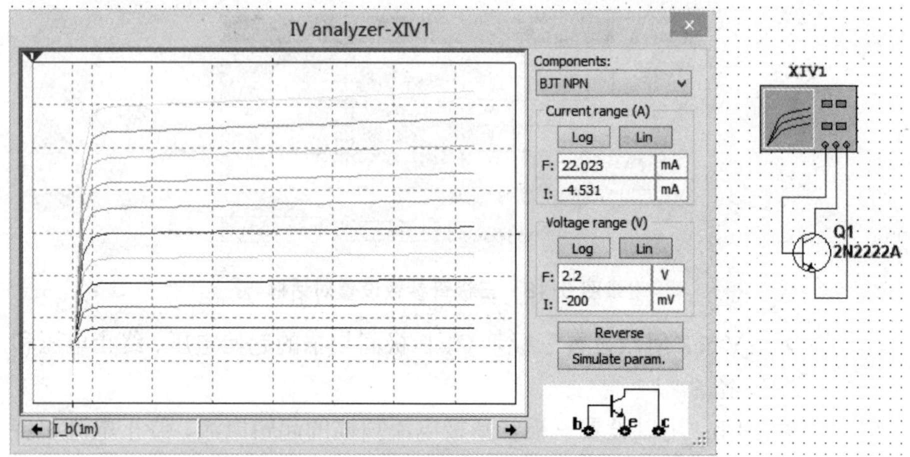

附录图 5-20　伏安特性分析仪测量三极管及其结果

5.7　数字电路中的仿真仪器

（1）频率计数器

频率计数器（Frequency Counter）可用来测量数字信号的频率。其图标和面板如附录图 5-21 所示，在图标中只有一个输入端，用来连接电路的输出信号。

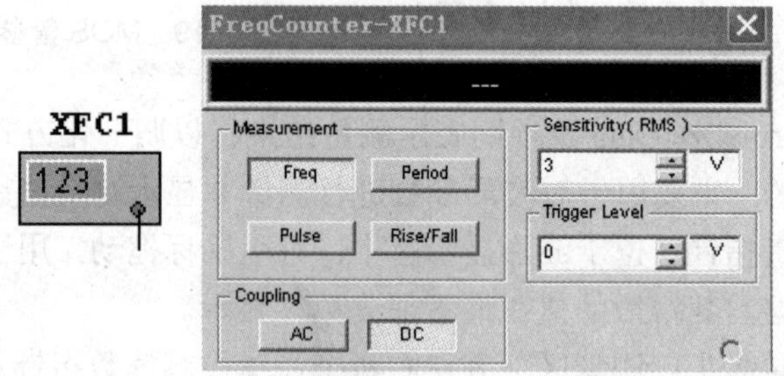

附录图 5-21　频率计数器的图标和面板

其面板设置如下。

①Measurement：用以选择测量参数。Freq 表示测量频率；Period 测量周期；Pulse 测量正、负极性脉冲的持续时间；Rise/Fall 测量脉冲的上升和下降时间。

②Coupling：用以选择耦合方式。AC 表示交流耦合方式；DC 表示直流

耦合方式。

③Sensitivity（RMS）：选择灵敏度。左边栏输入灵敏度值，右边栏选择单位。

④Trigger Level：选择触发电平。左边栏输入触发电平值，右边栏选择单位。输入信号必须大于触发电平才能进行测量。

（2）字信号发生器

字信号发生器（Word Generator）是一个能产生 32 路同步逻辑信号的多路逻辑信号源，用于对数字逻辑电路进行测试。

字信号发生器的图标和面板如附录图 5-22 所示。图标左、右两侧分别有 0~15、16~31 共 32 个端子，它们是字信号发生器产生的 32 位数字信号输出端，其中的每一个端子都可接入数字电路的输入端。底部有 R 及 T 两个端子，R 端（Ready）为信号准备好输出端子，T 端（Trigger）为外触发信号端子。

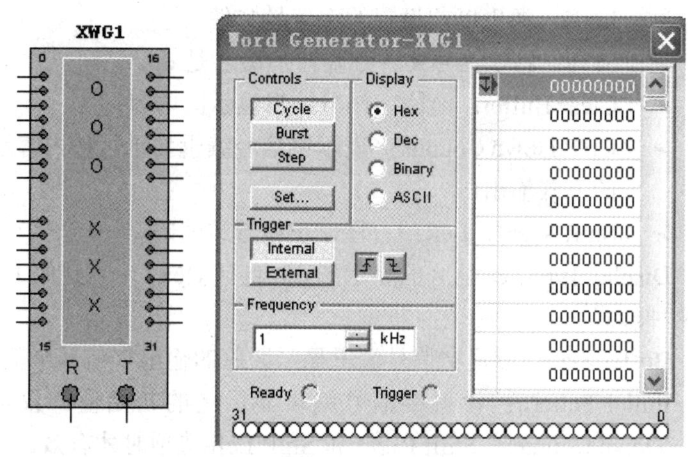

附录图 5-22　字信号发生器的图标和面板

其面板设置如下。

①Controls 区：设置字信号发生器的输出方式。

- Cycle：设定字信号在初始值与终止值间循环输出。
- Burst：设定从起始地址开始输出，到终止位置停止输出。
- Step：设定单击该按钮一次输出一条字信号。
- Set…：设置和保存字信号发生器的参数。单击该按钮，将弹出如附录图 5-23 所示的参数设置对话框。

- Pre-set Patterns：预先设置字信号发生器参数。
  - No Change：选择该选项时，地址区 Initial Pattern 栏的值为 00000000，该值不能改变，仅能对地址区的 Buffer Size 栏内容进行设置。

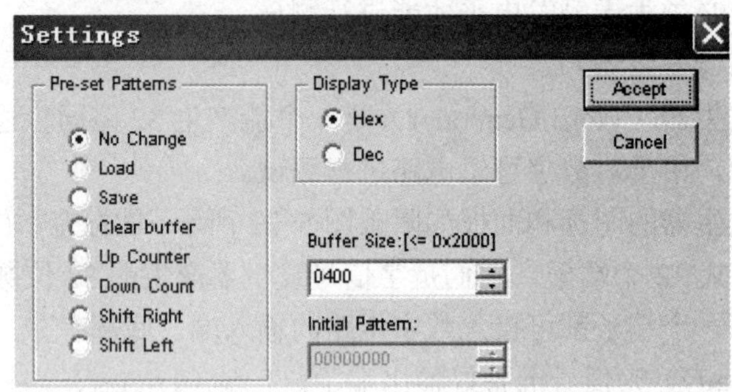

附录图 5-23　字信号发生器的参数设置对话框

  - Load：调出以前设置的字信号文件。
  - Save：将字信号文件存盘，后缀名是.dp。
  - Clear Buffer：清除字信号编辑显示区内容。
  - Up、Down Counter：表示字信号编辑显示区按内容逐次+1、-1 的方式输出。
  - Shift Right、Left：右移、左移方式编码。
- Display Type：地址区的显示形式，包括 Hex（十六进制）和 Dec（十进制）两种形式。
- Buffer Size：设置字信号编辑显示区总的输出字信号个数。
- Initial Pattern：设置字信号编辑显示区的初始值。仅当选择 Up Counter、Down Counter、Shift Right 和 Shift Left 选项时才有效。

参数设置完后，单击 Accept 按钮。

②Display：选择字信号的显示形式。包括 Hex（十六进制）、Dec（十进制）、Binary（二进制）和 ASCII 码 4 种显示形式。

③Trigger 设置触发方式。包括 Internal（内部触发）、External（外部触发，仅当 T 端接输入信号有效）、上升沿图标（上升沿触发）、下降沿图标（下降沿触发）。

④Frequency：设置字信号发生器的时钟频率。左边栏设置频率值，右边栏设置频率单位。

⑤字信号编辑显示区域：位于面板的右侧，显示所设置的字信号格式。32 位字信号以 8 位十六进制数形式显示在该区，也可以在 Display 区选择其

他进制显示形式。单击其中某一条字信号可实现对其定位和改写；选中其中某一条字信号并单击右键，可以在弹出的菜单中对该字信号设置断点或删除断点，设置其为初值或终值。

- Set Cursor：设置字信号发生器开始输出字信号的起点。
- Set Break-Point：在当前位置设置一个中断点。
- Delete Break-Point：删除当前位置设置的一个中断点。
- Set Initial、Final Position：在当前位置设置一个循环字信号的初始值、终止值。

（3）逻辑分析仪

逻辑分析仪（Logic Analyzer）可以同步记录和显示 16 路逻辑信号，用于对数字逻辑信号序进行分析。逻辑分析仪的图标和面板如附录图 5-24 所示，其图标的左侧从上到下有 16 个的高速采集和时信号输入端，用于接入被测信号。图标下部 3 个端子分别是：C 外时钟输入端、Q 时钟输入控制端、T 外触发控制端。

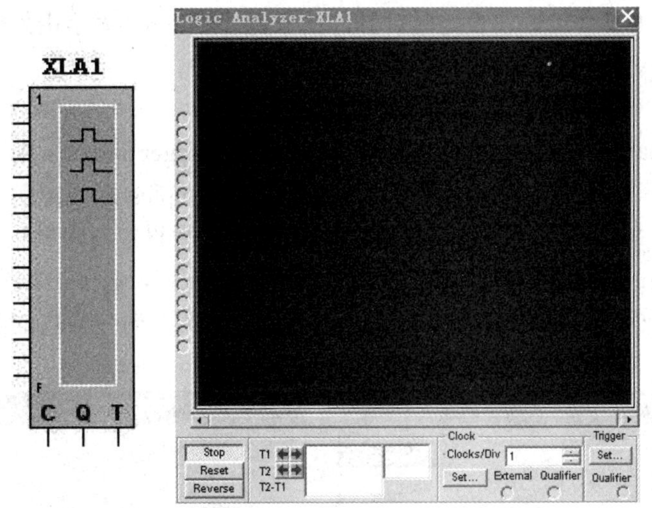

附录图 5-24　逻辑分析仪的图标和面板

逻辑分析仪面板设置如下：

①波形显示区：显示各路输入的数字信号时序。

波形显示区用于显示 16 路输入信号的波形，所显示波形的颜色与该输入信号的连线颜色相同。左边有 16 个小圆圈，分别代表 16 路输入信号，若某个输入端接被测信号，则该小圆圈内出现黑点。

②显示控制区：控制波形的显示和清除。

- Stop：停止显示。若逻辑分析仪没有被触发，单击该按钮则表示放弃已存储的数据；若已经被触发并且显示了波形，单击该按钮则表示停止波形显示，但仿真仍然继续。
- Reset：清除已经显示的波形，为以后的波形显示做好准备。
- Reverse：设置波形显示区的背景色。

③游标控制区：用于读取 T1、T2 所在位置的时刻。移动 T1、T2 右侧的左右箭头，可以改变 T1、T2 在波形显示区的位置，从而显示了 T1、T2 所在位置的时刻，并计算出 T1、T2 的时间差。

- T1/T2：显示光标 1/2 所指位置的时间数值。
- T1-T2：显示光标 1 与光标 2 时间数值之差。

④Clock：Clock/Div 用于设置水平刻度显示时钟脉冲的个数。单击下方的 Set 按钮，将弹出如附录图 5-25 所示的参数设置对话框，在此对话框内可以设置与逻辑分析仪的采样时钟相关的参数。

- Clock Source：设定时钟脉冲的来源。External 表示由外部取得时钟脉冲；Internal 表示由内部取得时钟脉冲。
- Clock Rate：设定时钟脉冲的频率。
- Sampling Setting：设定采样方式。Pre-trigger Samples 用于设定触发信号到来前的采样点数；Post-trigger Samples 栏设定触发信号到来后的采样点数；Threshold Voltage（V）栏设定门限电压。

⑤Trigger：用于设置触发的方式。单击 Set 按钮，将弹出如附录图 5-26 所示的参数设置对话框，在此对话框内可以设置与逻辑分析仪的触发方式相关的参数。

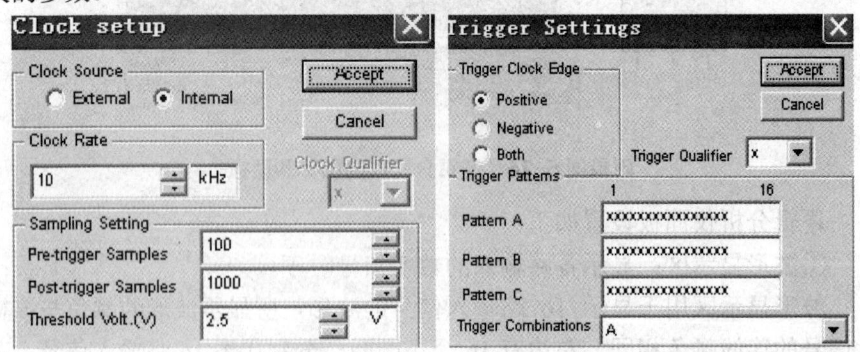

附录图 5-25　Clock 设置对话框　　附录图 5-26　Trigger 设置对话框

- Trigger Clock Edge：用于设定触发方式，包括 Positive（上升沿触发）、Negative（下降沿触发）及 Both（上升、下降沿触发皆可）三个选项。
- Trigger Qualifier：设定触发检验，包括 0、1 及 x（0、1 皆可）三个选项。
- Trigger Patterns：设定触发的模式。

在对话框中可以输入 A、B、C 三个触发字，然后在 Trigger combinations 栏中选择需要的触发字，当逻辑分析仪读到 Trigger combinations 栏中选择的触发字后触发。触发字的输入可单击标为 A、B 或 C 的编辑框，然后输二进制字（0、1）或 x。单击对话框中 Trigger combinations 右边的按钮，弹出由 A、B、C 组合的多组触发字，选择组合之一并单击 Accept，在 Trigger combinations 方框中就被设置为该种组合触发字。

（4）逻辑转换仪

逻辑转换仪（Logic Converter）是 Multisim 软件特有的仪器，实验室里并不存在，主要用于真值表、逻辑表达式和逻辑电路三者之间的相互转换。逻辑转换仪图标和面板如附录图 5-27 所示。其图标包括 9 个端子，左边 8 个端子用来连接电路输入端的节点，最右边一个端子为输出端子，连接需要分析的逻辑电路的输出信号。

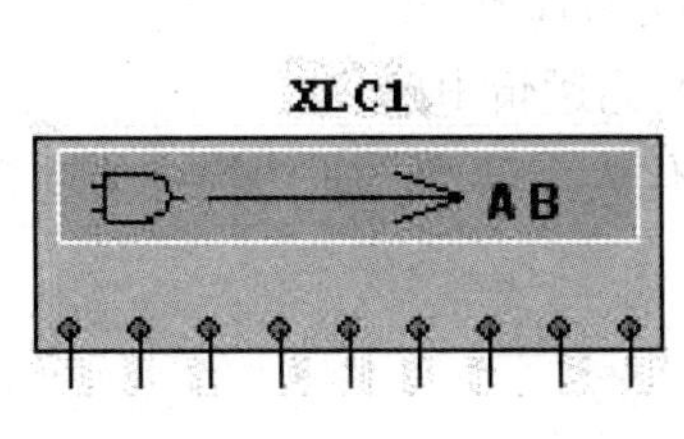

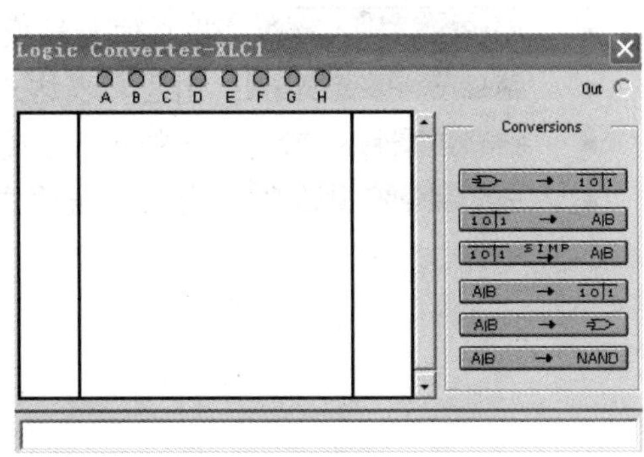

附录图 5-27 逻辑转换仪的图标和面板

该面板包括 4 部分，顶部是变量选择区，左边窗口显示真值表，底部栏显示逻辑表达式，最右边 Conversions 选项区域包括 5 个控制按钮。

①变量显示区：位于面板的最上面，提供了可供选择的 8 个变量。单击某个变量，该变量就会自动添加到面板的真值表中。

②真值表区：该区分为 3 栏，左边的显示栏显示了输入组合变量取值所

对应的十进制数，中间显示了输入变量的各种组合，右边显示了逻辑函数的值。

③逻辑表达式显示区：可在该条形框中显示或填写逻辑表达式。

④Conversions：选择逻辑转换的类型。

- → 1 0|1：从逻辑电路转换成真值表。逻辑转换仪可以导出多路（最多 8 路）输入和 1 路输出的逻辑电路的真值表。首先画出逻辑电路，并将其输入端接至逻辑转换仪的输入端，输出端连至逻辑转换仪的输出端。单击该按钮则在逻辑转换仪的显示窗口，即真值表区出现该电路的真值表。
- 1 0|1 → A|B：真值表转换成逻辑表达式。真值表的建立有两种方法：

第一，根据输入数字信号的路数，单击逻辑转换仪面板顶部代表输入端的小圆圈，选定输入信号（A 至 H）。此时真值表区自动出现输入信号的所有组合，而最右边的输出列的初始值全部为零，可根据所需要的逻辑关系修改真值表的输出值而建立真值表。

第二，由电路图通过逻辑转换仪转换过来的真值表。对已在真值表区建立的真值表，单击该按钮，在面板的底部逻辑表达式栏出现相应的逻辑表达式。

- 1 0|1 SIMP→ A|B：将真值表转换为最简逻辑表达式。
- A|B → 1 0|1：由逻辑表达式转换为真值表。
- A|B →：由逻辑表达式转换为逻辑电路。
- A|B → NAND：由逻辑表达式转化为全部由与非门构成的逻辑电路。

附录 6　MATLAB 软件简介

MATLAB 是美国 Mathworks 公司推出的一个为科学和工程计算专门设计的交互式大型软件，是当今国际上科学界（尤其是自动控制领域）最具影响力，也是最有活力的软件。它起源于矩阵运算，并已经发展成一种高度集成的计算机语言。它提供了强大的科学运算、灵活的程序设计流程、高质量的图形可视化与界面设计、便捷的与其他程序和语言接口的功能。MATLAB 语言在各国高校与研究单位广泛应用。

6.1　MATLAB 概述

MATLAB 名称是由两个英文单词 Matrix 和 Laboratory 的前三个字母组成。MATLAB 诞生于 20 世纪 70 年代后期的美国新墨西哥大学计算机系主任 Cleve Moler 教授之手。1984 年，在 Little 的建议推动下，由 Little、Moler、Steve Bangert 三人合作，成立了 Mathworks 公司，同时把 MATLAB 正式推向市场。也从那时开始，MATLAB 的源代码采用 C 语言编写，除加强了原有的数值计算能力外，还增加了数据图形的可视化功能。1993 年，Mathworks 公司推出了 MATLAB 的 4.0 版本，系统平台由 DOS 改为 Windows，推出了功能强大的、可视化的、交互环境的用于模拟非线性动态系统的工具 SIMULINK，第一次成功开发出了符号计算工具包 Symbolic Math Toolbox 1.0，为 MATLAB 进行实时数据分析、处理和硬件开发而推出了与外部直接进行数据交换的组件，为 MATLAB 能融科学计算、图形可视、文字处理于一体而制作了 Notebook，实现了 MATLAB 与大型文字处理软件 Word 的成功链接。至此，Mathworks 使 MATLAB 成为国际控制界公认的标准计算软件。

1997 年，Mathworks 公司推出了 5.0 版本，至 20 世纪末的 1999 年发展到 5.3 版。当时 MATLAB 拥有了更丰富的数据类型和结构，更好的面向对象的快速精美的图形界面，更多的数学和数据分析资源，MATLAB 工具箱也达到了 25 个，几乎涵盖了整个科学技术运算领域。在世界上大部分大学里，应用代数、数理统计、自动控制、数字信号处理、模拟与数字通信、时间序列分析、动态系统仿真等课程的教材都把 MATLAB 作为必不可少的内容。在国际学术界，MATLAB 被确认为最准确可靠的科学计算标准软件，在许多国际一流的学术刊物上都可以看到 MATLAB 在各个领域里的应用。

MATLAB 当前推出的最新版本是 7.0 版（R14），本书无特殊注明主要介绍 7.0 版。

MATLAB 有非常优秀的计算和可视化功能。MATLAB 既可命令控制，也可编程，有上百个预先定义好的命令和函数，这些函数还可以通过用户自定义函数进行进一步的扩展。他能够用一个命令求解线性系统，完成大量的高级矩阵的处理，5.0 版就可以处理 16384 个元素的大型矩阵。MATLAB 有强大的二维、三维的图形工具，能完成很多复杂数据的图形处理工作。MATLAB 还可以与其他程序一起使用，例如可以在 FORTRAN 程序中完成数据的可视化计算，可以与字处理软件 Word、数据库软件 Excel 互相交互，进行数据传输。为各个领域的用户定制了众多的工具箱，7.0 版的工具箱已达到了 30 多个，在安装时有灵活的选择，而不需要一次把所有的工具箱全部安装。

6.2 MATLAB 7.0 的安装

（1）MATLAB 7.0 对系统软、硬件资源的要求

CPU：最低要求是 Pentium II或相应产品，最好是 Pentium III或更高。

内存：最低要求 128M，最好是 256M 或更多。

硬盘：预留 200M 以上的空间，当然多些更好。

光驱：20 倍速或以上。

显卡：8 位 256 色或以上的图形适配器，最好是 24 位或 32 位 OpenGL 图形适配器。

系统：Windows98/NT/2000/xp 或其他相关产品。

浏览器：Netscape Navigator 4.0 或 Microsoft Internet Exprorer 4.0 及其以上产品。

预装软件：

①安装 Office97/2000/xp，用以运行 MATLAB 的 Notebook、Excel Builder、Excel Link 等软件。

②安装 Microsoft Visual C/C++5.0/6.0/7.0 或 Compaq Visual Fortran 5.0/6.1/6.6 或 Borland C/C++5.0/5.02 或 Borland C++ Builder3.0/4.0/5.0/6.0 或 Watcom 10.6/11 或 LCC2.4.

② Adobe Acrobat Reader 3.0 及以上版本的 PDF 文件浏览器。

（2）MATLAB 7.0 的安装过程

本书主要介绍 MATLAB 7.0 在具有 Windows 2000/XP 操作系统的 PC 机上的安装过程。

①安装准备

- 关闭所有正在运行的病毒监测软件，待安装完成以后再重新启动病毒监测软件。
- 退出正在运行的其他程序，特别是退出 MATLAB 的其他版本或副本。
- 检查光驱等计算机硬件是否处于良好状态。
- 抄写好 MATLAB 的产品注册码备用。

②安装步骤

MATLAB 7.0 安装光盘共有三张，先将第一张安装盘放入光驱，或者将 MATLAB 7.0 的所有安装程序复制到硬盘以虚拟光驱打开，这样安装速度会快一些。系统会自动搜索自动播放文件并直接进入安装向导界面（附录图 6-1）。如果用户以前曾安装了 MATLAB，可以选择"Updatd license with installing anything, using a new PLP"选项进行升级。

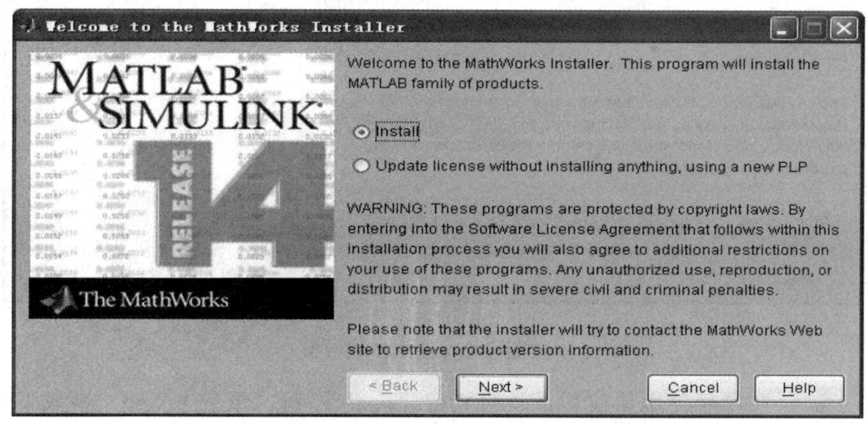

附录图 6-1　欢迎安装界面

- 如果用户以前并没有安装过 MATLAB，直接点击 NEXT 进入用户信息和注册码输入界面（见附录图 6-2），这时用户应在"Name"一栏输入姓名，在"Company"一栏输入公司名称，在"Please enter your Personal License Password"一栏输入正确的 MATLAB 7.0 产品注册码，并单击“Next”按钮进入下一个使用协议界面（见附录图 6-3）。

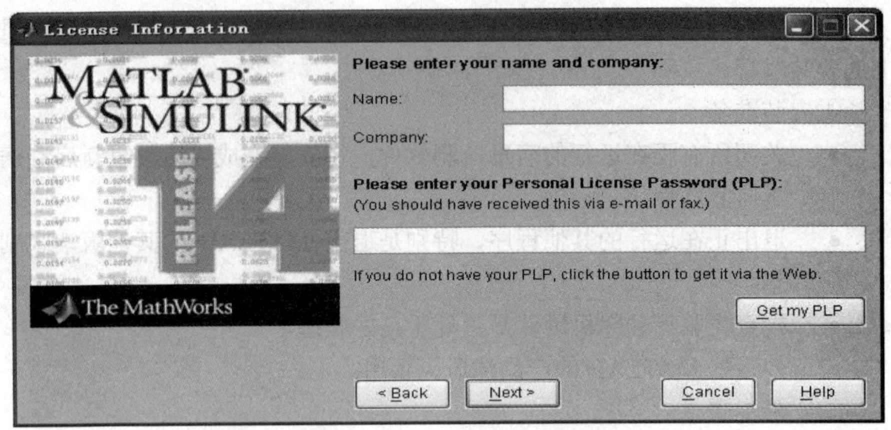

附录图 6-2　用户信息和注册码输入界面

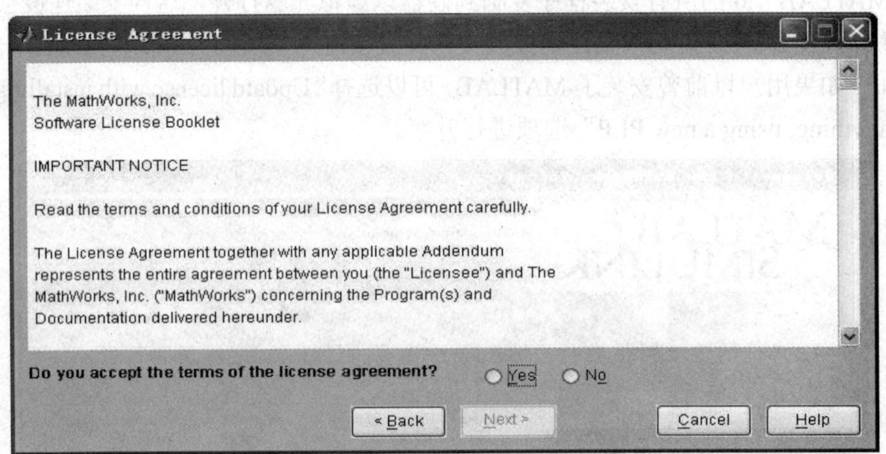

附录图 6-3　使用协议界面

- 在接受使用协议界面选择接受“yes”即可，单击“Next”进入下一个安装类型对话框。
- 安装类型对话框如附录图 6-4，如果用户想典型安装单选“Typical”，单击“Next”进入安装路径对话框；如果想自定义安装则单选“Custom”，然后单击“Next”进入安装功能选项对话框。

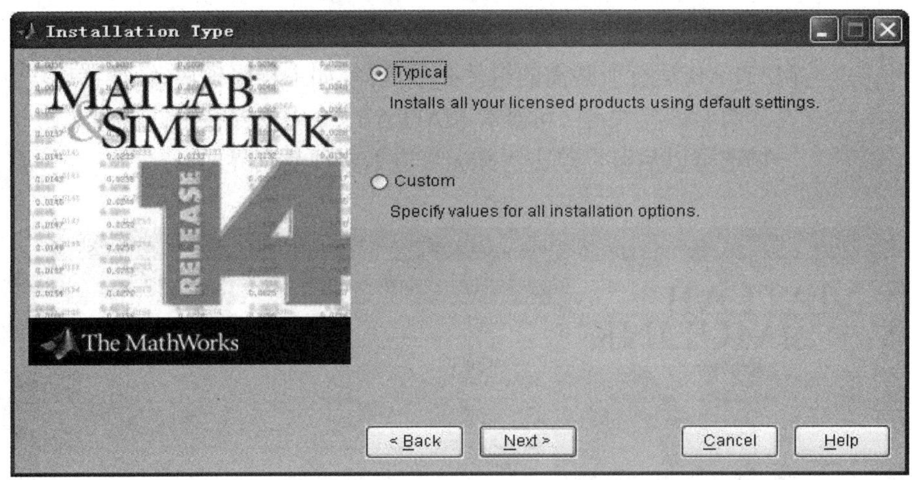

附录图 6-4　安装类型对话框

- 在安装路径对话框（见图 6-5），用户输入即将安装的路径或单击旁边的“Browse”按钮选定安装路径，最后点击“Next”进入下一个安装功能界面。

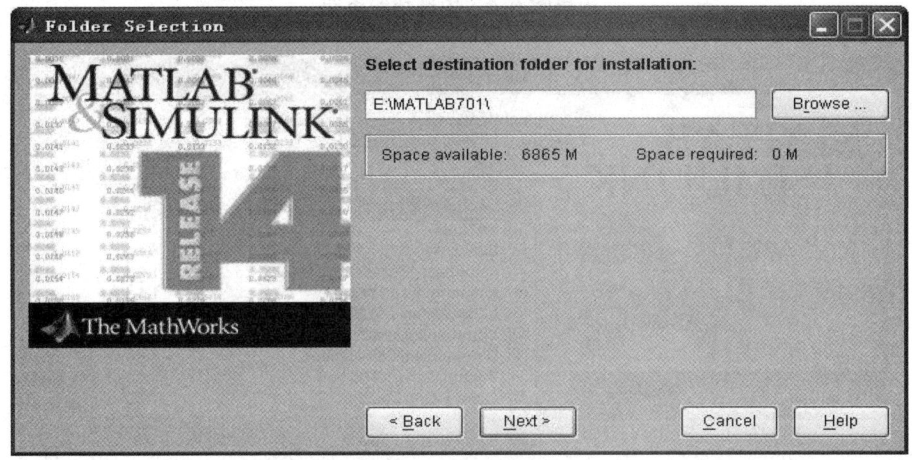

附录图 6-5　安装路径对话框

- 安装功能界面如附录图 6-6，只要单击“Install”就可以进入文件复制界面。
- 安装功能选项对话框（见附录图 6-7）共有二项。第一项是安装路径输入框，用户在此输入自己将要安装的路径，或者点击“Browse”选择安装路径。第二项是选择安装的功能组件，用户可以自己选择，只要在功能选项名称左边的小方框内点击即选定安装，但对MATLAB运行所必需的组件必须选择，如主程序模块、编译器模块、符号数学库模块等（可查看MATLAB 7.0中的安装组件说明文件）。一切选定以后可以单击“Next”进入文件复制界面。

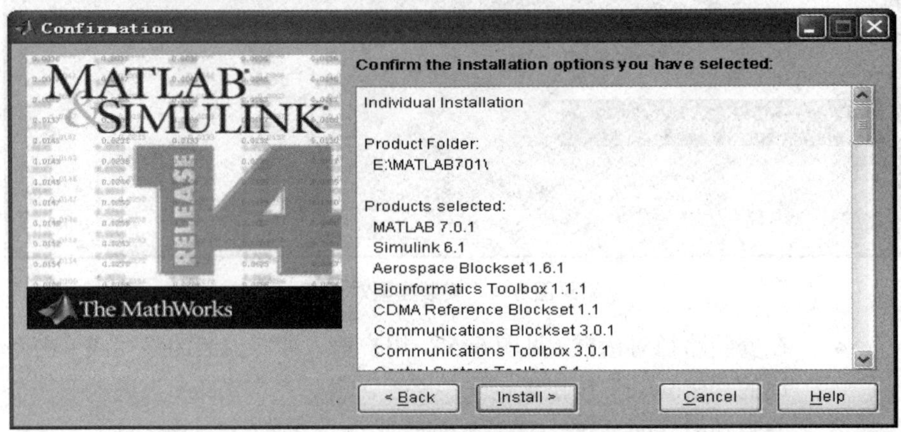

附录图 6-6 安装功能界面

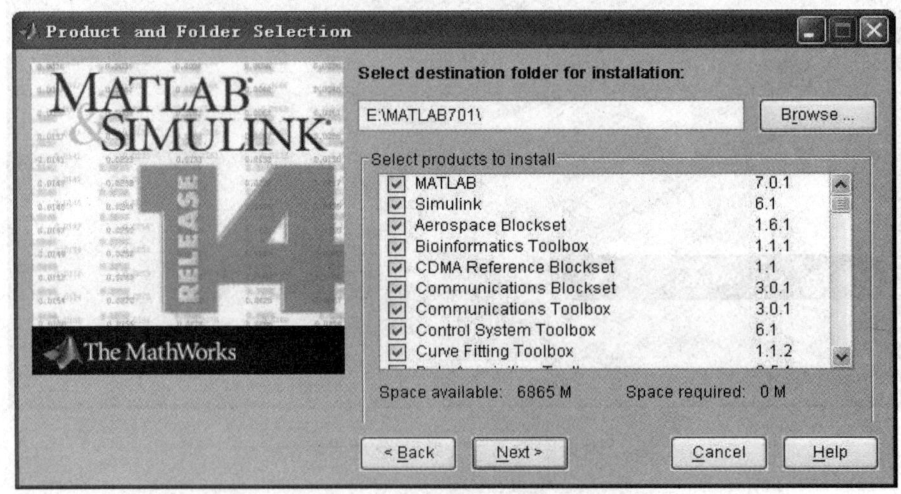

附录图 6-7 安装功能选项对话框

- 在文件复制界面（附录图 6-8），向导会自动检测硬盘空间，包括C盘空间大小和用于存放拷贝文件的硬盘空间的大小。若空间不够，向导会发出警告让用户自己删除一些不必要的文件以便安装。如果空间满足安装要求，安装程序就会自动进行文件复制。第一张光盘复制完成后，安装向导会弹出如附录图 6-9 的安装源文件对话框，提示你更换光盘或更改源文件路径。

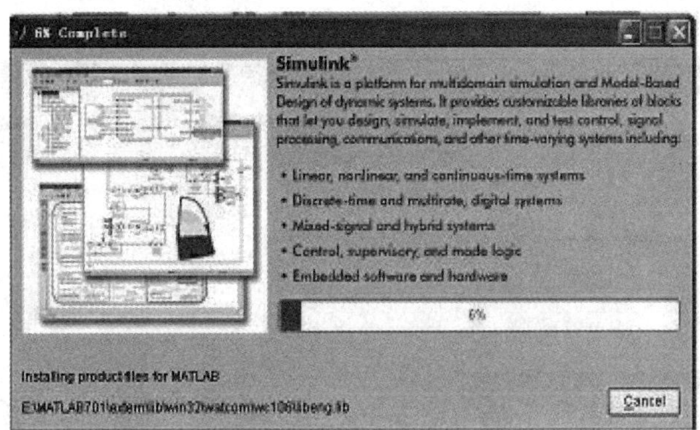

附录图 6-8　文件复制界面

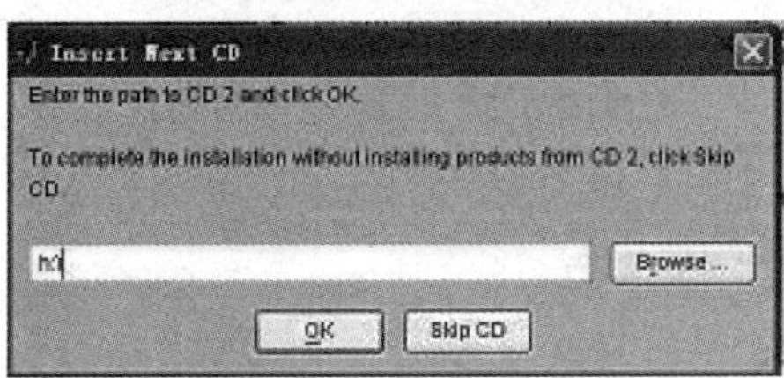

附录图 6-9　更换光盘提示框

- 文件复制完成，安装向导会自动弹出用户配置对话框（附录图 6-10）。这里用户可以直接点击“Next”进入最后一个安装界面——启动选项对话框。

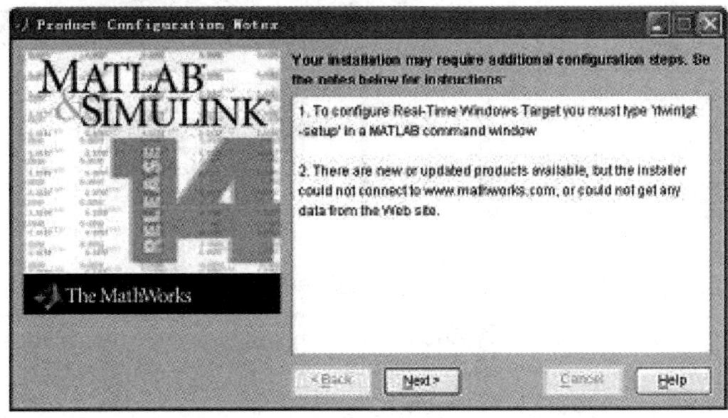

附录图 6-10　用户配置界面

在启动选项对话框（附录图 6-11），安装程序要用户选择“重新启动计算机”还是“以后再启动计算机”，一般情况下选择“Restart my computer now”（重新启动计算机），最后点击“Finish”，计算机重新启动，MATLAB 7.0 安装完成。

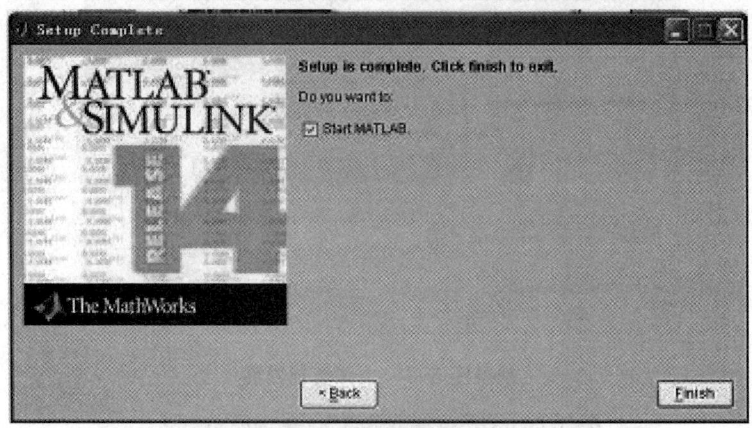

附录图 6-11　启动选项对话框

6.3　MATLAB 的工作界面

MATLAB 7.0 的工作界面（见附录图 6-12）共包括 7 个窗口，它们是主窗口、命令窗口、命令历史记录窗口、当前目录窗口、工作窗口、帮助窗口和评述器窗口。以下简要说明各主要窗口的功能。

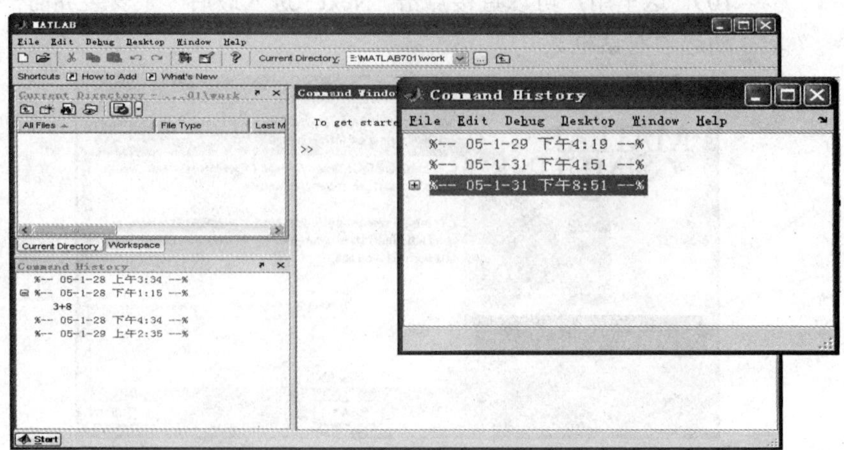

附录图 6-12　MATLAB 的工作界面

（1）主窗口（MATLAB）

主窗口兼容其他 6 个子窗口，本身还包含 6 个菜单（File、Edit、Debug、Desktop、Windows、Help）和一个工具条。

MATLAB 主窗口的工具条（见附录图 6-13）含有 10 个按钮控件，从左至右的按钮控件的功能依次为：新建、打开一个 MATLAB 文件；剪切、复制或粘贴所选定的对象、撤销或恢复上一次的操作、打开 Simulink 主窗口、打开 UGI 主窗口、打开 MATLAB 帮助窗设置当前路径。

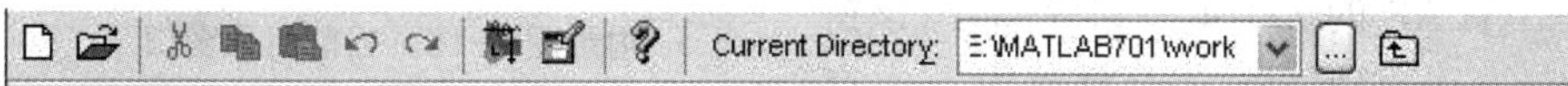

附录图 6-13　MATLAB 主窗口工具条选项

（2）命令窗口（Command Window）

MATLAB 7.0 命令窗口（见附录图 6-14）是主要工作窗口。当 MATLAB 启动完成，命令窗口显示以后，窗口处于准备编辑状态。符号“>>”为运算提示符，说明系统处于准备状态。当用户在提示符后输入表达式按回车键之后，系统将给出运算结果，然后继续处于系统准备状态。

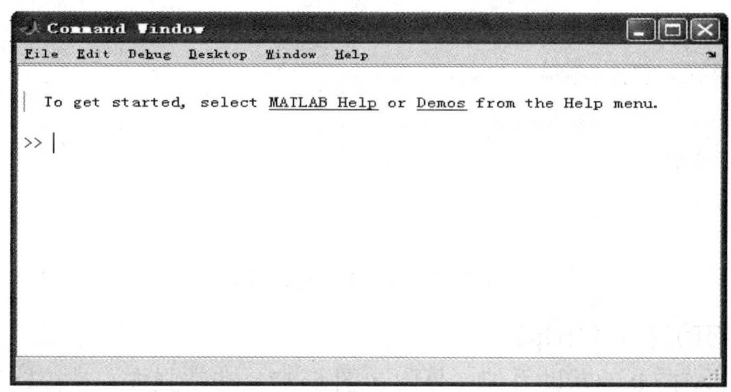

附录图 6-14　Matlab 命令窗口

（3）命令历史记录窗口（Command hiatory）

命令历史记录窗口。在默认情况下，命令历史记录窗口会保留自安装以来所有用过的命令的历史记录，并详细记录了命令使用的日期和时间，为用户提供了所使用的命令的详细查询，所有保留的命令都可以单击后执行。

（4）当前目录窗口（Current Directory）

当前目录窗口（见附录图 6-15）的主要功能是显示或改变当前目录，不仅可以显示当前目录下的文件，而且还可以提供搜索。通过上面的目录选择下拉菜单，用户可以轻松地选择已经访问过的目录。单击右侧的按钮，可以打开路径选择对话框，在这里用户可以设置和添加路径。也可以通过上面一行超链接来改变路径。

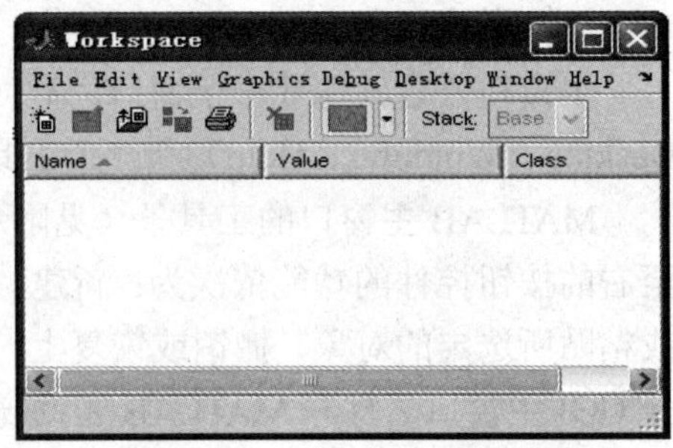

附录图 6-15　当前目录窗口

（5）工作空间窗口（Workspace）

工作空间窗口（附录图 6-16）是 MATLAB 的一个重要组成部分。该窗口的显示功能有显示目前内存中存放的变量名、变量存储数据的维数、变量存储的字节数、变量类型说明等。工作空间窗口有自己的工具条，按钮的功能从左至右依次新建变量、打开选择的变量、载入数据文件、保存、打印和删除等。

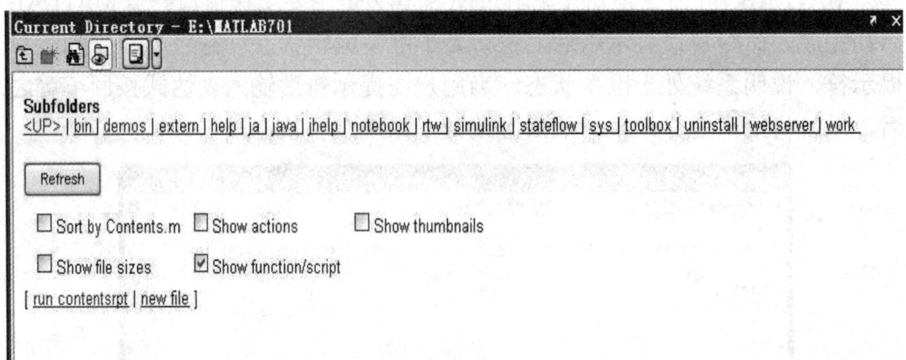

附录图 6-16　工作空间窗口

（6）帮助窗口（Help）

MATLAB 7.0 的帮助系统（见附录图 6-17）非常强大，是该软件的信息查询、联机帮助中心。MATLAB 的帮助系统主要包括三大系统：联机帮助系统、联机演示系统、远程帮助系统和命令查询系统，用户可根据需要选择任何一个帮助系统寻求帮助。

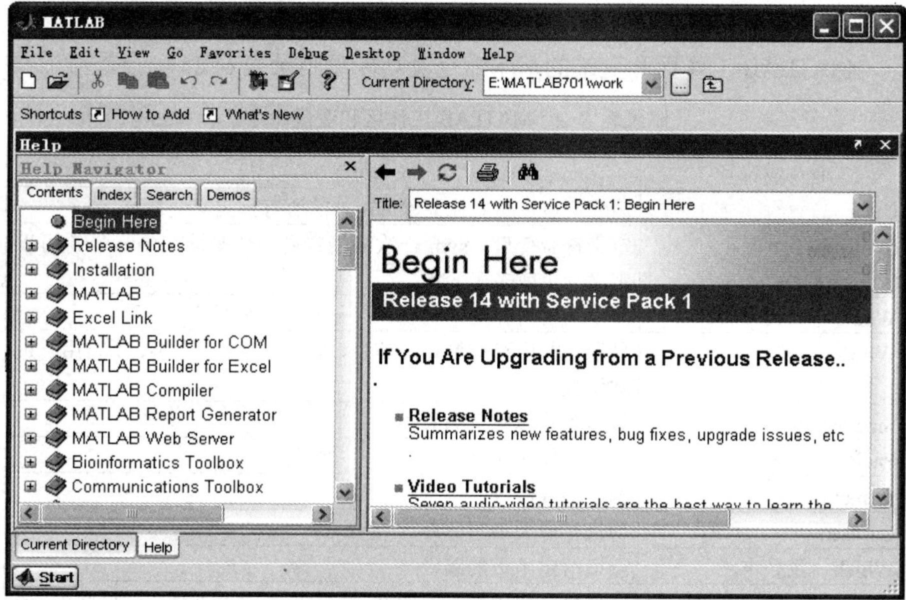

附录图 6-17 帮助窗口

6.4 MATLAB 的基本命令与基本函数

（1）基本的系统命令

MATLAB 基本的系统命令不多，常用的有 Exit/quit、Load、Save、Diary、Type/dbtype、What/dir/ls、Cd、Pwd、Path 等，各命令功能如附录表 6-1 所示。

附录表 6-1 MATLAB 系统基本命令表

命令字	功能
Exit/quit	退出 MATLAB
Cd	改变当前目录
Pwd	显示当前目录
Path	显示并设置当前路径
What/dir/ls	列出当前目录中文件清单
Type/dbtype	显示文件内容
load	在文件中装载工作区
Save	将工作区保存到文件中
Diary	文本记录命令
!	后面跟操作系统命令

（2）工作区和变量的基本命令

MATLAB 工作区和变量的基本命令及功能见附录表 6-2。

附录表 6-2　MATLAB 工作区和变量命令

命令或符号	功能或意义
Clear	清除所有变量并恢复除 eps 外的所有预定义变量
Sym/syms	定义符号变量，sym 一次只能定义一个变量，syms 一次可以定义一个或多个变量
Who	显示当前内存变量列表，只显示内存变量名
Whos	显示当前内存变量详细信息，包括变量名、大小、所占用二进制位数
Size/length	显示矩阵或向量的大小命令
Pack	重构工作区命令
format	输出格式命令
Casesen	切换字母大小写命令
Which+<函数名>	查询给定函数的路径
Exist (‘变量名/函数名’)	查询变量或函数，返回 0，表示查询内容不存在；返回 1，表示查询内容在当前工作空间；返回 2，表示查询内容在 MATLAB 搜索路径中的 M 文件；返回 3，表示查询内容在 MATLAB 搜索路径中的 MEX 文件；返回 4，表示查询内容在 MATLAB 搜索路径的 MDL 文件；返回 5，表示查询内容是 MATLAB 的内部函数；返回 6，表示查询内容在 MATLAB 搜索路径中的 P 文件；返回 7，表示查询内容是一个目录；返回 8，表示查询内容是一个 Java 类

（3）MATLAB 中的预定义变量

MATLAB 中有很多预定义变量，这些变量都是在 MATLAB 启动以后就已经定义好了的，它们都具有特定的意义。详细情况见附录表 6-3。

附录表 6-3　MATLAB 预定义变量表

变量名	预　定　义
Ans	分配最新计算的而又没有给定名称的表达式的值；当在命令窗口中输入表达式而不赋值给任何变量时，在命令窗口中会自动创建变量 ans，并将表达式的运算结果赋给该变量；但是变量 ans 仅保留最近一次的计算结果
Eps	返回机器精度，定义了 1 与最接近可代表的浮点数之间的差；在一些命令中也用作偏差；可重新定义，但不能由 clear 命令恢复；MATLAB7.0 为 2.2204e-016

变量名	预 定 义
Realmax	返回计算机能处理的最大浮点数，MATLAB 7.0 为 1.7977e+308
Realmin	返回计算机能处理的最小的非零浮点数，MATLAB 7.0 为 2.2251e-308
Pi	即 π，若 eps 足够小，则用 16 位十进制数表达其精度
Inf	定义为 $\frac{1}{0}$，即当分母或除数为 0 时返回 inf，不中断执行而继续运算
Nan	定义为“Not a number”，即未定式 $\frac{0}{0}$ 或 $\frac{\infty}{\infty}$
I/j	定义为虚数单位 $\sqrt{-1}$，可以为 I 和 j 定义其他值但不再是预定义常数
Nargin	给出一个函数调用过程中输入自变量的个数
nargout	给出一个函数调用过程中输入自变量的个数
computer	给出本台计算机的基本信息，如 pcwin
version	给出 MATLAB 的版本信息

（4）算术表达式和基本数学函数

MATLAB 的算术表达式由字母或数字用运算符号联结而成，十进制数字有时也可以使用科学记数法来书写，如 2.71E+3 表示 2.71×10^3，3.86E－6 表示 3.86×10^{-6}。MATLAB 的运算符有：

+	加	－	减
*	乘	.*	两矩阵的点乘
/	右除（正常除法）	\	左除
^	乘方		

例如：a^3/b+c 表示 $a^3\div b+c$ 或 $\frac{a^3}{b}+c$，a^2\(b−c)表示（b−c）$\div a^2$ 或 $\frac{b-c}{a^2}$，A*B 表示矩阵 A 与 B 的点乘（条件是 A 与 B 必须具有相同的维数），即 A 与 B 的对应元素相乘。A*B 表示矩阵 A 与 B 的正常乘法（条件是 A 的列数必须等于 B 的行数）。

MATLAB 的关系运算符有六个：

<	小于	<=	小于等于	= =	等于
>	大于	>=	大于等于	～=	不等于

MATLAB 的数学函数很多，可以说涵盖了几乎所有的数学领域。下表列出的仅是最简单最常用的（见附录表 6-4）。

附录表 6-4　MATLAB 常用数学函数

函数	数学含义	函数	数学含义
Abs(x)	求 X 的绝对值，即|x|，若 X 是复数，即求 X 的模	Csc(x)	求 X 的余割函数，X 为弧度
Sign(x)	求 X 的符号，X 为正得 1，X 为负得－1，X 为零得 0	Asin(x)	求 X 的反正弦函数，即 $\sin^{-1}x$
Sqrt(x)	求 X 的平方根，即 $\sqrt{x}$	Acos(x)	求 X 的反余弦函数，$\cos^{-1}x$
Exp(x)	求 X 的指数函数，即 e^x	Atan(x)	求 X 的反正切函数，$\tan^{-1}x$
Log(x)	求 X 的自然对数，即 $\ln x$	Acot(x)	求 X 的反余切函数，$\cot^{-1}x$
Log10(x)	求 X 的常用对数，即 $\lg x$	Asec(x)	求 X 的反正割函数，$\sec^{-1}x$
Log2(x)	求 X 的以 2 为底的对数，即 $\log_2 x$	Acsc(x)	求 X 的反余割函数，$\csc^{-1}x$
Sin(x)	求 X 的正弦函数，X 为弧度	Round(X)	求最接近 X 的整数
Cos(x)	求 X 的余弦函数，X 为弧度	Rem(X,Y)	求整除 X/Y 的余数
Tan(x)	求 X 的正切函数，X 为弧度	Real(Z)	求复数 Z 的实部
Cot(x)	求 X 的余切函数，X 为弧度	Imag(Z)	求复数 Z 的虚部
Sec(x)	求 X 的正割函数，X 为弧度	Conj(Z)	求复数 Z 的共轭，即求 $\bar{Z}$

（5）数值的输出格式

在 MATLAB 中，数值的屏幕输出通常以不带小数的整数格式或带 4 位小数的浮点格式输出结果。如果输出结果中所有数值都是整数，则以整数格式输出；如果结果中有一个或多个元素是非整数，则以浮点数格式输出结果。MATLAB 的运算总是以所能达到的最高精度计算，输出格式不会影响计算的精度，P4 及以上配置的 PC 机计算精度一般为 32 位小数。

使用命令 format 可以改变屏幕输出的格式，也可以通过命令窗口的下拉菜单来改变。有关 format 命令格式及其他有关的屏幕输出命令列于附录表 6-5。

附录表 6-5　数值输出格式命令

命令及格式	说明
format shot	以 4 位小数的浮点格式输出
format long	以 14 位小数的浮点格式输出
format short e	以 4 位小数加 e+000 的浮点格式输出
format long e	以 15 位小数加 e+000 的浮点格式输出
format hex	以 16 进制格式输出
format +	提取数值的符号
format bank	以银行格式输出，即只保留 2 位小数
format rat	以有理数格式输出
more on/off	屏幕显示控制：more on 表示满屏停止，等待键盘输入；more off 表示不考虑窗口一次性输出
more (n)	如果输出多于 n 行，则只显示 n 行

（6）时间和日期格式

MATLAB 可以告知有关时间和日期的有关信息，不仅可以显示当前的日期和时间，而且可以计算时间间隔，与 flops 一起使用，可以分析一种算法是否迅速有效。有关时间和日期的操作命令和函数列于附录表 6-6。

附录表 6-6　时间和日期操作

命令与函数	说明
tic	启动一个计时器
toc	显示计时以来的时间，如果计时器没有启动则显示 0
clock	显示表示日期和时间的具有 6 个元素的向量，依次为 yyyy 00mm 00dd 00hh 00mm 00ss，前五个元素是整数，第六个元素是小数
etime(t1,t2)	计算从 t1 到 t2 时间间隔所经过的时间，以秒计，t1、t2 分别是表过日期和时间的向量
cputime	显示自 MATLAB 启动以来 CPU 运行的时间
date	显示以 dd-mm-yyyy 格式的当前日期
calendar(yyyy,mm)	显示当年当月按 6×7 矩阵排列的日历
datenum(yyyy,mm,dd)	显示当年当月当日的序列数

命令与函数	说明
datestr(d,form)	显示序列数 d 表示的 form 表示形式的日期：form 参数从 0～18 共 19 个整数，各代表 0 为 dd-mmm-yyyy，1 为 dd-mmm-yyyy，2 为 mm/dd/yy，3 为 mmm（月的前三个字母），4 为 m（月的首写字母），5 为 m#（月份的阿拉伯数字），6 为 mm/dd，7 为 dd，8 为 ddd（显示星期），9 为 d（显示星期的大写），10 为 yyyy，11 为 yy，12 为 mmmyy，13 为 HH：MM：SS，14 为 HH：MM：SS PM，15 为 HH：MM，16 为 HH：MM PM，17 为 QQ-YY，18 为 QQ（几刻钟）
datetick(axis,form)	用于在坐标轴上写数据
datevec(d)	将日期序列数 d 显示为日期 yyyy mm dd 形式
eomday(yyyy,mm)	显示当年当月的天数
now	显示当天当时的序列数
[daynr,dayname]=weekday(day)	显示参数 day 的星期数；daynr 表示星期的数字，dayname 表示星期的前三个字母；参数 day 是字符型或序列型日期

（7）取整命令及相关命令

MATLAB 中有多种取整命令，连同相关命令列于附录表 6-7。

附录表 6-7　取整命令及相关命令

命令格式	说明
round(x)	求最接近 x 的整数，如果 x 是向量，用于所有分量
fix(x)	求最接近 0 的 x 的整数
floor(x)	求小于或等于 x 的最接近的整数
ceil(x)	求大于或等于 x 的最接近的整数
rem(x,y)	求整除 x/y 的余数
gcd(x,y)	求整数 x 和 y 的最大公因子
[g,c,d]=gcd(x,y)	求 g,c,d 使之满足 g=xc+yd
lcm(x,y)	求正整数 x 和 y 最小公倍数
[t,n]=rat(x)	求由有理数 t/n 确定的 x 的近似值，这里 t 和 n 都是整数，相对误差小于 10-6
[t,n]=rat(x,tol)	求由有理数 t/n 确定的 x 的近似值，这里 t 和 n 都是整数，相对误差小于 tol
rat(x)	求 x 的连续的分数表达式
rat(x,tol)	求带相对误差 tol 的 x 的连续的分数表达式

6.5　基本赋值与运算

利用 MATLAB 可以做任何简单运算和复杂运算，可以直接进行算术运算，也可以利用 MATLAB 定义的函数进行运算；可以进行向量运算，也可以进行矩阵或张量运算。这里只介绍最简单的算术运算、基本的赋值与运算。

（1）简单数学计算

```
>> 3721+7428/24
ans =
  4.0305e+003
>> abs(-27)                          %求-27 的绝对值
ans =
    27
>> sin(29)                           %求 29 的正弦值
ans =
   -0.6636
```

在同一行上可以有多条命令，中间必须用逗号分开。

```
>> 3^4,6^3*(3+2)                     %一行输入多个表达式
ans =
    81
ans =
          1080
>> sin(29),tan(35)                   %一行输入多个表达式
ans =
   -0.6636
ans =
    0.4738
```

（2）简单赋值运算

MATLAB 中的变量用于存放所赋的值和运算结果，有全局变量与局部变量之分。一个变量如果没有被赋值，MATLAB 会将结果存放到预定义变量 ans 之中。

```
>> x=18                              %将 18 赋值给变量 x
x =
```

```
    18
>> y=3*x^2-78                    %将 3*x^2-78 赋值给变量 y
y =
    894
>> u=x+y;                        %将 x+y 赋值给变量 u
>> v=x-y;                        %将 x-y 赋值给变量 v
>> tan(2*u/3*v)                  %求 tan(2*u/3*v)的值
ans =
    -2.8294
```

这里命令行尾的分号是 MATLAB 的执行赋值命令 quietly，即在屏幕上不回显信息，运算继续进行。有时当用户不需要计算机回显信息时，常在命令行结尾加上分号。

（3）向量或矩阵的赋值和运算

一般 MATLAB 的变量多指向量或矩阵，向量或矩阵的赋值方式是：变量名=[变量值]。如果变量值是一个向量，数字与数字之间用空格隔开；如果变量值是一个矩阵，行的数字用空格隔开，行与行之间用分号隔开。

如一个行向量 A=（1，2，3，4，5）的输入方法是：

```
>> A=[1 2 3 4 5 ]                %定义向量 A
A =
      1      2      3      4      5
```

如一个列向量 $B=\begin{pmatrix}1\\2\\3\\4\end{pmatrix}$ 的输入方法是：

```
>> B=[1;2;3;4]                   %定义向量 B
B =
      1
      2
      3
      4
```

如一个 3×4 维矩阵 $C=\begin{pmatrix} 3 & 0 & 2 & 1 \\ -1 & 4 & 5 & 2 \\ 3 & 5 & 8 & 7 \end{pmatrix}$ 的输入方法是：

```
>> C=[3 0 2 1;-1 4 5 2;3 5 8 7]              %定义矩阵 C
C =
     3     0     2     1
    -1     4     5     2
     3     5     8     7
```

函数可以用于向量或矩阵操作。如：

```
>> sqrt(A)                                   %求向量 A 的平方根向量
ans =
    1.0000    1.4142    1.7321    2.0000    2.2361
>> sin(B)                                    %求 B 的正弦向量
ans =
    0.8415
    0.9093
    0.1411
   -0.7568
>> C'                                        %求矩阵 C 的转置矩阵
ans =
     3    -1     3
     0     4     5
     2     5     8
     1     2     7
```

现在用 who 命令显示变量列表，显示后再用 clear 命令清除所有变量。

```
>> who                                       %查看当前变量
Your variables are:
A     B     C     ans   u     v     x     y
>> clear                                     %清除当前所有变量
>> who
```

可以看到变量已被全部清除，再输入 who 命令就不会再显示任何内容。

另外，向量也可以通过元素操作运算符来生成，矩阵再通过向量来生成。

如要创建 3 个向量：

A1=（0，2，4，6，8，10）

A2=（1，2，3，4，5，6）

A3=（0.5,1,1.5,2,2.5,3）

```
>> A1=[0:2:8]                          %定义向量 A1
A1 =
     0     2     4     6     8
>> A2=[1:6]                            %定义向量 A2
A2 =
     1     2     3     4     5     6
>> A3=[0.5:0.5:3]                      %定义向量 A3
A3 =
0.5000    1.0000    1.5000    2.0000    2.5000    3.0000
```

对向量 A2 进行函数 sqrt 和 sin 操作，生成 B1 和 B2 两个向量，最后创建由这 3 个行向量组成的 3×6 矩阵 C。创建的方法如下：

```
>> B1=[sqrt(A2)]
B1 =
    1.0000    1.4142    1.7321    2.0000    2.2361    2.4495
>> B2=[sin(A2)]
B2 =
    0.8415    0.9093    0.1411   -0.7568   -0.9589   -0.2794
>> C=[A2;B1;B2]
C =
    1.0000    2.0000    3.0000    4.0000    5.0000    6.0000
    1.0000    1.4142    1.7321    2.0000    2.2361    2.4495
    0.8415    0.9093    0.1411   -0.7568   -0.9589   -0.2794
```

还可以对矩阵进行数乘等运算。

```
>> C1=3*C
C1 =
    3.0000    6.0000    9.0000   12.0000   15.0000   18.0000
    3.0000    4.2426    5.1962    6.0000    6.7082    7.3485
    2.5244    2.7279    0.4234   -2.2704   -2.8768   -0.8382
>> C2=C1-C/2
```

```
C2 =
    2.5000    5.0000    7.5000   10.0000   12.5000   15.0000
    2.5000    3.5355    4.3301    5.0000    5.5902    6.1237
    2.1037    2.2732    0.3528   -1.8920   -2.3973   -0.6985
```

如有一个方阵 Matr_A= $\begin{bmatrix} 1 & 3 & 6 \\ 4 & 8 & 9 \\ 10 & 25 & 78 \end{bmatrix}$，现求它的行列式、逆矩阵。求方阵行列式的操作命令为 det，求非奇异方阵的逆矩阵的操作函数为 inv。操作及结果如下：

```
>> A=[1 3 6;4 8 9;10 25 78]                    %定义方矩阵 A
A =
     1     3     6
     4     8     9
    10    25    78
>> det(A)                                      %计算方矩阵 A 的行列式
ans =
  -147
>> AN=inv(A)                                   %计算方阵 A 的逆矩阵
AN =
   -2.7143    0.5714    0.1429
    1.5102   -0.1224   -0.1020
   -0.1361   -0.0340    0.0272
```